高等学校电子信息类专业系列教材

Verilog HDL数字系统设计
——原理、实例及仿真

康　磊　张燕燕　主　编

潘若禹　徐英卓　副主编

U0379066

西安电子科技大学出版社

内 容 简 介

　　本书从实用的角度出发，通过大量的实例，详细介绍了基于 Verilog HDL 硬件描述语言进行数字系统设计的过程、方法和技巧。全书分为四部分，共 13 章，主要内容包括可编程器件的工作原理及数字系统设计流程、Verilog HDL 基本语法知识和建模方法、常用逻辑功能单元及复杂数字系统设计方法，并对集成开发软件 Quartus Ⅱ 和仿真测试软件 ModelSim 的应用做了详细说明。

　　本书可作为计算机类、电子类、自动化类、机电类硬件和通信工程等相关专业学生的教学参考书，也可作为数字系统设计工程师的参考书。

图书在版编目(CIP)数据

Verilog HDL 数字系统设计：原理、实例及仿真/康磊，张燕燕主编.
—西安：西安电子科技大学出版社，2012.3(2020.8 重印)
高等学校电子信息类专业系列教材
ISBN 978-7-5606-2745-8

Ⅰ. ① V… Ⅱ. ① 康… ② 张… Ⅲ. ① VHDL 语言—程序设计—高等学校—教材
Ⅳ. ① TP312

中国版本图书馆 CIP 数据核字(2012)第 009167 号

责任编辑　买永莲　云立实　刘玉芳
出版发行　西安电子科技大学出版社(西安市太白南路 2 号)
电　　话　(029)88242885　88201467　　　　邮　编　710071
网　　址　www.xduph.com　　　　　　电子邮箱　xdupfxb001@163.com
经　　销　新华书店
印刷单位　广东虎彩云印刷有限公司
版　　次　2012 年 3 月第 1 版　　2020 年 8 月第 4 次印刷
开　　本　787 毫米×1092 毫米　1/16　印 张　22
字　　数　523 千字
定　　价　49.00 元

ISBN 978 - 7 - 5606 - 2745 - 8 / TP

XDUP 3037001-4

如有印装问题可调换

前　言

随着微电子技术的飞速发展，大规模可编程器件的密度和性能不断提高，数字系统的设计方法、设计过程也发生了重大改变，传统的设计方式已经逐渐被电子设计自动化EDA(Electronic Design Automation)工具所取代。可编程器件可以通过硬件描述语言(如Verilog HDL)的形式根据实际设计的需要灵活地嵌入模块化的数字单元，大大地缩短了产品设计周期。以可编程逻辑器件为核心的设计在数字系统设计领域将占据越来越重要的地位，因此，作为硬件设计者掌握 EDA 设计方法和工具是必需的。

HDL(Hardware Description Language，硬件描述语言)发展至今已有几十年的历史，它是硬件设计人员和 EDA 工具之间的接口，它可以从算法级、门级、开关级等多个抽象层次对数字系统进行建模。在 HDL 的发展过程中，被 IEEE(the Institute of Electrical and Electrics Engineers)采纳成为标准硬件描述语言的有 VHDL 和 Verilog HDL。尽管这两种语言在许多方面都有所不同，但选择哪种语言进行逻辑电路或系统的设计并不重要，因为它们在这一方面都提供了类似的特性。本书选用 Verilog HDL 的一个主要原因在于，相对于VHDL，Verilog HDL 更容易学习、掌握和使用。Verilog HDL 的风格类似于 C 语言，只要有 C 语言程序设计的基础，就可以很快地掌握使用 Verilog HDL 设计电路的方法。

本书介绍了可编程逻辑器件的工作原理和开发流程，详细说明了 Verilog HDL 的基本语法和建模方式，并通过大量的常用逻辑单元和综合系统设计实例及其仿真结果的分析，使读者能够熟练掌握采用 Verilog HDL 实现数字系统的方法。为了方便读者学习，还较为详细地介绍了集成开发软件 Quartus II 和仿真测试软件 ModelSim 的功能和应用。

本书在内容上按照四部分 13 章来组织。第一部分(第 1～6 章)为语法知识，介绍了 EDA和 Verilog HDL 的基础知识，以及在系统设计时行为级建模和结构级建模所涉及的问题；第二部分(第 7～9 章)是基本逻辑单元实例，讲述了常用组合逻辑电路和时序逻辑电路的原理、实现和仿真结果；第三部分(第 10、11 章)通过一些较复杂的典型数字系统的设计实例，对 EDA 技术自顶向下的设计方法作了更深一步的阐述；第四部分(第 12、13 章)介绍了 EDA的集成开发软件和仿真测试软件的使用方法。书中所有实例均在 Quartus II 8.1 或 ModelSim6.5 下测试通过。

本书由康磊、张燕燕、潘若禹、徐英卓共同编写。张燕燕编写第 1～6 章，徐英卓编写第 7～9 章，康磊编写第 10、11 章，潘若禹编写第 12、13 章，康磊对本书进行了统稿。

本书内容循序渐进，希望对电子工程人员和高校相关专业学生有所帮助。

由于作者水平有限，书中难免有疏漏和不足之处，敬请广大读者批评指正。

编　者
2011 年 9 月

目 录

第一部分 Verilog HDL 基础知识

第二部分 基础单元电路设计实例

第三部分 数字系统设计实例

第四部分 Quartus II 和 Verilog 仿真

第一部分

Verilog HDL 基础知识

第1章 概　　述

1.1　EDA 技术简介

现代电子设计技术的核心已日趋转向基于计算机的电子设计自动化(EDA, Electronic Design Automation)技术。所谓 EDA 技术，就是依赖功能强大的计算机，在 EDA 工具软件平台上，对以硬件描述语言(HDL, Hardware Description Language)为系统逻辑描述手段完成的设计文件，自动地进行逻辑编译、化简、分割、综合、布局布线以及逻辑优化和仿真测试，直至实现既定的电子线路系统功能。

EDA 技术在硬件实现方面融合了大规模集成电路制造技术、IC 版图设计技术、ASIC 测试和封装技术、FPGA/CPLD 编程下载技术、自动测试技术等；在计算机辅助工程方面融合了计算机辅助设计(CAD)、计算机辅助制造(CAM)、计算机辅助测试(CAT)、计算机辅助工程(CAE)技术以及多种计算机语言设计的概念；而在现代电子学方面则容纳了更多的内容，如电子线路设计理论、数字信号处理技术、数字系统建模和优化技术等。因此，EDA 技术为现代电子理论和设计的表达与实现提供了可能，是现代电子设计的核心。

EDA 技术使设计者的工作可以仅限于利用软件的方式，即利用硬件描述语言和 EDA 软件来完成对系统硬件功能的实现，这是电子设计技术的一个巨大进步。另一方面，在现代高新电子产品的设计和生产中，微电子技术和现代电子设计技术是相互促进、相互推动又相互制约的两个环节，前者代表了硬件电路物理层在广度和深度上的发展，后者则反映了现代先进的电子理论、电子技术、仿真技术、设计工艺和设计技术与最新的计算机软件技术有机的融合和升华。

1.1.1　EDA 技术的发展

传统电子系统硬件设计大量采用中小规模的标准集成电路，将这些器件焊接在电路板上，做成初级电子系统，在组装好的 PCB(Printed Circuit Board)上对电子系统进行调试。20 世纪 70 年代是 EDA 技术发展的初期，这一时期人们开始用自动布局布线的 CAD 工具代替设计工作中绘图的重复劳动，但由于 PCB 布线工具受到计算机工作平台的限制，其支持的设计工作有限且性能较差。20 世纪 80 年代，伴随着微电子技术、计算机和集成电路的发展，EDA 技术可以进行设计描述、综合与优化及设计结果的验证，这个阶段的 EDA 工具为开发电子产品创造了有利条件，但仍然不能适应复杂的电子系统设计要求。由于电子技术和 EDA 工具的发展，可以采用标准化的设计过程，利用微电子厂家提供的设计库来完成数万门 ASIC(Application Specific Integrated Circuit)和集成系统的设计与验证。20 世纪 90 年代，设计师逐步从使用硬件转向设计硬件，从单个电子产品开发转向系统级电子产品开发。因此，

EDA 工具是以系统级设计为核心的，包括系统行为级描述与结构综合、系统仿真与测试验证、系统划分与指标分配、系统决策与文件生成等一整套的电子系统设计自动化工具。这时的 EDA 工具有电子系统设计的能力，并能提供独立于工艺和厂家的系统级设计能力，具有高级抽象的设计构思手段。随着微电子技术的进一步发展，EDA 设计进入了更高的阶段，即可编程片上系统(SOPC)设计阶段，可编程逻辑器件内集成了数字信号处理器的内核、微处理器的内核等，使得可编程逻辑器件不再只是完成复杂的逻辑功能，而是具有了强大的信号处理和控制功能。

1. EDA 技术的分类

电子设计自动化(EDA)技术是一门迅速发展的电子设计技术，涉及面很广。一般从认识上可以将 EDA 技术分成狭义 EDA 技术和广义 EDA 技术。

狭义 EDA 技术就是以大规模可编程逻辑器件为设计载体，以硬件描述语言为系统逻辑描述的主要表达方式，并以计算机、大规模可编程逻辑器件的开发软件及实验开发系统为设计工具，通过有关的开发软件，自动完成用软件方式设计的电子系统到硬件系统的逻辑编译、逻辑化简、逻辑分割、逻辑综合及优化、逻辑布局布线、逻辑仿真，直至对于特定目标芯片的适配编译、逻辑映射、编程下载等工作，最终形成集成电子系统或专用集成芯片的一门新技术。简而言之，狭义 EDA 技术就是使用 EDA 软件进行数字系统设计的技术。

广义 EDA 技术就是通过计算机及其电子系统的辅助分析和设计软件，完成电子系统某一部分的设计过程。因此，广义 EDA 技术除了包含狭义 EDA 技术外，还包括印制电路板辅助设计(PCB-CAD)技术、计算机辅助分析(CAA)技术(如 EWB、MATLAB、PSPICE 等)以及其他射频和高频设计与分析的工具等。

2. EDA 技术涉及的内容

EDA 技术的涉及面很广，内容丰富，从教学和实用的角度看，主要有四个方面的内容：大规模可编程逻辑器件；硬件描述语言；EDA 软件开发工具；实验开发系统。其中，大规模可编程逻辑器件是利用 EDA 技术进行电子系统设计的载体；硬件描述语言是利用 EDA 技术进行电子系统设计的主要表达手段；软件开发工具是利用 EDA 技术进行电子系统设计的智能化、自动化设计工具；实验开发系统是利用 EDA 技术进行电子系统设计的下载工具及硬件验证工具。

1) 大规模可编程逻辑器件

可编程逻辑器件(PLD, Programmable Logical Device)是近几年才发展起来的一种新型集成电路，是当前数字系统设计的主要硬件基础，是硬件编程语言 HDL 的物理实现工具。可编程逻辑器件对数字系统设计自动化起着推波助澜的作用，可以说，没有可编程逻辑器件就没有当前的数字电路自动化。目前，由于这种以可编程逻辑器件为原材料，从"制造自主芯片"开始的 EDA 设计模式已成为当前数字系统设计的主流，若要追赶世界最先进的数字系统设计方法，就要认识并使用可编程逻辑器件。

数字集成电路本身在不断地更新换代，它由早期的电子管、晶体管、小中规模集成电路发展到超大规模集成电路以及许多具有特定功能的专用集成电路。但是，随着微电子技术的发展，设计与制造集成电路的任务已不完全由半导体厂商来独立承担。系统设计师们更愿意自己设计专用集成电路 ASIC 芯片，而且希望 ASIC 的设计周期尽可能地短，最好是在实验室里就能设计出合适的 ASIC 芯片,并且立即投入实际应用之中,因而出现了现场可编程逻辑器件。其中应用最广的是现场可编程门阵列 FPGA(Field Programmable Gate Array)和复杂可编程逻辑器件 CPLD(Complex Programmable Logic Device),这是新一代的数字逻辑器件,具有高集成度、高速度、高可靠性等明显的特点,可以实现可编程片上系统(SOPC,System On a Programmable Chip),而且有很好的兼容性和可移植性。

可编程逻辑器件正处于高速发展的阶段,新型的 FPGA/CPLD 规模越来越大,成本越来越低。高性价比使可编程逻辑器件在硬件设计领域扮演着日益重要的角色,低端 CPLD 已经逐步取代了 74 系列等传统的数字元件,高端的 FPGA 也在不断地夺取 ASIC 的市场份额。与 ASIC 设计相比,FPGA/CPLD 显著的优势是开发周期短、投资风险小、产品上市速度快、市场适应能力强和硬件升级回旋余地大等。特别是目前大规模的 FPGA 与 CPU 核或 DSP 核的有机结合使 FPGA 已经不仅仅是传统的硬件电路设计手段,而逐步升华为系统级的实现工具。

2) 硬件描述语言

硬件描述语言(HDL)是一种用形式化方法描述数字电路和系统的语言。利用这种语言,数字电路系统的设计可以从上层到下层(从抽象到具体)逐层描述自己的设计思想,用一系列分层次的模块来表示极其复杂的数字系统。然后,利用电子设计自动化(EDA)工具,逐层进行仿真验证,再把其中需要变为实际电路的模块进行组合,经过自动综合工具转换到门级电路网表。接下来,用可编程器件 FPGA/CPLD 自动布局布线工具,把网表转换为要实现的具体电路布线结构。HDL 设计是目前的工程设计中最主要的设计方法。硬件描述语言是 EDA 技术的重要组成部分。

硬件描述语言(HDL)的发展至今已有 20 多年的历史,并成功地应用于设计的各个阶段:建模、仿真、验证和综合等。随着 EDA 技术的发展,使用硬件描述语言设计 CPLD/FPGA 成为一种趋势。目前最主要的硬件描述语言是 VHDL 和 Verilog HDL。VHDL 发展得较早,语法严格,而 Verilog HDL 是在 C 语言的基础上发展起来的一种硬件描述语言,语法较自由。Verilog HDL 语言是由 Cadence 公司修订,经 IEEE 公布为 IEEE STANDAD1364-1995.2 标准的一种硬件描述语言。VHDL 和 Verilog HDL 相比,VHDL 的书写规则比 Verilog HDL 烦琐一些,VHDL 语言比较强调规范化与标准化,而 Verilog HDL 较多考虑到设计的有效性和便捷性。

3) EDA 软件开发工具

EDA 软件在 EDA 技术应用中占据着极其重要的地位,EDA 的核心是利用计算机实现电路设计的自动化,因此基于计算机环境下的 EDA 工具软件的支持是必不可少的。EDA 软件品种繁多,目前我国使用较为广泛的 EDA 软件有 MultiSim、PSPICE、OrCAD、PCAD、Protel、Viewlogic、Mentor、Graphics、Synopsys、Cadence、MicroSim、Edison、Tina 等。这些软件功能很强,大部分可以进行电路设计与仿真、PCB 自动布局布线,可输出多种网表文件(Netlist),与其他厂商的软件共享数据等。按它们的主要功能与应用领域,可分为电子电路设计工具、仿真工具、PCB 设计软件、IC 设计软件、PLD 设计工具等。其中,IC 设计软件和 PLD 设计工具代表着当今电子技术的发展水平,是该行业中得到广泛应用的软件类型。

当前,各大半导体器件公司为了推动其所产芯片的应用,有针对性地推出了一些开发软件，如 Altera 公司的 MAX+plusⅡ和 QuartusⅡ、Lattice 公司的 ispEXPERT、Xilinx 公司的 Foundation 等。Mentor Graphics ModelSim SE 是业界优秀的 HDL 语言仿真器，它提供了最友好的调试环境，是唯一的单内核支持 VHDL 和 Verilog HDL 混合仿真的仿真器。随着新器件和新工艺的出现，这些开发软件也在不断更新或升级。

典型的 EDA 软件开发工具中必须包含两个特殊的软件包，即综合器和适配器。综合器的功能是将设计者在 EDA 平台上完成的相应的某个系统项目的 HDL、原理图或状态图形描述，针对给定的硬件系统组件，进行编译、优化、转换和综合，最终获得欲实现功能的描述文件。综合器的功能就是将软件描述与给定的硬件结构用一定的方式联系起来，但在其工作前必须给定所要实现的硬件结构参数。综合过程就是将电路的高级语言描述转换成低级的、可与目标器件(FPGA/CPLD)相映射的网表文件。因此，综合器是联系软件描述与硬件实现的一座桥梁。

适配器的功能是将由综合器产生的网表文件配置到指定的目标器件中，产生最终的下载文件，如 JED 文件。适配时所选定的目标器件(FPGA/CPLD 芯片)必须是综合器支持的。

4) 实验开发系统

实验开发系统提供芯片下载电路及 EDA 实验/开发的外围资源，供硬件验证使用，一般包含：① 实验或开发所需的各类基本信号发生模块，包括时钟、脉冲、高低电平等；② FPGA/CPLD 输出信息显示模块，包括数码显示、发光管显示、声响指示等；③ 监控程序模块，提供“电路重构软配置”，从物理结构上看，实验开发系统电路结构是固定的，但其内部的信息流在主控器的控制下，电路结构可以发生变化；④ 目标芯片适配座以及 FPGA/CPLD 目标芯片和编程下载电路。

1.1.2　EDA 与传统电子设计方法的比较

随着 EDA 技术的不断发展，其设计方法也发生着显著的变化，已经从传统的自下而上的设计方法转变成自上而下的设计方法。传统的电子设计方法是自下而上 (Bottom-Up)的，如图 1.1 所示，是基于电路板的设计。这种设计方法以固定功能元件为基础，然后根据这些器件进行模块逻辑设计，完成各个模块后进行连接，最后形成系统。这种手工设计方法的缺点如下：

(1) 设计主要依赖于设计人员的经验，复杂电路的设计、调试十分困难。

(2) 设计依赖已有的通用元器件，同时，如果某一过程存在错误，则查找和修改十分不便。

(3) 对于集成电路设计而言，设计实现过程与具体生产工艺直接相关，因此可移植性差。

(4) 设计后期的仿真不易实现，只有在设计出样机或生产出芯片后才能进行实测。

(5) 设计实现周期长、灵活性差、耗时耗力、效率低下。

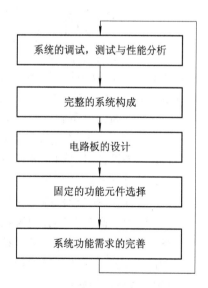

图 1.1　传统的电子设计方法

目前微电子技术已经发展到 SOC(System On a Chip)阶段，即集成系统(Integrated System)阶段，相对于集成电路的设计思想有着革命性的变化。这样一来，使用传统的设计方法进行庞大的系统设计就没有必要了，只需要按照层次化或结构化的设计方法来进行即可。一个比较有效的设计方式就是首先由总设计师将整个硬件系统开发任务划分为若干个可操作的模块，并对其接口和资源进行评估，编制出相应的行为或结构模型，再将其分配给下一层的设计师。这就允许多个设计者同时设计一个硬件系统中的不同模块，并对自己所设计的模块负责；然后由上层设计师对下层模块进行功能验证。

这种设计流程就是典型的自上而下(Top-Down)的设计方法，如图 1.2 所示。自上而下的设计方法将数字系统的整体逐步分解为各个子系统和模块，若子系统规模较大，则还需要将子系统进一步分解为更小的子系统和模块，层层分解，直至整个系统中各个子系统关系合理，并便于逻辑电路级的设计和实现为止。自上而下的设计可逐层描述，逐层仿真，直至满足系统指标。

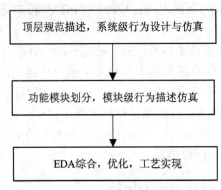

图 1.2　自上而下(Top-Down)的设计方法

采用自上而下的设计方法有如下优点：

(1) 这是一种模块化的设计方法；

(2) 由于高层设计同器件无关，可以完全独立于目标器件的结构，因此在设计的最初阶段，设计人员可以不受芯片结构的约束，集中精力对产品进行最适应市场需求的设计，从而避免了传统设计方法中的再设计风险，缩短了产品的上市周期；

(3) 由于系统采用硬件描述语言进行设计，可以完全独立于目标器件的结构，因此设计易于在各种集成电路工艺或可编程器件之间移植；

(4) 多个设计者可同时进行设计；

(5) 具有强大的系统建模、电路仿真功能；

(6) 开发技术已经标准化、规范化，IP 核具有可利用性；

(7) 适用于高效率、大规模系统设计的自上而下的设计方案；

(8) 全方位地利用计算机自动设计、仿真和测试技术；

(9) 对设计者的硬件知识和硬件经验要求低；

(10) 高速性能好；

(11) 纯硬件系统具有高可靠性。

EDA 设计方法与传统电子设计方法的比较见表 1.1。

表 1.1 EDA 设计方法与传统电子设计方法的比较

	传统的电子设计方法	EDA 设计方法
1	自下而上	自上而下
2	手动设计	自动设计
3	硬、软件分离	打破硬、软件屏障
4	原理图方式设计	原理图、VHDL 语言等多种设计方式
5	系统功能固定	系统功能易变
6	不易仿真	易仿真
7	难测试、修改	易测试、修改
8	模块难移植共享	设计工作标准化，模块可移植共享
9	设计周期长	设计周期短

1.1.3 EDA 的开发过程

基于 EDA 的电子设计流程如图 1.3 所示。

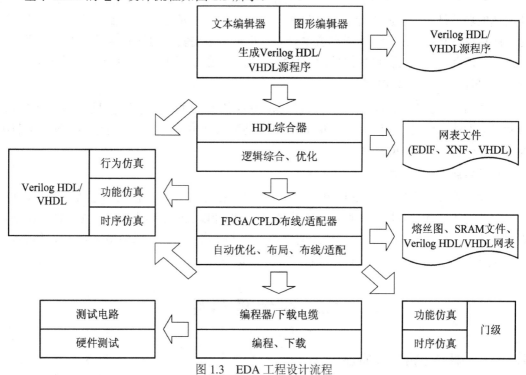

图 1.3 EDA 工程设计流程

1. 文本编辑/原理图编辑输入与修改

首先利用 EDA 工具的文本编辑器或图形编辑器将设计者的设计意图用某种硬件描述语言(HDL)的电路设计文本(如 Verilog HDL/VHDL 程序)或图形方式(原理图、状态图或波形图)表达出来。

2. 逻辑综合和优化

将软件设计与硬件的可实现性挂钩，是将软件转化为硬件电路的关键步骤，需要利用 EDA 软件系统的综合器进行逻辑综合。综合器的功能就是将设计者在 EDA 平台上完成的相应的某个系统项目的 HDL、原理图或状态图形的描述，针对给定硬件结构组件进行编译、优化、转换和综合，最终获得门级电路甚至更底层的电路描述文件。综合后，HDL 综合器可生成 EDIF、XNF 或 VHDL 等格式的网表文件，它们从门级开始描述了最基本的门电路结构。

3. 行为仿真

利用产生的网表文件进行功能仿真，以便了解设计描述与设计意图的一致性。

4. 目标器件的布线/适配

利用 FPGA/CPLD 布局布线适配器将综合后的网表文件针对某一具体的目标器件进行逻辑映射操作，其中包括底层器件配置、逻辑分割、逻辑优化、布局布线。该操作完成后，EDA 软件将产生针对此项设计的适配报告和 JED 下载文件等多项结果。适配报告指明了芯片内资源的分配与利用、引脚锁定、设计的布尔方程描述等情况。

5. 功能仿真和时序仿真

功能仿真是直接对 VHDL、原理图描述或其他描述形式的逻辑功能进行测试，以了解其实现的功能是否满足原设计要求的过程，仿真过程不涉及任何具体器件的硬件特性。适配完成后可以利用适配所产生的仿真文件作精确的时序仿真。时序仿真是接近真实器件运行特性的仿真，仿真过程已将器件的硬件特性考虑了进去，因此仿真精度要高得多。

6. 目标器件的编程/下载

如果编译、综合、布线/适配和行为仿真、功能仿真、时序仿真等过程都没有发现问题，即满足原设计的要求，就可以将由 FPGA/CPLD 适配器产生的配置文件通过编程器或下载电缆载入目标芯片 FPGA/CPLD 中。

7. 硬件仿真与测试

这里，硬件仿真是针对 ASIC 设计而言的。在 ASIC 设计中，常用的方法是利用 FPGA 对系统的设计进行功能检测，通过后再将其 HDL 设计以 ASIC 形式实现；而硬件测试则是将含有载入了设计的 FPGA 或 CPLD 的硬件系统进行统一测试，以便最终验证设计项目在目标系统上的实际工作情况，以便排除错误、改进设计。

1.2 可 编 程 器 件

1.2.1 可编程逻辑器件概述

随着数字电路的普及，传统的定制数字集成电路器件已满足不了应用的需求，可编程逻辑器件(PLD)应运而生，并逐渐地成为主流产品。PLD 与传统定制器件的主要区别是它的可编程性，它的逻辑功能是由用户设计的，并且一般都可重复编程和擦除，即 PLD 是能够为客户提供范围广泛的多种逻辑能力、特性、速度和电压特性的标准成品部件，而且此类器件的功能可在任何时间修改，从而实现多种不同的功能。对于可编程逻辑器件，设计人员可利用价格低廉的软件工具快速开发、仿真和测试其设计。

典型的 PLD 一般都是二级结构，通常第一级为"与"阵列，第二级为"或"阵列。由"与"阵列输入，进行逻辑"与"组合，形成乘积项，再由这些不同的乘积项通过"或"阵列构成所要求的逻辑函数输出。

1.2.2　PLD 的发展历史

根据可编程逻辑器件(PLD)发展时期的不同特点，可将其分为以下四个阶段。

第一阶段(20 世纪 70 年代初到 70 年代中)：PLD 诞生及简单 PLD 发展阶段。可编程逻辑器件最早是根据数字电子系统组成的基本单元——门电路可编程来实现的，任何组合电路都可用与门和或门组成，时序电路可用组合电路加上存储单元来实现。早期的 PLD 就是用可编程的与阵列和可编程的或阵列组成的。

熔丝编程的 PROM(Programmable Read Only Memory，可编程只读存储器) 和 PLA(Programmable Logic Array，可编程逻辑阵列)器件的出现，标志着 PLD 的诞生。PROM 器件是采用固定的与阵列和可编程的或阵列组成的 PLD，由于输入变量的增加会引起存储容量的急剧上升，故只能用于简单组合电路的编程；PLA 器件是由可编程的与阵列和可编程的或阵列组成的，它克服了 PROM 器件随着输入变量的增加而规模迅速扩大的问题，利用率高，但由于与阵列和或阵列都可编程，软件算法复杂，编程后器件运行速度慢，故只能在小规模逻辑电路上应用。现在这两种器件在 EDA 上都已不再采用，但 PROM 作为存储器、PLA 作为全定制 ASIC 设计技术还在应用。

20 世纪 70 年代末,AMD 公司对 PLA 器件进行了改进,推出了 PAL(Programmable Array Logic，可编程阵列逻辑)器件。PAL 器件与 PLA 器件相似，也由与阵列和或阵列组成，但在编程接点上与 PLA 器件不同，而与 PROM 器件相似，或阵列是固定的，只有与阵列可编程。或阵列固定而与阵列可编程的结构，简化了编程算法，运行速度也提高了，适用于中小规模可编程电路。但 PAL 器件为适应不同应用的需要，输出 I/O 结构也随之发生了变化。输出 I/O 结构很多，而一种输出 I/O 结构方式就有一种 PAL 器件，给生产和使用带来了不便。而且，PAL 器件一般采用熔丝工艺生产，一次可编程，修改电路需要更换整个 PAL 器件，成本太高。现在，PAL 器件已被 GAL(Generic Array Logic，通用阵列逻辑)器件所取代。这几种可编程器件都是基于乘积项可编程结构的，只解决了组合逻辑电路的可编程问题，而对于时序电路则需要另外增加锁存器、触发器来构成，如 PAL 器件加上输出寄存器就可实现时序电路。

第二阶段(20 世纪 70 年代中到 80 年代中)：乘积项可编程结构 PLD 发展与成熟阶段。20 世纪 80 年代初，Lattice 公司开始研究一种新的乘积项可编程结构 PLD。1985 年推出了一种在 PAL 基础上改进的通用阵列逻辑(GAL)器件。GAL 器件首次在 PLD 上采用 EEPROM 工艺，能够采用电擦除的方法重复编程，使得修改电路不需更换硬件。在编程结构上，GAL 沿用了 PAL 器件的或阵列固定而与阵列可编程的结构，并对 PAL 器件的输出 I/O 结构进行了改进，增加了输出逻辑宏单元(OLMC，Output Logic Macro Cell)。OLMC 设有多种组态，使得每个 I/O 引脚可配置成专用组合输出，组合输出可以设置成双向口、寄存器输出、寄存器输出双向口、专用输入等多种功能，为电路设计提供了极大的灵活性。同时，也解决了 PAL 器件一种输出 I/O 结构方式就有一种器件的问题，具有通用性。另外，由于 GAL 器件是在 PAL 器件基础上设计的，故与许多 PAL 器件是兼容的，一种 GAL 器件可以替代多种 PAL 器件。因此，GAL 器件得到了广泛应用。目前，GAL 器件主要应用于中小规模可编程电路。

20 世纪 80 年代中期，Altera 公司推出了可擦除的可编程逻辑器件(EPLD，Erasable Programmable Logic Device)，EPLD 器件比 GAL 器件有更高的集成度，采用 EPROM/EEPROM 工艺，可用紫外线或电擦除，适用于较大规模的可编程电路，也获得了广泛的应用。

第三阶段(20 世纪 80 年代中到 90 年代末)：复杂可编程逻辑器件的发展阶段。Xilinx 公司提出了现场可编程(Field Programmability)的概念，并生产出世界上第一片现场可编程门阵列(FPGA)器件，现在 FPGA 已经成为大规模可编程逻辑器件中一大类器件的总称。FPGA 器件一般采用 SRAM 工艺，编程结构为可编程的查找表(LUT，Look-Up Table)结构。它的特点是电路规模大、配置灵活，但 SRAM 需掉电保护或开机后重新配置。

20 世纪 80 年代末，Lattice 公司提出了在系统可编程(ISP，In-System Programmability)的概念，并推出了一系列具有 ISP 功能的复杂可编程逻辑器件(CPLD)，将 PLD 的发展推向了一个新的发展时期。Lattice 公司推出 CPLD 器件开创了 PLD 发展的新纪元，推动了复杂可编程逻辑器件的快速推广与应用。CPLD 器件采用 EEPROM 工艺，编程结构在 GAL 器件基础上进行了扩展和改进，使得 PLD 更加灵活，应用更加广泛。

第四阶段(20 世纪 90 年代末至今)：复杂可编程逻辑器件的成熟阶段。复杂可编程逻辑器件有 FPGA 和 CPLD 两种主要结构。目前，器件的可编程逻辑门数已达上千万门以上，可以内嵌许多种复杂的功能模块，如 CPU 核、DSP 核、PLL(锁相环)等，实现可编程片上系统(SOPC)。

1.2.3　可编程逻辑器件的分类

根据 PLD 器件的与阵列和或阵列的编程情况及输出形式，可编程逻辑器件通常可分为如下四类。

第一类是与阵列固定、或阵列可编程的 PLD 器件，以可编程只读存储器(PROM)为代表。可编程只读存储器(PROM)是组合逻辑阵列，它包含一个固定的与阵列和一个可编程的或阵列，其中的与阵列是全译码形式，它产生输入变量的所有最小项。

PROM 的每个输出端通过或阵列将这些最小项有选择地进行或运算，即可实现任何组合逻辑函数。由于与阵列能够产生输入变量的全部最小项，所以用 PROM 实现组合逻辑函数不需要进行逻辑化简。但随着输入变量数的增加，与阵列的规模会迅速增大，其价格也随之大大提高，而且与阵列越大，译码开关时间就越长，相应的工作速度也越慢。因此，实际上只有规模较小的 PROM 可以有效地实现组合逻辑函数，而大规模的 PROM 价格高、工作速度低，一般只作为存储器使用。

第二类是与阵列和或阵列均可编程的 PLD 器件，以可编程逻辑阵列(PLA)器件为代表。PLA 的与阵列不是全译码形式，它可以通过编程控制只产生函数最简与或式中所需要的与项。因此，PLA 器件的与阵列规模减小，集成度相对提高。

由于 PLA 只产生函数最简与或式中所需要的与项，因此 PLA 在编程前必须先进行函数化简。另外，PLA 器件需要对两个阵列进行编程，编程难度较大，而且 PLA 器件的开发工具应用不广泛，编程一般由生产厂家完成。

第三类是与阵列可编程、或阵列固定的 PLD 器件，以可编程阵列逻辑(PAL)器件为代表。这类器件的每个输出端是若干个乘积项之或，其中乘积项的数目固定。通常 PAL 的乘积项数允许达到 8 个，而一般逻辑函数的最简与或式中仅需要完成 3～4 个乘积项或运算。因此，PAL 的这种阵列结构很容易满足大多数逻辑函数的设计要求。

PAL 有几种固定的输出结构，如专用输出结构、可编程 I/O 结构、带反馈的寄存器输出结构及异或型输出结构等。一种输出结构只能实现一定类型的逻辑函数，其通用性较差，这就给 PAL 器件的管理及应用带来了不便。

第四类是具有可编程输出逻辑宏单元的通用 PLD 器件，以可编程通用阵列逻辑(GAL)器件为主要代表。GAL 器件的阵列结构与 PAL 器件的相同，都是采用与阵列可编程而或阵列固定的形式。两者的主要区别是输出结构不同。PAL 器件的输出结构是固定的，一种结构对应一种类型芯片。如果系统中需要几种不同的输出形式，就必须选择多种芯片来实现。GAL 器件的每个输出端都集成有一个输出逻辑宏单元(OLMC)。

输出逻辑宏单元是可编程的，通过编程可以决定该电路完成组合逻辑还是时序逻辑功能，是否需要产生反馈信号，并能实现输出使能控制及输出极性选择等。因此，GAL 器件通过对 OLMC 的编程可以实现 PAL 的各种输出结构，使芯片具有很强的通用性和灵活性。

图 1.4 是可编程逻辑器件的集成密度分类。

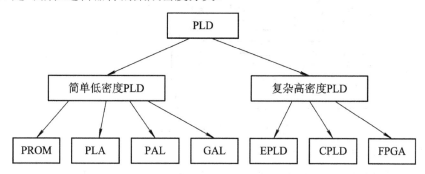

图 1.4　可编程逻辑器件的集成密度分类

通常把包括 PLA 器件、PAL 器件、GAL 器件在内的 PLD 器件划分到一个简单的器件类型分组，称之为简单可编程逻辑器件(SPLD，Simple Programmable Logic Devices)。SPLD 器件最主要的特征是：低成本和极高的引脚到引脚的速度性能。

技术的进步带来了器件规模的高速增长，现在，可编程逻辑器件的规模已经远远超过传统 SPLD 的范畴。传统的 SPLD 规模的扩大受到其结构的严重制约。提供基于 SPLD 结构大容量器件的唯一可行办法是在一个芯片上集成多个可编程的互连 SPLD，这种类型的 PLD 称为复杂可编程逻辑器件(CPLD)。

复杂高密度 PLD 包含了可擦除的可编程逻辑器件(EPLD)，它的基本逻辑单位是宏单元。EPLD 由可编程的"与"、"或"阵列，可编程寄存器和可编程 I/O 三部分组成。复杂可编程逻辑器件(CPLD)是 EPLD 的改进型，比 EPLD 增加了内部连线，对逻辑宏单元和 I/O 单元也有重大改进。CPLD 由可编程逻辑宏单元、可编程 I/O 单元和可编程内部连线组成，有的 CPLD 还集成了 RAM、FIFO 和双口 RAM 等存储器，以满足存取数据的要求，而部分 CPLD 器件具有在系统可编程(ISP)能力，使设计者在焊接好的 PCB 上可以修改或重新设计。现场可编程门阵列(FPGA)是在 PAL、GAL、EPLD 等可编程器件的基础上进一步发展的产物，它可以达到比 PLD 更高的集成度，同时具有更复杂的布线结构和逻辑实现。FPGA 采用了逻辑单元阵列(LCA，Logic Cell Array)，内部包括可配置逻辑模块(CLB，Configurable Logic Block)、输入输出模块(IOB，Input Output Block)和内部连线(Interconnect)三个部分。一些高级的 FPGA 内部还嵌有 RAM、CPU 结构，这些设置为开发复杂电路提供了方便。

1.2.4 CPLD 的结构与工作原理

复杂可编程逻辑器件(CPLD)的规模大、结构复杂，属于大规模集成电路范围。CPLD 主要由可编程逻辑宏单元(LAB)、可编程 I/O 单元和可编程内部连线(PIA)三大部分构成，如图 1.5 所示为 Altera 公司 MAX7128S 的典型结构。

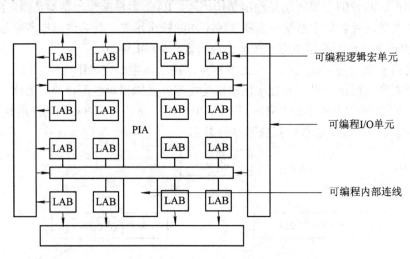

图 1.5 MAX7128S 的典型结构

1. 可编程逻辑宏单元

可编程逻辑宏单元(LAB)是器件的逻辑组成核心，宏单元内部主要包括与或阵列、可编程触发器和多路选择器等电路，能独立地配置为时序逻辑或者组合逻辑工作方式。CPLD 器件的宏单元在芯片内部，称为内部逻辑宏单元。所谓宏单元就是由一些与或阵列加上触发器构成的，其中的"与或"阵列完成组合逻辑功能，触发器用以完成时序逻辑功能，主要有以下特点：

(1) 多触发器结构和"隐埋"触发器结构。GAL 器件的每个输出宏单元只有一个触发器，而 CPLD 的宏单元内通常有两个或两个以上的触发器，其中只有一个触发器与输出端相连，其余触发器的输出不与输出端相连，但可以通过相应的缓冲电路反馈到与阵列，从而与其他触发器一起构成较复杂的时序电路。

(2) 乘积项共享结构。在 PAL 和 GAL 的与或阵列中，每个或门的输入乘积项最多为 8 个，当要实现多于 8 个乘积项的"与-或"逻辑函数时，必须将"与-或"函数表达式进行逻辑变换。在 CPLD 的宏单元中，如果输出表达式的与项较多，对应的或门输入端不够用时，可以借助可编程开关将同一单元(或其他单元)中的其他或门与之联合起来使用，或者在每个宏单元中提供未使用的乘积项供其他宏单元使用和共享，从而可提高资源利用率，实现快速复杂的逻辑函数。

(3) 异步时钟和时钟选择。CPLD 器件与 PAL 和 GAL 相比，其触发器的时钟既可以同步工作，也可以异步工作，有些器件中触发器的时钟还可以通过数据选择器或时钟网络进行选择。此外，逻辑宏单元内触发器的异步清零和异步置位也可以用乘积项进行控制，因而使用起来更加灵活。

2．可编程 I/O 单元

输入/输出单元简称 I/O 单元，它是芯片内部信号到 I/O 引脚的接口部分。由于阵列型 HDPLD(High Density PLD,高密度 PLD)通常只有少数几个专用输入端，大部分端口均为 I/O 端，而且系统的输入信号常常需要锁存，因此，I/O 单元常作为一个独立单元来处理。

3．可编程内部连线

可编程内部连线(PIA)的作用是在各逻辑宏单元之间以及逻辑宏单元和 I/O 单元之间提供互连网络。各逻辑宏单元通过可编程连线阵列接收来自输入端的信号，并将宏单元的信号送到目的地。这种互连机制有很大的灵活性，它允许在不影响引脚分配的情况下改变内部的设计，如 JTAG 编程模块，一些全局时钟、全局使能、全局复位/置位单元等。

1.2.5　FPGA 的结构与工作原理

现场可编程门阵列(FPGA)是在 PAL、GAL、EPLD、CPLD 等可编程器件的基础上进一步发展的产物，它是作为 ASIC 领域中的一种半定制电路而出现的，既解决了定制电路的不足，又克服了原有可编程器件门电路有限的缺点。

由于 FPGA 需要被反复烧写，它实现组合逻辑的基本结构不可能像 ASIC 那样通过固定的与非门来完成，而只能采用一种易于反复配置的结构。查找表(LUT)可以很好地满足这一要求。目前主流 FPGA 都采用了基于 SRAM 工艺的查找表结构，也有一些军品和宇航级的 FPGA 采用 Flash 或者熔丝与反熔丝工艺的查找表结构。通过烧写文件改变查找表内容的方法来实现对 FPGA 的重复配置。

查找表(LUT)本质上就是一个 RAM。目前 FPGA 中多使用 4 输入的 LUT，所以每一个 LUT 可以看成一个有 4 位地址线的 RAM。当用户通过原理图或 HDL 语言描述了一个逻辑电路以后，FPGA 开发软件会自动计算逻辑电路的所有可能结果，并把真值表事先写入 RAM，这样，每输入一个信号进行逻辑运算就等于输入一个地址进行查表，找出地址对应的内容，然后输出即可。

由于基于 LUT 的 FPGA 具有很高的集成度，其器件密度从数万门到数千万门不等，可以完成极其复杂的时序逻辑与组合逻辑电路功能，所以适用于高速、高密度的高端数字逻辑电路设计领域。其组成部分主要有可编程输入/输出单元、基本可编程逻辑单元、内嵌 SRAM、丰富的布线资源、底层嵌入功能单元、内嵌专用单元等。

如前所述，FPGA 是由存放在片内的 RAM 来设置其工作状态的，因此工作时需要对片内 RAM 进行编程。用户可根据不同的配置模式，采用不同的编程方式。FPGA 有如下几种

配置模式:

(1) 并行模式。并行 PROM、Flash 配置 FPGA。

(2) 主从模式。一片 PROM 配置多片 FPGA。

(3) 串行模式。串行 PROM 配置 FPGA。

(4) 外设模式。将 FPGA 作为微处理器的外设,由微处理器对其编程。

目前主流的 FPGA 仍是基于查找表技术的,已经远远超出了先前版本的基本性能。FPGA 芯片主要由六部分组成:可编程输入/输出单元(IOB)、可配置逻辑模块(CLB)、数字时钟管理(DCM)模块、嵌入式块 RAM、底层嵌入功能模块和内嵌专用硬核布线资源。其内部结构如图 1.6 所示(每一个系列的 FPGA 都有相应的具体内部结构)。FPGA 的主要器件供应商有 Xilinx、Altera、Lattice、Actel 和 Atmel。

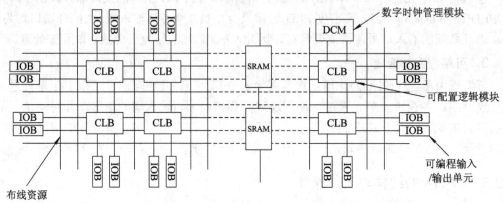

图 1.6 FPGA 芯片的内部结构

1. 可编程输入/输出单元

可编程输入/输出单元(IOB)简称 I/O 单元,是芯片与外界电路的接口部分,完成不同电气特性下对输入/输出信号的驱动与匹配要求,其内部结构示意图如图 1.7 所示,主要由输入触发器、输入缓冲器、输出触发/锁存器和输出缓冲器组成。

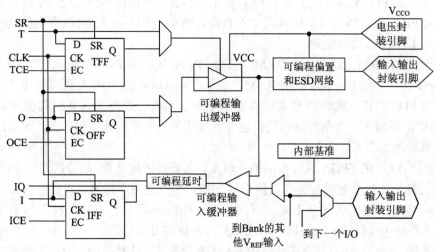

图 1.7 典型的 IOB 内部结构示意图

每个 IOB 控制一个引脚，可被配置为输入、输出或双向 I/O 功能。当 IOB 控制的引脚被定义为输入时，通过该引脚的输入信号先送到输入缓冲器，缓冲器的输出分为两路，其中一路送到输入通路 D 触发器，再送到数据选择器。通过编程给数据选择器不同的控制信息。当 IOB 控制的引脚被定义为输出时，CLB 阵列的输出信号的一条传输途径是先存入输入通路 D 触发器，再送到输出缓冲器。FPGA 内的 I/O 按组分类，每组都能够独立地支持不同的 I/O 标准。通过软件的灵活配置，可适配不同的电气标准与 I/O 物理特性，调整驱动电流的大小，改变上、下拉电阻。目前，I/O 口的频率也越来越高，一些高端的 FPGA 通过 DDR 寄存器技术可以支持高达 2 Gb/s 的数据速率。

2. 可配置逻辑模块

可配置逻辑模块(CLB)是 FPGA 内的基本逻辑单元。CLB 的实际数量和特性会根据器件的不同而不同，但是每个 CLB 都包含一个可配置开关矩阵，此矩阵由 4 或 6 个输入、一些可选电路(多路复用器等)和触发器组成。开关矩阵是高度灵活的，可以对其进行配置以便处理组合逻辑、移位寄存器或 RAM。在 Xilinx 公司的 FPGA 器件中，CLB 由多个(一般为 4 个或 2 个)相同的 Slice 和附加逻辑构成，Xilinx 公司的 CLB 结构示意图如图 1.8 所示。CLB 模块不仅可以用于实现组合逻辑、时序逻辑，还可以配置为分布式 RAM 和分布式 ROM。

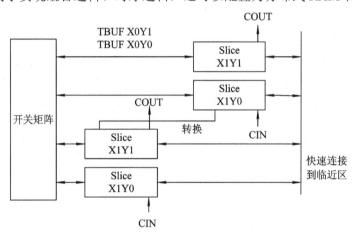

图 1.8　Xilinx 公司的 CLB 结构示意图

Slice 是 Xilinx 公司定义的基本逻辑单位，一个 Slice 由两个 4 输入函数发生器、进位逻辑、算术逻辑、存储逻辑和函数复用器组成。4 输入函数发生器用于实现 4 输入 LUT、分布式 RAM 或 16 比特移位寄存器(Virtex-5 系列芯片的 Slice 中的两个输入函数为 6 输入，可以实现 6 输入 LUT 或 64 比特移位寄存器)；进位逻辑包括两条快速进位链，用于提高 CLB 模块的处理速度；算术逻辑包括一个异或门(XORG)和一个专用与门(MULTAND)，一个异或门可以使一个 Slice 实现 2 bit 全加操作，专用与门用于提高乘法器的效率；进位逻辑由专用进位信号和函数复用器(MUXC)组成，用于实现快速的算术加减法操作。

3. 数字时钟管理模块

业内大多数 FPGA 均提供数字时钟管理(DCM)模块(Xilinx 公司的全部 FPGA 均具有这种特性)。Xilinx 公司推出的最先进 FPGA，提供数字时钟管理功能和相位环路锁定功能。相位环路锁定功能可以提供精确的时钟综合，且能够降低抖动，并实现过滤功能。

4. 嵌入式块 RAM

大多数 FPGA 都具有内嵌的块 RAM，这大大拓展了 FPGA 的应用范围和灵活性。块 RAM 可被配置为单端口 RAM、双端口 RAM、相联存储器(CAM)以及 FIFO 等常用存储结构。RAM、FIFO 的概念较普及，在此不再冗述。CAM 存储器内部的每个存储单元中都有一个比较逻辑，写入 CAM 中的数据会和其内部的每一个数据进行比较，并返回与端口数据相同的所有数据的地址，因而它在路由的地址交换器中有广泛的应用。除了块 RAM，还可以将 FPGA 中的 LUT 灵活地配置成 RAM、ROM 和 FIFO 等结构。在实际应用中，芯片内部块 RAM 的数量也是选择芯片的一个重要参数。

大部分单片块 RAM 的容量为 18 kb，即位宽为 18 bit、深度为 1024，可以根据需要改变其位宽和深度，但要满足两个原则：首先，修改后的容量不能大于 18 kb；其次，位宽最大不能超过 36 bit。当然，可以将多片块 RAM 级联起来形成更大的 RAM，此时只受限于芯片内块 RAM 的数量，而不再受上面两条原则的约束。

5. 底层内嵌功能模块和内嵌专用硬核

内嵌功能模块主要指延时锁定循环(DLL，Delay Locked Loop)、锁相环(PLL，Phase Locked Loop)、数字信号处理(DSP)和中央处理器(CPU)等软核(Soft Core)。现在，越来越丰富的内嵌功能使得单片 FPGA 成为了系统级的设计工具，并具备了软、硬件联合设计的能力，逐步向 SOC 平台过渡。

DLL 和 PLL 具有类似的功能，可以完成时钟高精度、低抖动的倍频和分频，以及占空比调整和移相等功能。Xilinx 公司的芯片上集成了 DLL，Altera 公司的芯片上集成了 PLL，Lattice 公司的新型芯片上同时集成了 PLL 和 DLL。PLL 和 DLL 可以通过 IP 核生成的工具进行管理和配置。DLL 的结构示意如图 1.9 所示。

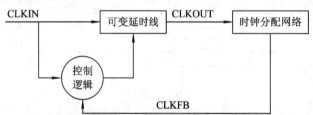

图 1.9 典型的 DLL 结构示意图

内嵌专用硬核是相对底层嵌入的软核而言的，是指 FPGA 中具有强大处理能力的硬核(Hard Core)，等效于 ASIC 电路。为了提高 FPGA 的性能，芯片生产商在芯片内部集成了一些专用的硬核。例如：为了提高 FPGA 的乘法速度，主流的 FPGA 中都集成了专用乘法器；为了适用通信总线与接口标准，很多高端的 FPGA 内部都集成了串并收发器，可达数十 Gb/s 的收发速度。

6. 布线资源

布线资源用以连通 FPGA 内部的所有单元，而连线的长度和工艺决定着信号在连线上的驱动能力和传输速度。FPGA 芯片内部有着丰富的布线资源，根据工艺、长度、宽度和分布位置的不同而划分为以下几类：

(1) 全局布线资源，用于芯片内部全局时钟和全局复位/置位的布线；

(2) 长线资源，用以完成芯片内各 Bank 间的高速信号和第二全局时钟信号的布线；

(3) 短线资源，用于完成基本逻辑单元之间的逻辑互连和布线；

(4) 分布式的布线资源，用于专有时钟、复位等控制信号线。

在实际中，设计者不需要直接选择布线资源，布局布线器会自动根据输入逻辑网表的拓扑结构和约束条件来选择布线资源，以连通各个模块。

1.2.6　CPLD 和 FPGA 的编程与配置

数字电路系统设计由于 CPLD/FPGA 的引入发生了巨大的变化。在进行逻辑设计时人们可以在设计具体电路之前，就把 CPLD/FPGA 焊接在印制板电路上，这样在设计、调试时可以随心所欲地更改整个电路的逻辑功能，而不必改变电路板的结构。这一切都依赖于 CPLD/FPGA 的在系统下载或重新配置功能才得以实现。

在完成 CPLD/FPGA 开发以后，开发软件就会生成一个最终的编程文件，不同类型的 CPLD/FPGA 使用不同的方法将编程文件加载到器件芯片中。通常，将对 CPLD 的下载称为编程，而将对 FPGA 中的 SRAM 进行直接下载的方式称为配置，但对于反熔丝结构和 Flash 结构的 FPGA 的下载及对 FPGA 的专用配置 ROM 的下载仍称为编程。

1. CPLD/FPGA 器件配置的下载分类

CPLD/FPGA 的编程与配置就是指将已经设计好的硬件电路的网表文件通过编程器或编程电缆下载到 CPLD/FGPA 器件中。

CPLD/FPGA 器件的工作状态(模式)主要有如下三种：

① 用户状态(User Mode)，即电路中 CPLD/FPGA 器件正常工作时的状态；

② 配置状态(Configuration Mode)或者下载状态，指将编程数据装入 CPLD/FPGA 器件的过程；

③ 初始化状态(Initialization Mode)，即 CPLD/FPGA 器件内部的各类寄存器复位。

基于 CPLD/FPGA 的数字系统通过仿真验证后，根据编程和配置的不同下载方式，有不同的配置分类。

1) 基于计算机通信端口的分类

根据使用计算机端口的不同，CPLD/FPGA 的编程与配置可以分为串口下载、并口下载和 USB 接口下载等三类。

2) 基于编程器的分类

根据采用的 CPLD/FPGA 器件的不同，编程和配置有如下两类：

(1) CPLD 编程下载，适用于片内编程元件为 EPROM、EEPROM 和 Flash 的器件。

(2) FPGA 编程下载，适用于片内编程元件为 SDRAM 的器件。

3) 基于 CPLD/FPGA 器件在编程过程中的状态分类

根据 CPLD/FPGA 器件在编程过程中的不同状态，以 Altera 公司的芯片为例，常用的有下面三种分类。

(1) 主动配置方式。在主动配置(AS，Active Serial)方式下，由 CPLD/FGPA 器件引导配置操作的过程并控制着外部存储器和初始化过程。比如使用 Altera 串行配置器件来完成基于 AS 模式的 EPCS1、EPCS4 器件(目前只支持 Stratix II 和 Cyclone 系列)的配置。在配置中，

Cyclone 器件处于主动地位,配置器件处于从属地位;配置数据通过 DATA0 引脚送入 FPGA;配置数据被同步在 DCLK 输入上，1 个时钟周期传送 1 位数据。

AS 配置器件是一种非易失性、基于 Flash 存储器的存储器，用户可以使用 Altera 的 ByteBlaster II 加载电缆、Altera 的 Altera Programming Unit 或者第三方的编程器来对配置芯片进行编程。它与 FPGA 的接口有以下 4 个简单的信号线：

① 串行时钟输入(DCLK)，是在配置模式下由 FPGA 内部的振荡器(Oscillator)产生的，在配置完成后，该振荡器将被关掉。工作时钟在 20 MHz 左右，而 Fast AS 方式下(Stratix II 和 Cyclone II 支持该种配置方式)，DCLK 时钟工作在 40 MHz 左右。在 Altera 的主动串行配置芯片中，只有 EPCS16 和 EPCS64 的 DCLK 可以支持到 40 MHz，EPCS1 和 EPCS4 只能支持 20 MHz。

② AS 控制信号输入(ASDI)。

③ 片选信号(nCS)。

④ 串行数据输出(DATA)。

在主动配置模式中还可以对多个器件进行配置，多片器件的配置过程为：控制配置芯片的 FPGA 为主芯片，其他的 FPGA 为从芯片。主芯片的 nCE 需要直接接地，其 nCE 输出脚驱动从片的 nCE，而从片的 nCEO 悬空，nCEO 脚在 FPGA 未配置时输出为低。这样，AS 配置芯片中的配置数据首先写到主片的 FPGA 中，当其接收到所有的配置数据以后，随即驱动 nCEO 信号为高，使能从片的 FPGA，这样配置芯片后面的读出数据将被写入到从片的 FPGA 中。在生成配置文件对串行配置器件编程时，Quartus II 工具需要将两个配置文件合并到一个 AS 配置文件中，编程到配置器件中。如果这两个 FPGA 的配置数据完全一样，就可以将从片的 nCE 也直接接地，这样只需要在配置芯片中放一个配置文件，两个 FPGA 同时配置。

(2) 被动配置方式。在被动配置(PS，Passive Serial)方式下，外部 CPU 或控制器(如单片机等)控制配置的过程。所有 Altera FPGA 都支持这种配置模式。在 PS 配置期间，配置数据从外部储存部件(这些存储器可以是 Altera 配置器件或单板上的其他 Flash 器件)通过 DATA0 引脚送入 FPGA。配置数据在 DCLK 上升沿锁存，1 个时钟周期传送 1 位数据。FPP(快速被动并行)配置模式只有在 Stratix 系列和 APEX II 中被支持；PPA(被动并行异步)配置模式在 Stratix 系列、APEX II、APEX 20K、mercury、ACEX 1K 和 FLEX 10K 中被支持；PPS(被动并行同步)模式只有一些较老的器件支持，如 APEX II、APEX 20K、mercury、ACEX 1K 和 FLEX 10K。

PSA(被动串行异步)与 FPGA 的信号接口有如下几个：① DCLK(配置时钟)；② DATA0 (配置数据)；③ nCONFIG(配置命令)；④ nSTATUS(状态信号)；⑤ CONF_DONE(配置完成指示)。

在被动配置方式下，FPGA 处于完全被动的地位。FPGA 接收配置时钟、配置命令和配置数据，给出配置的状态信号以及配置完成指示信号等。被动配置可以使用 Altera 的配置器件(EPC1、EPC2、EPC1441、EPC1213、EPC1064 和 EPC1064V 等)，可以使用系统中的微处理器，也可以使用单板上的 CPLD，或者 Altera 的下载电缆，不管配置的数据源来自何处，只要可以模拟出 FPGA 需要的配置时序，并将配置数据写入 FPGA 即可。

在上电以后，FPGA 会在 nCONFIG 引脚上检测到一个从低到高的跳变沿，因此可以自动启动配置过程。

(3) JTAG 配置方式。JTAG 接口是一个业界标准接口，主要用于芯片测试等。Altera 的 FPGA 基本上都可以支持 JTAG 命令来配置 FPGA，而且 JTAG 配置方式比其他任何方式优先级都高。JTAG 接口由 4 个必需的信号 TDI、TDO、TMS 和 TCK 以及 1 个可选信号 TRST 构成：

TDI——用于测试数据的输入；

TDO——用于测试数据的输出；

TMS——模式控制引脚，决定 JTAG 电路内部的 TAP 状态机的跳变；

TCK——测试时钟，其他信号线都必须与之同步；

TRST——可选，如果 JTAG 电路不用，可以将其连到 GND。

用户可以使用 Altera 的下载电缆，也可以使用微处理器等智能设备从 JTAG 接口设置 FPGA。nCONFIG、MESL 和 DCLK 信号都用在其他配置方式下。如果只用 JTAG 配置，则需要将 nCONFIG 拉高，将 MESL 拉成支持 JTAG 的任一方式，并将 DCLK 拉成高或低的固定电平。JTAG 配置方式支持菊花链方式，级联多片 FPGA。FPGA 在正常工作时，其配置数据存储在 SRAM 中，加电时须重新下载。在实验系统中，通常用计算机或控制器进行调试，因此可以使用被动配置方式。在实际系统中，多数情况下必须由 FPGA 主动引导配置操作过程，这时 FPGA 将主动从外围专用存储芯片中获得配置数据，而此芯片中 FPGA 配置信息是用普通编程器将设计所得的 pof 格式的文件烧录进去。

2. FPGA 器件的下载过程

在 FPGA 正常工作时，配置数据存储在 SRAM 中，这个 SRAM 单元也被称为配置存储器(Configure RAM)。由于 SRAM 是易失性存储器，因此在 FPGA 上电之后，外部电路需要将配置数据重新载入到芯片内的配置 RAM 中。在芯片配置完成之后，内部的寄存器以及 I/O 引脚必须进行初始化，等到初始化完成以后，芯片才会按照用户设计的功能正常工作，即进入用户模式。

FPGA 上电以后首先进入配置模式，在最后一个配置数据载入到 FPGA 以后，进入初始化模式，在初始化完成后进入用户模式。在配置模式和初始化模式下，FPGA 的用户 I/O 处于高阻态(或内部弱上拉状态)，当进入用户模式后，用户 I/O 就按照用户设计的功能工作。

3. FPGA 器件的配置过程

一个 FPGA 器件完整的配置过程包括复位、配置和初始化三个过程。

FPGA 正常上电后，当其 nCONFIG 引脚被拉低时，器件处于复位状态，这时所有的配置 RAM 内容被清空，并且所有 I/O 处于高阻态，FPGA 的状态引脚 nSTATUS 和 CONFIG_DONE 引脚也将输出为低。当 FPGA 的 nCONFIG 引脚上出现一个从低到高的跳变以后，配置就开始了，同时芯片还会去采样配置模式(MESL)引脚的信号状态，决定接受何种配置模式。随之，芯片将释放漏极开路(Open-Drain)输出的 nSTATUS 引脚，使其由片外的上拉电阻拉高，这样就表示 FPGA 可以接收配置数据了。在配置之前和配置过程中，FPGA 的用户 I/O 均处于高阻态。

在接收配置数据的过程中，配置数据由 DATA 引脚送入，而配置时钟信号由 DCLK 引脚送入，配置数据在 DCLK 的上升沿被锁存到 FPGA 中，当配置数据被全部载入到 FPGA 中以后，FPGA 上的 CONF_DONE 信号就会被释放，而漏极开路输出的 CONF_DONE 信号同样将由外部的上拉电阻拉高。因此，CONF_DONE 引脚的从低到高的跳变意味着配置的完成和初始化过程的开始，而并不是芯片开始正常工作。

　　INIT_DONE 是初始化完成的指示信号，它是 FPGA 中可选的信号，需要通过 EDA 工具中的设置决定是否使用该引脚。在初始化过程中，内部逻辑、内部寄存器和 I/O 寄存器将被初始化，I/O 驱动器将被使能。当初始化完成以后，器件上漏极开始输出的 INIT_DONE 引脚被释放，同时被外部的上拉电阻拉高。这时，FPGA 完全进入用户模式，所有的内部逻辑以及 I/O 都按照用户的设计运行，此时，那些 FPGA 配置过程中的 I/O 弱上拉将不复存在。不过，还有一些器件在用户模式下 I/O 也有可编程的弱上拉电阻。在完成配置以后，DCLK 信号和 DATA 引脚不应该被悬空，而应该被拉成固定电平，高或低都可以。

　　如果需要重新配置 FPGA，就需要在外部将 nCONFIG 重新拉低一段时间，然后再拉高。当 nCONFIG 被拉低后，nSTATUS 和 CONF_DONE 将随即被 FPGA 芯片拉低，配置 RAM 内容被清空，所有 I/O 都变成三态。当 nCONFIG 和 nSTATUS 都变为高时，重新配置就开始了。

1.3　Verilog HDL 简介

　　硬件描述语言(HDL)是一种用形式化方法来描述数字电路和系统的语言。数字系统的设计者利用这种语言可以从上层到下层(从抽象到具体)逐层描述自己的设计思想，用一系列分层次的模块来表示极其复杂的数字系统。然后利用 EDA 工具逐层次进行仿真验证，再把其中需要变为具体物理电路的模块组合由自动综合工具转换到门级电路网表。接着，利用专用集成电路(ASIC)或 CPLD/FPGA 自动布局布线工具把网表转换为具体电路的布线结构去实现。

　　目前，被广泛使用的硬件描述语言有 VHDL 和 Verilog HDL 两种。前者是由美国军方组织开发的，于 1987 年成为 IEEE 标准；后者是从一个普通的民间公司的私有财产转化而来的，早在 1983 年就已推出，1995 年才正式成为 IEEE 标准。

1.3.1　Verilog HDL 的发展历史

　　Verilog HDL 语言是在应用最为广泛的 C 语言的基础上发展起来的一种硬件描述语言，它是由 GDA 公司(该公司于 1989 年被 Cadence 公司收购)的 Phil Moorby 于 1983 年创建的，最初只设计了仿真和验证工具，之后又陆续开发了相关的故障模拟与时序分析工具。当时它只是一种专用语言，但由于其模拟、仿真器产品的广泛使用，1985 年 Moorby 推出第三个商用仿真器——Verilog –XL，获得巨大成功，使 Verilog HDL 成为该公司的专利产品。Verilog HDL 作为一种便于使用且实用的语言逐渐为众多设计者所接受。1990 年 Cadence 公司公开发表了 Verilog HDL，将 Verilog HDL 语言推向了公众领域。OVI(Open Verilog International)组织的成立促进了 Verilog HDL 语言的发展。1992 年，OVI 致力于推广 Verilog OVI 标准成为 IEEE 标准。这一努力最后获得成功，Verilog HDL 语言于 1995 年成为 IEEE 标准，称为 IEEE Standard 1364－1995。完整的标准在 Verilog HDL 硬件描述语言参考手册中有详细描述。

　　VHDL(Very High Speed Integrated Circuit HDL)意为甚高速集成电路，所以 VHDL 准确的中文译名为甚高速集成电路的硬件描述语言。VHDL 是在 ADA 语言的基础上发展起来的。尽管 VHDL 得到美国国防部的支持，并在 1987 年就成为了 IEEE 标准(IEEE Standard 1076—

1987)，比 Verilog HDL 早了 8 年，但由于 ADA 语言的使用者远远少于 C 语言，它的普及程度也就远远不及 Verilog HDL。

1.3.2 Verilog HDL 和 VHDL 的比较

Verilog HDL 与 VHDL 都是逻辑设计的硬件描述语言，VHDL 与 Verilog HDL 有很多相同之处，它们能形式化地抽象表示电路的行为和结构，支持逻辑设计中层次与范围的描述，最重要的是都可以借助类高级语言的特性来抽象描述数字电路的结构和功能，都可以对设计出来的电路进行验证和仿真，以确保电路的正确性，以及都可以实现电路描述与工艺实现的分离。简单地说，它们都可以帮助工程师完成复杂数字电路系统的设计，但它们又各自有着不同的特点：

(1) Verilog HDL 早在 1983 年就已推出，因而拥有更广泛的使用群体，成熟的资源也比 VHDL 丰富。它最大的优点就是简单、规范，语法规则与 C 语言十分相像，非常容易学习和掌握。而 VHDL 的语法规则类似 ADA 语言。由于 C 语言有着广泛的使用群体，作为电子工程师几乎都学习过这门语言，因而电子工程师们可以比较容易地掌握 Verilog HDL。与此相反，有过 ADA 语言使用经历的电子工程师并不多。因此电子工程师们普遍认为 Verilog HDL 无论从学习或者使用上都比 VHDL 简单。

(2) Verilog HDL 不支持用户自定义数据类型，而 VHDL 则支持这一功能。这使得 VHDL 同 Verilog HDL 相比，可以更好地在较高的抽象级别上描述数字电路系统。因此在设计百万门的大规模数字电路时，使用 VHDL 往往会取得更好的效果。

(3) Verilog HDL 在门级和开关级的描述方面远比 VHDL 强大，所以即使是 VHDL 的设计环境，在底层也是由 Verilog HDL 描述的器件库所支持的。目前版本的 Verilog HDL 和 VHDL 在行为抽象建模的覆盖范围方面也有所不同，Verilog HDL 在这方面比 VHDL 略差一些，图 1.10 是 Verilog HDL 和 VHDL 建模能力的比较。

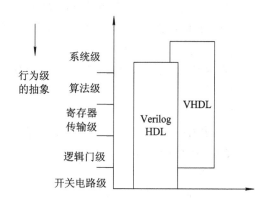

图 1.10 Verilog HDL 与 VHDL 建模能力的比较

(4) Verilog HDL 对语法的要求比 VHDL 宽松得多，语法检查也不太严格，因此在使用 Verilog HDL 设计电路时要特别注意代码的写法，否则很容易出现综合后的电路功能与预想的功能不一致的情况，或者出现竞争冒险现象。VHDL 对语法的检查十分严格，这使得 VHDL 设计出来的电路更可靠，一般不会出现上述现象，但代价是 VHDL 的代码比 Verilog HDL 的代码更加烦琐。

(5) Verilog HDL 自身就带有用于仿真的指令，例如可以随时检测信号的变化；VHDL 则没有类似的指令，调试程序只能依靠仿真工具的支持。

综上所述，Verilog HDL 语言作为学习 HDL 设计方法的入门和基础是非常适合的。学习并掌握 Verilog HDL 语言的建模、综合和仿真技术，不仅可以加深对数字电路设计的了解，还可以为后续高级阶段行为综合和物理综合的学习打下基础。

第 2 章 Verilog HDL 基础

2.1 Verilog HDL 的特点

Verilog HDL 语言描述硬件单元的结构简单、易读，其最大特点就是易学易用，如果有 C 语言的编程经验，在一个较短的时间内即能很快掌握。但 Verilog HDL 较自由的语法，也容易使初学者犯一些错误，这一点应注意。

Verilog HDL 语言具有多种描述能力，包括设计的行为特性、设计的数据流特性、设计的结构组成以及包含响应监控和设计验证方面的时延和波形产生机制。

Verilog HDL 语言编写的模型可使用 Verilog 仿真器进行验证，它从 C 编程语言中继承了多种操作符和结构。Verilog HDL 提供了扩展的建模能力，其中许多扩展最初很难理解，但是 Verilog HDL 的核心子集非常易于学习和使用，这对大多数建模应用来说已经足够。完整的硬件描述语言可以对从最复杂的芯片到完整的电子系统进行描述，主要特点如下：

(1) Verilog HDL 是一种用于数字逻辑电路描述的语言，主要用于逻辑电路的建模、仿真和设计。

(2) 用 Verilog HDL 描述的电路设计就是该电路的 Verilog HDL 模型。

(3) Verilog HDL 既是一种行为描述语言也是一种结构描述语言，既可以用电路的功能描述，也可以用元器件和它们之间的连接来建立所设计电路的 Verilog HDL 模型。

(4) Verilog 模型可以是实际电路不同级别的抽象，这些抽象的级别和它们对应的模型类型共有以下五种：

系统级(System)——用高级语言结构实现设计模块行为的模型；

算法级(Algorithmic)——用高级语言结构实现设计算法行为的模型，部分可综合；

RTL 级(Register Transfer Level)——描述数据在寄存器之间流动和处理这些数据行为的模型，可综合；

门级(Gate-Level)——描述逻辑门以及逻辑门之间连接的模型；

开关级(Switch-Level)——描述器件中三极管和存储器件以及它们之间连接的模型。

Verilog 语言的这种多抽象级别的描述能力，使我们可以在数字系统设计的各个阶段都使用同一种语言。

一个复杂电路的完整 Verilog HDL 模型是由若个 Verilog HDL 模块构成的，每个模块又由若干个子模块构成。整个程序由模块构成，每个模块的内容均嵌在关键字 module 和 endmodule 之间，每个模块实现某个功能，模块可进行嵌套。Verilog HDL 可以精确地建立信号的模型，这是因为在 Verilog HDL 中提供了延迟和输出强度的原语。Verilog HDL 作为一种高级的硬件描述语言，有着类似 C 语言的风格，其中许多语句(如 if 语句、case 语句等)和 C 语言中的对应语句十分相似，并提供了各种算术运算符、逻辑运算符、位运算符等。Verilog HDL 易学易用，学习时可将主要精力放在系统设计上，对 Verilog HDL 某些语句的特殊方面着重理解，并加强练习就能很好地掌握它。

2.2　程序设计流程

图 2.1 所示是一个典型的 FPGA/CPLD 设计流程，而如果是 ASIC 设计，则不需要 STEP5 这个环节，只要把综合后的结果直接交给集成电路生产厂家即可。

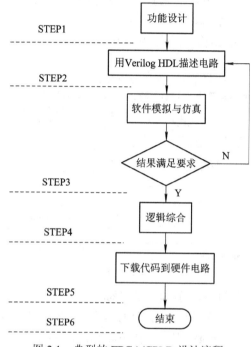

图 2.1　典型的 FPGA/CPLD 设计流程

2.3　程序的基本结构

一个复杂电路系统的完整 Verilog HDL 模型是由若干个 Verilog HDL 模块构成的，每一个模块又可以由若干个子模块构成。Verilog HDL 程序文件都是以 ".v" 作为后缀，例如为一个触发器建模时创建了一个名为 dff 的文件，则这个文件名就是 dff.v。每个 .v 文件中可以包含一个或几个模块的描述代码。

2.3.1　模块的概念

模块(module)是 Verilog HDL 设计中的基本描述单位，用于描述某个设计的功能或结构及其与其他模块通信的外部端口。每个 Verilog HDL 设计的系统都是由若干个模块组成的，所以在学习基本语法之前有必要了解模块的概念。模块具有如下特征：

(1) 每个模块在语言形式上是以关键词 module 开始、以关键词 endmodule 结束的一段程序。

(2) 模块代表硬件电路上的逻辑实体，其范围可以从简单的门到整个大的系统，比如一个计数器、一个存储子系统、一个微处理器等。

(3) 模块可以根据描述方法的不同定义成行为型或结构型(或者是二者的组合)。行为型模块通过传统的编程语言结构定义数字系统(模块)的状态，如使用 if 条件语句、赋值语句等。结构型模块是将数字系统(模块)的状态表达为具有层次概念的互相连接的子模块。

(4) 每个模块都可实现特定的功能。

(5) 模块是分层的，高层模块通过调用、连接底层模块的实例来实现复杂的功能。

(6) 模块之间是并行运行的。

图 2.2 是一个完整模块的结构示意图，从图中我们可以看出模块作为 Verilog HDL 设计中最基本的单元的结构组成。

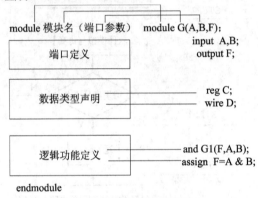

图 2.2 模块结构示意图

● 模块名是模块唯一性的标识符(模块的名称)。

● 端口定义是端口(输入、输出和双向端口)的列表，这些端口用来与其他模块进行连接。端口类型有三种：输入端口(input)、输出端口(output)和输入/输出(双向)端口(inout)。

通过图 2.3 模块的端口示意图，我们可以更清楚地了解模块端口。

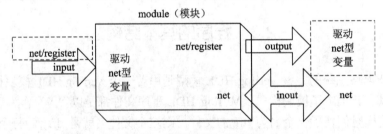

图 2.3 模块的端口示意图

对于端口应注意以下几点：

(1) 每个端口除了要声明是输入端口、输出端口还是双向端口外，还要声明其数据类型，是连线型(wire)还是寄存器型(reg)，如果没有声明，综合器将其默认为 wire 型。

(2) 输入端口和双向端口不能声明为寄存器型。

(3) 在测试模块中不需要定义端口。

● 数据类型声明是对模块中所用到的信号(包括端口信号、节点信号等)进行数据类型的定义，也就是指定数据对象为寄存器型、存储器型、线型等。

● 逻辑功能定义是模块中最核心的部分，有多种方法可在模块中描述和定义逻辑功能，还可以调用函数(function)和任务(task)来描述逻辑功能，可以包含 initial 结构、always 结构、连续赋值或模块实例等。

● 标识模块结束的 endmodule 之后没有分号。

下面先介绍几个简单的 Verilog HDL 程序，然后从中分析 Verilog HDL 程序的特性。

【例 2.1】　一个三位二进制加法器。

```
module adder (count,sum,a,b,cin);      //adder 为模块名，a、b、cin 是输入，count、sum 是输出
        input [2:0] a,b;               //声明输入信号 a, b
        input    cin;                  //声明输入进位信号 cin
        output   count;                //声明输出进位信号 count
        output [2:0] sum;              //声明输出信号
        assign {count,sum}=a+b+cin;

    endmodule
```

这个例子通过连续赋值语句描述了一个模块名为 adder 的三位加法器，从该例中可以看出整个 Verilog HDL 程序是嵌套在 module 和 endmodule 声明语句里的，根据两个三比特数 a、b 和进位(cin)计算出和(sum)和进位(count)。

【例 2.2】　2 选 1 数据选择器。

```
module mux2(out, a, b, sl);
    input a,b,sl;
    output out;


    not    u1(ns1, sl);
    and    u2(sela, a, nsl);
    and    u3 (selb, b, sl);
    or     u4(out , sela, selb);
    endmodule
```

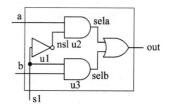

图 2.4　2 选 1 数据选择器逻辑图

这个例子通过门级结构来实现 2 选 1 数据选择器，其中 not、and、or 是 Verilog HDL 内建的逻辑门器件。图 2.4 是 2 选 1 数据选择器的逻辑图。

【例 2.3】　一位比较器。

```
module   compare (equal,a,b);          //比较器模块端口声明
    output   equal;                    //输出信号 equal
    input [1:0] a,b;                   //输入信号 a、b
    assign equal=(a==b)? 1:0;          //*如果 a、b 两个输入信号相等，输出为 1，否则为 0*/
    endmodule
```

这个程序通过连续赋值语句描述了一个名为 compare 的比较器。对两比特数 a、b 进行比较，如果 a 与 b 相等，则输出 equal 为高电平，否则为低电平。在该程序中，"/*……*/"和"//……"表示注释部分，注释只是为了方便程序员理解程序，对编译是不起作用的。

【例 2.4】　调用子模块举例。

```
module trist (out,in,enable);
```

```
        output   out;
        input   in, enable;
        mytri   tri_inst(out,in,enable);       //调用由 mytri 模块定义的实例元件 tri_inst
    endmodule
        //子模块 mytri 的描述
    module mytri (out,in,enable);
        output   out;
        output   reg  out;
        input   in, enable;
        always @(in or enable)                 //三态门逻辑功能的行为描述
            if(enable)
                out = in;
            else
                out = 1'bz;
    endmodule
```

这个例子通过另一种方法描述了一个三态门。在这个例子中存在着两个模块：trist 为顶层模块，mytri 为子模块。模块 trist 调用由子模块 mytri 定义的实例元件 tri_inst。

通过上面的例子我们可以看到：

(1) Verilog HDL 程序是由模块构成的；每个模块的内容都嵌在 module 和 endmodule 语句之间；每个模块均实现特定的功能；模块是可以进行嵌套的。正因为如此，才可以将大型的数字电路设计分割成不同的小模块来实现特定的功能，最后通过顶层模块调用子模块来实现整体功能。

(2) 每个模块要进行端口定义，并说明输入、输出端口，然后对模块的功能进行逻辑描述。

(3) 逻辑描述的方法有门级结构描述、数据流描述和行为描述。

(4) Verilog HDL 程序的书写格式自由，一行可以写几个语句，一个语句也可以分多行写。除了 endmodule 语句外，每个语句和数据定义的末尾必须有分号。

(5) 可以用"/*……*/"和"//……"对 Verilog HDL 程序的任何部分作注释。一个好的、有使用价值的源程序都应当加上必要的注释，以增强程序的可读性和可维护性。

2.3.2　模块的调用

模块调用是 Verilog HDL 结构描述的基本构成方式。我们可以把一个模块看做由其他模块像积木块一样搭建而成的，所有被当前模块调用的其他模块都属于低一层次的模块，如果当前模块不再被其他模块所调用，那么这个模块一定是所谓的顶层模块。在一个硬件系统的描述中必定有而且只能有一个顶层模块。

模块调用有两类：一类是基本门调用，调用的是 Verilog HDL 内含的基本门级元件；另一类调用的是由用户自己描述产生的模块，或称为"模块实例化"，用这种方式实现子模块与高层模块的连接。需要注意的是，在 Verilog HDL 的模块调用中，调用名必须是唯一的，但在第一类调用中有时可省略，这与 C 语言的函数调用中有实参和形参结合问题类似；调用时还要注意端口名的排列顺序、输入输出类型等，都必须与模块定义的相一致。

【例 2.5】　以二选一数据选择器为例，实现模块调用。

```
module mux2 (out, a, b, sl);
    input a,b,sl;
    output out;
    mymux2    m2(out, a, b, sl);     //调用由 mymux2 模块定义的实例元件 m2
endmodule
//子模块 mymux2 的描述
module    mymux2(out, a, b, sl);
    input a,b,sl;
    output out;
    not    u1(ns1, sl);
    and    u2(sela, a，nsl);
    and    u3 (selb, b, sl);
    or    u4(out, sela, selb);
endmodule
```

调用模块实例的一般形式如下：

　　　　<模块名> <参数列表> <实例名> <端口列表>；

其中，<模块名>是要调用子模块的名称，如上例中调用的是 mymux2；<参数列表>是传输到子模块的参数值，参数传递的典型应用是定义门级时延，例 2.5 中没有用到；<实例名>是把子模块实例化后的名称，例 2.5 中的实例名是 m2；<端口列表>是实现子模块连接并实现高层模块功能的关键。

2.3.3　模块的测试

Verilog HDL 模型建成之后，为确保其正确性，应当对模块进行测试，这需要编写测试程序(testbench)，也即用一段程序产生测试信号序列，作为待测模块的输入信号，并测试被测模块的输出信号，用以测试所设计的模块能否正常运行。要检查模块功能是否正确，需要解决以下几个问题：

(1) 需要有测试激励信号输入到被测模块。

(2) 需要测试被测模块的各种输出信号(功能仿真)。

(3) 需要将功能和行为描述的 Verilog 模块转换为门级电路互连的电路结构(综合)。

(4) 需要对已经转换为门级电路结构的逻辑进行测试(门级电路仿真)。

(5) 需要对布局布线后的电路结构进行测试(布局布线后仿真)。

下面通过为例 2.2 编写测试模块进行说明。

【例 2.6】　2 选 1 数据选择器测试模块的描述。

```
module testbench;
    reg a, b, sel;                //定义 3 个寄存器变量 a、b、sel
    wire   out;                   //定义线网变量 out
    mux2   ma (out, a, b, sel);   //引用多路器实例，作为被测模块
        initial                   //加入激励信号，即产生输入 a、b、sel
```

```
        begin
            a=0; b=1; sel=0;
            #10    b=0;                  //#10 语句间延时
            #10    b=1; sel=1;
            #10    a=1;
        end
    initial                            //监测功能
        begin
            $monitor ($time,"out=%b    a=%b    b=%b    sel=%b", out,a,b,sel);
        end

endmodule
```

进行功能仿真后可以得到图 2.5 的仿真波形和图 2.6 的仿真监测结果,通过对这些输入、输出信号进行分析,检查模块的功能是否满足设计要求。

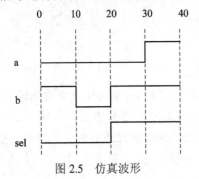

图 2.5　仿真波形

```
输出:
0   out=0 a=0  b=1 sel=0
10  out=0 a=0  b=0 sel=0
20  out=1 a=0  b=1 sel=1
```

图 2.6　仿真监测结果

在测试模块中,为了观察被测模块的信号,可以在 initial 块中用系统任务$time 和 $monitor 观察模块响应。

$time ——返回当前的仿真时刻。

$monitor ——只要在其变量列表中有某一个或某几个变量值发生变化,便在仿真单位时间结束时显示其变量列表中所有变量的值。

上述程序仿真后将产生如下结果:

(1) 仿真器执行所有的事件后自行停止,因此不需要指定仿真结束时间。

(2) 在 Verilog HDL 硬件编程中,模块的调用是硬件的实现,每一次调用(实例化)都将产生实现这个模块功能的一组电路。

2.4　语法基础

2.4.1　程序基本格式

Verilog HDL 是一种书写格式非常自由的语言,即语句可以在一行内编写,也可跨行编写;每一句均用分号分隔;由空格(\b)、制表符(\t)和换行符组成空白符,在文本中起一个分隔符的作用,在编译时被忽略。例如:

```
initial begin Top = 3'b001; #2 Top = 3'b011; end
```

和下面的程序一样：

```
initial
    begin                          //单行注释，与 C 语言一致
        Top = 3'b001;
        #2 Top = 3'b011            /*多行注释，与 C 语言一致*/
    end
```

值得注意的是：

(1) Verilog HDL 是区分大小写的，即大小写不同的标识符是不同的。如果定义的变量是 Top，但是使用时写成 top 的话，程序就会出错。

(2) 在 Verilog HDL 程序中，语句间的空格是没有任何意义的，只是用来提高程序的可读性，使程序排列得更整齐或更利于阅读，因此在写程序时，建议一条语句占一行，但出现在字符串中的空格是有意义的。

(3) 除了 endmodule 语句外，每个语句和数据定义的最后必须有分号。

2.4.2　注释语句

Verilog HDL 中有两种注释的方式。

1．多行注释

多行注释以起始符"/*"开始，以终止符"*/"结束，两个符号之间的语句都是注释语句，因此可扩展到多行。例如：

```
/*statement1，
    statement2，
    ……
    statementn */
```

以上所有语句都是注释语句。

【例 2.7】　多行注释举例。

```
or gate1(out，in1，in2)；   /*或门 gate1，
                             输出 out，
                             带有两个输入 in1、in2*/
```

2．单行注释

单行注释以符号//开头，表示以//开始到本行结束都属于注释语句，而且它只能注释到本行结束。

【例 2.8】　单行注释举例。

```
reg in1，in2；              //定义两个寄存器变量 in1、in2
```

2.4.3　标识符和关键字

标识符(identifier)用于定义模块名、端口名、信号名等。Verilog HDL 中的标识符可以是任意一组字母、数字、$符号和_(下划线)符号的组合，但标识符的第一个字符必须是字母或者下划线，不能是数字。单个标识符的总字符数不能超过 1024 个。另外，标识符是区分大小写的。以下是标识符的几个例子：

```
Count
COUNT        //与 Count 不同
R56_68
FIVE$
```

Verilog HDL 定义了一系列保留字,叫做关键字。关键字有其特定的和专有的语法作用,用户不能再对这些关键字做新的定义。注意只有小写的关键字才是保留字,例如,标识符 always(关键字)与标识符 ALWAYS(非关键字)是不同的。

2.4.4　参数声明

在 Verilog HDL 中用 parameter 来定义常量,即用 parameter 来定义一个代表常量的标识符,称为符号常量,采用标识符常量可提高程序的可读性和可维护性。parameter 型数据是一种常数型的数据,其说明格式如下:

parameter 参数名 1 = 表达式,参数名 2 = 表达式,…,参数名 n = 表达式;

parameter 是参数型数据的关键字,其后跟一个用逗号分隔开的赋值语句表。每一个赋值语句的右边必须是一个常数表达式。也就是说,该表达式只能包含数字或先前已定义过的参数。例如:

```
parameter msb=7;                              //定义参数 msb 为常量 7
parameter e=25, f=29;                         //定义两个常数参数
parameter r=5.7;                              //声明 r 为一个实型参数
parameter byte_size=8, byte_msb=byte_size-1;  //用常数表达式赋值
parameter average_delay = (r+f)/2;            //用常数表达式赋值
```

参数型常数经常用于定义延迟时间和变量宽度。在模块或实例引用时可通过参数传递改变在被引用模块或实例中已定义的参数。下面通过一个例子进一步说明在层次调用的电路中改变参数的一些常用方法。

【例 2.9】　使用参数来声明程序中的常数,如时延、信号宽度。

```
module md1(out, in1, in2);
    …
parameter cycle=20, prop_del=3, setup=2*cycle-prop_del,
          p1=8,    x_word=16'bx,
          file = "/user1/jmdong/design/mem_file.dat";  //参数声明
wire[p1:0] w1;                               //用参数来说明 wire 的位宽
    …
    initial
      begin
        # cycle $open(file);                 //用系统任务$open 打开文件
        ….
        # setup    $display("%s",file);
        $stop
      end
    …
    endmodule
```

第 3 章　数据类型和表达式

数据类型是用来表示数字电路硬件中的数据存储和传送元素的，只有在确定了数据的类型之后才能确定变量的大小并对变量进行操作。Verilog HDL 提供了丰富的数据类型。

3.1　数据类型

3.1.1　常量

在程序运行过程中，其值不能被改变的量称为常量。Verilog HDL 中有三类常量：整型、实数型和字符串型。

在整型或实数型常量的任何位置可以随意插入下划线符号 "_"（但不能作为首字符），它们就数的本身来说没有意义，但当数很长时，使用下划线更易读。

Verilog HDL 中很多变量都表示硬件电路中某个信号或某个端口的值，由于涉及硬件的特殊性，出现的值不止为 0(低电平)和 1(高电平)两种情况，还有可能出现值为 x(未知状态，通常是在信号未被赋值之前)和 z(高阻状态)的情况。所以，Verilog HDL 中规定了四种基本的值类型：

0——逻辑 0 或 "假"；

1——逻辑 1 或 "真"；

X——未知值；

Z——高阻。

需要注意的是，x 值和 z 值都是不分大小写的，也就是说，值 0x1z 与值 0X1Z 相同。Verilog HDL 中的常量是由以上这四类基本值组成的。

1. 整型常量

整型常量就是整型数，它可以按如下两种方式书写：

(1) 简单的十进制数格式，表示为有符号数，如 20、–10。

(2) 基数格式，通常是无符号数，这种形式的格式为

　　　　<位宽>' <进制> <数字>

其中：位宽——表明定义常量的二进制位数(长度)，为可选项；

　　　进制——可以是二(b、B)，八(o、O)，十(d、D)或十六(h、H)进制。

　　　数字——可以是所选进制的任何合法的值，可以包括不定值(x、X)和高阻值(z、Z)。

下面是一些具体实例：

　　64'hff01　　　　　　　//64 位二进制数，该数用十六进制表示，0..0,1111,1111,0000,0001

　　8'b1101_0001　　　　//8 位二进制数

4'b1xxX	//4 位二进制数
5'o37	//5 位八进制数
7'Hx	//7 位 x(扩展的 x)，即 xxxxxxx
4'hZ	//4 位 z(扩展的 z)，即 zzzz
4'd-4	//非法，数值不能为负
8'h　6A	//在位长和字符之间以及基数和数值之间允许出现空格
3'　b 011	//非法，"'" 和基数 b 之间不允许出现空格
(2+3)'b10	//非法，位长不能够为表达式

基数格式计数形式的数通常为无符号数，这种形式的整型数的长度定义是可选的。如果没有定义一个整型数的长度，数的长度为相应值中定义的位数。例如：

'o735	//9 位八进制数
'hAF	//8 位十六进制数，未定义的位宽、长度由数字决定

如果定义的长度比为常量指定的长度长，通常在左边添 0 补位；如果数最左边一位为 x 或 z，就相应地用 x 或 z 在左边补位。例如：

10'b10	//左边添 0 占位，0000000010
10'bx0x1	//左边添 x 占位，xxxxxxx0x1

如果定义的长度比为常量指定的长度短，那么最左边的位相应地被截断。例如：

3'　b1001_0011	//与 3'b011 相等
5'H0FFF	//与 5'H1F 相等

2. 实数型常量

在 Verilog HDL 中，实常数的定义可以用十进制表示也可以用科学浮点数表示。

(1) 十进制表示：由数字和小数点组成(必须有小数点)例如 3.2、1158.29、25.8。

(2) 指数格式：由数字和字符 e(E)组成，e(E)的前面必须有数字而且后面必须为整数。例如：

32e-4	//表示 0.0032
4.1E3	//表示 4100
43_5.1e2	//表示 43510.0，忽略下划线

3. 字符串型常量

字符串常量用于表示需要显示的信息，是由一对双引号括起来的字符序列。显示在双引号内的任何字符(包括空格和下划线)都作为字符串的一部分。字符串不能分成多行书写。例如：

"INTERNAL　ERROR"	//空格也是字符串的组成部分
"time_del_125"	//下划线也是字符串的组成部分

字符串中的特殊字符必须用 "\" 来说明，例如：

\n——换行符；

\t——制表符；

\\——字符 "\" 本身；

\"——双引号"；

\206——八进制数 206 对应的 ASCII 值。

3.1.2 变量

变量即在程序运行过程中其值可以改变的量，在 Verilog HDL 中变量的数据类型有很多种，其中最基本的是线网型(Net Type)和寄存器型(Register Type)两种，且每种类型都有其在电路中的实际意义。这两种数据类型中最常用的是 wire 型、reg 型和 integer 型。

1. 线网型变量

线网表示器件之间的物理连接，称为线网类型信号，其特点是输出的值紧跟输入值的变化而变化。对线网型变量有两种驱动方式，一种是在结构描述中将其连接到逻辑门或模块的输出端；另一种方式是用持续赋值语句 assign 对其进行赋值。该类变量不能存储数据。

Verilog HDL 提供了多种线网型变量，见表 3.1。在为不同工艺的基本元件建立库模型的时候，常常需要用不同的连接类型来与之对应，使其行为与实际器件一致。

表 3.1 线网型变量的类型和功能

类 型	功 能
wire, tri	对应于标准的互连线(可缺省)
supply1, supply0	对应于电源线或接地线
wor, trior	对应于有多个驱动源的线或逻辑连接
wand, triand	对应于有多个驱动源的线与逻辑连接
trireg	对应于有电容存在且能暂时存储电平的连接
tri1, tri0	对应于需要上拉或下拉的连接

线网型变量的语法格式为：

net_kind   [msb:lsb]   net1, net2, …, netN;

其中，net_kind 是线网类型；[msb:lsb]定义线网宽度的最高位和最低位，此项可选，如果没有定义宽度，则默认线网宽度是 1 位；net1, net2, …, netN 是线网变量的名称。可在同一个定义中声明多个变量，例如：

wire start，do;   //声明 2 个 1 位的连线型信号

wand [4:0] addr;   //声明 1 个 5 位的线与型信号

tri [MSB-1:LSB+1] addr1；//声明三态线 addr1，位宽由表达式确定

wire 和 tri 是最常用的线网类型，它们具有相同的语法格式和功能。wire 型变量通常用来表示单个门驱动或连续赋值语句驱动的网络型数据，tri 型变量则用来表示多驱动器驱动的网络型数据。如果 wire 型或 tri 型变量没有定义逻辑强度(logic strength)，在多个驱动源的情况下，逻辑值会发生冲突从而产生不确定值。如果多个驱动源驱动同一个连线(或三态线网)，则这个线网的有效值可由表 3.2 来决定。

表 3.2 多驱动下 wire 型和 tri 型的取值

wire/tri	0	1	x	z
0	0	x	x	0
1	x	1	x	1
x	x	x	x	x
z	0	1	x	z

wire 型数据常用来表示以 assign 关键字指定的组合逻辑信号。Verilog HDL 程序模块中的输入输出信号类型缺省时自动定义为 wire 型。wire 型变量可以用作任何方程式的输入，也可以用作 assign 语句或实例元件的输出。

wire 型变量的语法格式如下：

      wire [n−1:0] 数据名 1，数据名 2，…，数据名 i;

或

      wire [n:1] 数据名 1，数据名 2，…，数据名 i;

其中，wire 是 wire 型数据的确认符；[n−1:0]和[n:1]代表该数据的位宽，即该数据有几位；数据名是变量的名字。如果一次定义多个变量，则变量名之间用逗号隔开。声明语句的最后要用分号表示语句结束。例如：

      wire a;   //定义了 1 个 1 位的 wire 型数据

      wire [7:0] b;   //定义了 1 个 8 位的 wire 型数据

      wire [4:1] c，d;   //定义了 2 个 4 位的 wire 型数据

2．寄存器型变量

寄存器是数据存储单元的抽象，通过赋值语句可以改变寄存器内存储的值，其作用与改变触发器存储的值相当。在设计中必须将寄存器变量放在过程语句(如 initial、always)中，通过过程赋值语句赋值。在未被赋值时，寄存器的缺省值为 x。

寄存器型信号或变量共有五种数据类型，见表 3.3。

表 3.3　寄存器型变量的五种数据类型

类　　型	功　　能
reg	可以选择不同的位宽
integer	有符号整数变量，32 位宽，算术操作，可产生 2 的补码
real	有符号的浮点数，双精度
time	无符号整数变量，64 位宽
realtime	实数型时间寄存器

1) reg 型变量

reg 型是最常用的寄存器类型。reg 类型数据的缺省初始值为不定值 x。它只能存储无符号数。

reg 型变量的语法格式如下：

      reg [n−1:0] 数据名 1，数据名 2，…，数据名 i;

或

      reg [n:1] 数据名 1，数据名 2，…，数据名 i;

其中，reg 是 reg 型数据的确认标识符；[n−1:0]和[n:1]代表该数据的位宽，即该数据有几位(bit)。数据名是变量的名字，如果一次定义多个变量，变量名之间用逗号隔开。声明语句的最后要用分号表示语句结束。例如：

      reg[3:0] Sat;   //定义了 1 个 4 位的名为 Sat 的 reg 型变量

      reg [4:1] regc，regd;   //定义了 2 个 4 位的名为 regc 和 regd 的 reg 型变量

reg Cnt;   //定义了 1 个 1 位的 reg 类型变量

reg [1:32] Kisp, Pisp, Lisp;   //定义了 3 个 32 位的 reg 型变量

注意：寄存器型变量可以取任意长度，其值通常被解释为无符号数。

在 Verilog HDL 中不能直接声明存储器，存储器是通过寄存器数组声明的。通过定义单个寄存器的位宽和寄存器的个数可以决定存储器的大小。存储器使用如下方式说明：

reg[msb:1sb] mem1 [upper1:lower1], mem2[upper2:lower2], …;

例如：

reg [3:0] MyMem[63:0];   //MyMem 为 64 个 4 位寄存器的数组

reg Bog[5:1];   //Bog 为 5 个 1 位寄存器的数组

对存储器赋值时，只能逐个赋值。

例如：

reg [0:3]   Bog[1:3]   //Bog 是由 3 个 4 位寄存器组成的存储器

…

Bog[1]=4'hA;   //对其中一个寄存器赋值

Bog[2]=4'h9;   //对其中一个寄存器赋值

Bog[3]=4'h3;   //对其中一个寄存器赋值

为存储器赋值的另一种方法是使用系统任务(仅限于电路仿真中使用)：

$readmemb(加载二进制值)

$readmemh(加载十六进制值)

这些系统任务从指定的文本文件中读取数据并加载到存储器中。文本文件必须包含相应的二进制或者十六进制数。

2) integer 寄存器型变量

integer 型是整数寄存器，也是 Verilog HDL 中常用的变量类型。这种寄存器用于存储整数值，并且可以存储带符号数。integer 型的定义形式如下：

integer integer1, integer2, … integerN [msb:lsb];

其中，integer1, integer2, … integerN 是整数寄存器名；msb 和 lsb 是定义整数数组界限的常量，数组界限的定义是可选的。例如：

integer   a，b，c;   //声明了 3 个整数寄存器

integer Mem[3:6];   //声明了一组寄存器，分别为 Mem[3]、Mem[4]、Mem[5]、Mem[6]

值得注意的是，整数寄存器中最少可以容纳一个 32 位的数，但是不能按位访问。如果想得到 integer 中的若干位数据，可以将 integer 赋值给一般的 reg 型变量，然后从中选取相应的位。

3) time 型变量

time 类型的寄存器用于存储和处理时间。time 型变量的语法格式如下：

time time_id1，time_id2，…, time_idN[msb:1sb];

例如：

time Events [31:0];   //时间值数组

time CurrTime;   //CurrTime 存储一个时间值

time 型变量存储一个 64 位的时间值，单位可由系统任务设定。time 型变量只存储无符号数。

4) real 和 realtime 型变量

real 是实数寄存器型变量；realtime 是实数型时间寄存器，一般用于在测试模块中存储仿真时间。它们的语法格式如下：

  real real_reg1, real_reg2, …, real_regN;

  realtime realtime_reg1, realtime_reg2, …, realtime_regN;

例如：

  real Swing, Top;   //实数变量

real 型变量用于仿真延时、负载等物理参数，缺省值为 0；当将值 x 或 z 赋予 real 型变量时，这些值作 0 处理。

3.2 操作符和表达式

3.2.1 操作符

Verilog HDL 提供了丰富的操作符，按功能可分为算术操作符、位操作符、归约操作符、逻辑操作符、关系操作符、相等与全等操作符、移位操作符、连接与复制操作符和条件操作符等 9 类；如果按操作符所带操作数的个数来区分，操作符可分为 3 类，即单目操作符(可带一个操作数)、双目操作符(可带两个操作数)和三目操作符(可带三个操作数)。

例如：

  Clock=~clock; // "~" 是一个单目取反操作符，Clock 是操作数

  c = a / b;   // "/" 是一个双目操作符，a 和 b 是操作数

  r = s ? t : u;   // "?:" 是一个三目操作符，s、t、u 是操作数

表 3.4 和表 3.5 分别是所有操作符及其优先级顺序。

表 3.4 操 作 符

操作符分类	所含操作符
算术操作符	+, -, *, /, %
位操作符	~, &, |, ^, ^~(~^)
归约操作符	&, ~&, |, ~|, ^, ^~(~^)
逻辑操作符	!, &&, ||
关系操作符	<, >, <=, >=
相等与全等操作符	==, !=, ===, !==
移位操作符	<<, >>
连接与复制操作符	{ }
条件操作符	?:

表 3.5　操作符的优先级

优先级别	操作符	名　称	优先级别	操作符	名　称
1	+	正号	17	>>	右移
2	–	负号	18	<	小于
3	!	一元逻辑非	19	<=	小于等于
4	~	一元按位求反	20	>	大于
5	&	归约与	21	>=	大于等于
6	~&	归约与非	22	==	逻辑相等
7	^	归约异或	23	!=	逻辑不等
8	^~ 或 ~^	归约异或非	24	===	全等
9			归约或	25	!==	非全等
10	~|	归约或非	26	&	按位与
11	*	乘	27	^	按位异或
12	/	除	28	^~(~^)	按位异或非
13	%	取模	29			按位或
14	+	二元加	30	&&	逻辑与
15	–	二元减	31	||	逻辑或
16	<<	左移	32	?:	条件操作符

1. 算术操作符

常用的算术操作符主要有 5 种：+ (加法操作符)，如 c+d，+4；– (减法操作符)，如 a–b，–a；* (乘法操作符)，如 a*5；/ (除法操作符)，如 c/d；% (取模操作符)，如 8%3 的值是 2。例如：

```
7/4              //结果为 1
–10%3            //结果为–1
10%–3            //结果为 1
'b10x1 + 'b0111  //结果为不确定数'bxxxxx
```

注意：整数除法截断任何小数部分；取模操作符求出与第一个操作数符号相同的余数；操作数中有不定态，则结果一般也为不定。

1) 算术操作结果的长度

算术表达式结果的长度由最长的操作数决定。在赋值语句下，算术操作结果的长度由操作符左端的赋值目标的长度决定。例如：

```
reg [0:3] Arc, Bar, Crt;
reg [0:5] Frx;
...
Arc=Bar + Crt;     //结果长度由 Bar、Crt 和 Arc 长度决定，为 4 位
Frx = Bar + Crt;   //长度由 Frx 的长度决定(Frx、Bat 和 Crt 中的最长长度)，为 6 位
```

在第一个语句赋值中，加法操作的溢出部分被丢弃；在第二个赋值语句中，任何溢出的位存储在结果位 Frx[1]中。在较长的表达式中，中间结果的长度如何确定？在 Verilog HDL 中定义了如下规则：表达式中的所有中间结果的长度应取最大操作数的长度(赋值时，此规

则也包括左端目标)。例如：

    wire [4:1] Box,　Drt;

    wire [1:5] Cfg;

    wire [1:6] Peg;

    wire [1:8] Adt;

    …

    assign Adt = (Box + Cfg) + (Drt + Peg);　　　//赋值语句

赋值表达式右端的操作数最长为 Peg(长度为 6)，但是表达式左端操作数为 Adt(长度为 8)，所以所有的加操作使用 8 位进行。因此，(Box + Cfg)相加的结果和(Drt + Peg)相加的结果的长度都是 8 位。

2) 无符号数和有符号数

执行算术操作和赋值时，区分无符号数和有符号数是非常重要的。无符号数存储在线网、一般寄存器和基数形式表示的整数中。有符号数存储在整数寄存器和十进制形式表示的整数中。例如：

    reg [0:5] Bar;

    integer Tab;

    …

    Bar = −4'd12;　/*寄存器变量 Bar 只能存储无符号数，但右端表达式的值为 110100(12 的二进制
        补码)，所以赋值后，Bar 存储的十进制数为 52*/

    Tab = −4'd12;　/*Tab 变量可以存储有符号数，所以 Tab 的值是十进制数−12，位形式是
        110100*/

例如：算术操作符应用举例。

```
module   arith   (a, b, outa, outb, outc, outd, oute)
    input[2:0]   a , b ;
    output[3:0]   outa;
    output[2:0]   outb, outd, oute;
    output[5:0]   outc;
    reg[3:0]   outa;
    reg[2:0]   outb,   outd, ;
    reg[5:0]   outc;
always @ (a or b)
    begin
        outa=a+b;          //加操作
        outb=a-b;          //减操作
        outc=a*b;          //乘法操作
        outd=a/b;          //除法操作
        oute=a%b;          //取模操作
    end
endmodule
```

2．位操作符

位操作符是对操作数按位进行与、或、非等逻辑操作，分别如下：

~ (一元非)——单目操作符，相当于非门操作；

& (二元与)——双目操作符，相当于与门操作；

| (二元或)——双目操作符，相当于或门操作；

^ (二元异或)——双目操作符，相当于异或门操作；

~^，^~ (二元异或非)——双目操作符，相当于同或门操作。

这些操作符在两个操作数的对应位上按位进行逻辑操作，并产生结果。

1) ~(取反)操作符

~ 是一个单目操作符，用来对一个操作数进行按位取反运算，其运算规则见表 3.6。

表 3.6   ~ 的运算规则

~(非)	0	1	x	z
	1	0	x	x

例如：

```
myreg ='b1011;          //myreg 的初值为'b1011
myreg =~ myreg;         //myreg 的值进行取反运算后变为'b0100
```

2) &(按位与)操作符

按位与操作就是将两个操作数的相应位进行与运算，其运算规则见表 3.7。

表 3.7   & 的运算规则

&(与)	0	1	x	z
0	0	0	0	0
1	0	1	x	x
x	0	x	x	x
z	0	x	x	x

3) |(按位或)操作符

按位或操作就是将两个操作数的相应位进行或运算，其运算规则见表 3.8。

表 3.8 | 的运算规则

|(或)	0	1	x	z
0	0	1	x	x
1	1	1	1	1
x	x	1	x	x
z	x	1	x	x

4) ^(按位异或)操作符

按位异或操作就是将两个操作数的相应位进行异或运算，其运算规则见表 3.9。

表3.9 ^ 的运算规则

^(异或)	0	1	x	z
0	0	1	x	x
1	1	0	x	x
x	x	x	x	x
Z	x	x	x	x

5）^~ (按位异或非)操作符

按位异或非操作就是将两个操作数的相应位先进行异或运算再进行非运算，其运算规则见表 3.10。

表3.10 ^~ 的运算规则

^~(异或非)	0	1	x	z
0	1	0	x	x
1	0	1	x	x
x	x	x	x	x
z	x	x	x	x

例如：若

A =5 'b11001，B=5'b10101

则

~A = 5'b00110;

A&B = 5'b10001

A|B = 5'b11101

A^B = 5'b01100

如果操作数长度不相等，在进行位操作时，会自动地将两个操作数按右端对齐，位数少的操作数会在高位用"0"补齐。例如：

'b0110 ^ 'b10000

等价于：

'b00110 ^ 'b10000   //结果是'b10110

3. 归约操作符

归约操作符是单目操作符，对操作数逐位进行运算，运算的结果是一位逻辑值。归约操作符有 6 种：

&(归约与)——如果存在位值为 0，那么结果为 0；如果存在位值为 x 或 z，则结果为 x；否则结果为 1。

~&(归约与非)——与归约操作符&相反。

|(归约或)——如果存在位值为 1，那么结果为 1；如果存在位值为 x 或 z，则结果为 x；否则结果为 0。

~|(归约或非)——与归约操作符|相反。

^(归约异或)——如果存在位值为 x 或 z，那么结果为 x；如果操作数中有偶数个 1，则

结果为 0；否则结果为 1。

~^ (归约异或非)——与归约操作符 ^ 相反。

例如：

```
a = 4'b0110;
c=&a;              //c= 0
c=~&a;             //c= 1
c=|a;              //c= 1
c=~|a;             //c= 0
c=^a;              //c= 0
c=~^a;             //c= 1
```

4．逻辑操作符

逻辑操作符是对操作数做与、或、非操作，这些操作符在逻辑值 0 或 1 上操作。操作结果为 0 或 1，逻辑操作符有 3 种：&&(逻辑与)、||(逻辑或)、!(逻辑非)。

例如，假定：

```
Crd = 'b0;         //Crd 是逻辑 0
Dgs = 'b1;         //Dgs 是逻辑 1
```

那么

```
Crd && Dgs         //结果为 0
Crd || Dgs         //结果为 1
!Dgs               //结果为 0
```

对于向量操作，0 向量被当做逻辑 0 处理，非 0 向量被当做逻辑 1 处理。

例如，假定：

```
A_Bus = 'b0110;    //A_Bus 不是 0 向量，被当做逻辑 1
B_Bus = 'b0100;    //B_Bus 不是 0 向量，被当做逻辑 1
```

那么

```
A_Bus || B_Bus     //结果为 1
A_Bus && B_Bus     //结果为 1
! A_Bus            //结果为 0
! B_Bus            //结果为 0
```

在逻辑操作中，如果任意一个操作数包含 x，则结果也为 x。

例如：

```
!x                 //结果为 x
```

5．关系操作符

关系操作符是对两个操作数进行比较，比较结果为真，则结果为 1；比较结果为假，则结果为 0。关系操作符有 4 种：>(大于)、<(小于)、>= (不小于)和<= (不大于)。

如果操作数中有一位为 x 或 z，那么结果为 x。例如：

```
25 > 58            //结果为假(0)
52< 8'hxF          //结果为 x
```

如果操作数长度不同，则长度较短的操作数在高位方向(左方)添 0 补齐。例如：

    'b1000 > = 'b01110

等价于：

    'b01000 > = 'b01110　　//结果为假(0)

6．相等与全等操作符

相等与全等操作符和关系操作符类似，也是对两个操作数进行比较，如果比较结果为假，则结果为 0，否则结果为 1。这类操作符有 4 种：==(逻辑相等)、!=(逻辑不等)、=== (全等)和!== (非全等)。其中，"==="和"!=="严格按位进行比较，把不定态(x)和高阻态(z)看做逻辑状态进行比较，比较结果不存在不定态，一定是 1 或 0。而"=="和"!="是把两个操作数的逻辑值做比较，值 x 和 z 具有通常的意义，如果两个操作数之一包含 x 或 z，则结果为未知的值(x)。

例如：假定

    a=b=4'b0100；

    c=d=4'b10x0

则

a==b	//结果为 1
a===b	//结果为 1
c==d	//结果为 x
c===d	//结果为 1

如果操作数的长度不相等，则长度较小的操作数在高位添 0 补齐。例如：

    2'b10 == 4'b0010

等价于：

    4'b0010 == 4'b0010　　//结果为真(1)

7．移位操作符

移位操作符是把操作数向左或向右移若干位。移位操作符有两种：<<(左移)、>>(右移)。

移位操作符有两个操作数，右侧操作数表示的是左侧操作数所移动的位数。它是一个逻辑移位，空闲位添 0 补位。如果右侧操作数的值为 x 或 z，则移位操作的结果为 x。

例如：假定

    reg [0：7] Qreg；　　//8 位寄存器

    …

    Qreg = 4'b0111;　　//Qreg 的值是 0000_0111

则

    Qreg >> 2　　//右移的结果是 8'b0000_0001

Verilog HDL 中没有指数操作符。但是，移位操作符可用于支持部分指数操作。例如，如果 A=8'b0000_0100，则二进制的 A × 2^3 可以使用移位操作实现。

    A<<3　　//执行后，A 的值变为 8'b0010_0000

同理，可使用移位操作实现 2-4 译码器建模，例如：

    wire [0:3] DecodeOut = 4'b1 << Address [0:1];

Address[0:1]可取值 0、1、2 和 3。与之相应，移位操作后 DecodeOut 可以取值 4'b0001、4'b0010、4'b0100 和 4'b1000，从而为译码器建模。

8．连接和复制操作符

连接操作是将多组信号用大括号括起来，拼接成一组新信号。其表示形式如下：

>   {expr1, expr2, …, exprN}

其中，expr1, expr2, …, exprN 是若干个小表达式。

例如：假定

>   a = 8'b0000_0011;

>   b = 8'b0000_0100;

>   c = 8'b0001_1000;

>   d = 8'b1110_0000;

则

>   new = {c[4:3], d[7:5], b[2], a[1:0]};   //new = 8'b11111111

复制操作通过指定的重复次数来执行操作。其表示形式如下：

>   {repetition_number {expr1, expr2, …, exprN}}

其中，repetition 是指定的重复次数，大括号中的内容是连接操作。

例如：

>   {a, {3{b}}, {2{c, d}}};

等价于

>   {a, b, b, b, c, d, c, d}

9．条件操作符

条件操作符是 Verilog HDL 中唯一的三目操作符，它根据条件表达式的值选择表达式，其表示形式如下：

>   cond_expr ? expr1: expr2

其中，如果 cond_expr 为真(即值为 1)，则选择 expr1；如果 cond_expr 为假(值为 0)，则选择 expr2。如果 cond_expr 为 x 或 z，则结果是将两个待选择的表达式进行计算，然后把两个计算结果按位进行运算得到最终结果，按位运算的原则是，如果两个表达式的某一位都为 1，则这一位的最终结果是 1；如果都是 0，则这一位的结果是 0；否则结果为 x。

例如：

>   assign out = (sel == 0) ? a : b;

若 sel 为 0，则 out =a；若 sel 为 1，则 out = b。如果 sel 为 x 或 z，当 a = b =0 时，out = 0；当 a≠b 时，out 值不确定。

3.2.2　操作数

操作数就是运算的对象，位于操作符的两侧。操作数有 8 种：常数、参数、线网、寄存器、位选择、部分选择、存储器单元和函数调用。

1．常数

前面已讲述了常量的书写方式，下面举例说明。

356, 7	//非定长的十进制数
4'b10_01,　8'h0A	//定长的整型常量
'b1,　'hFBA	//非定长的整型常量
90.00006	//实型常量
"BOND"	//字符串常量，每个字符作为 8 位 ASCII 值存储

表达式中的整数值可解释为有符号数或无符号数。如果表达式中是十进制整数，那么该整数就是有符号数，例如，12 被解释为有符号数。如果整数是基数型整数(定长或非定长)，那么该整数作为无符号数对待。例如：

12	//是 01100 的 5 位向量形式(有符号)
–12	//是 10100 的 5 位向量形式(有符号)
5'b01100	//是十进制数 12(无符号)
5'b10100	//是十进制数 20(无符号)
4'd12	//是十进制数 12(无符号)

2．参数

前一章中已对参数作了介绍。参数类似于常量，表达式中出现的参数都作为常数对待。参数就是用某标识符代表某个数或字符串的，使用参数声明进行说明，在定义时给它赋值，程序中出现这个参数时将被替换为它所代表的常数值。例如：

```
parameter LOAD = 4'd15, STORE = 4'd13;
reg[3:0]   pa, pb;
pa= LOAD;pb= STORE;     //LOAD 和 STORE 分别被声明为 15 和 13，等价于 pa=15, pb=13
```

3．线网

可在表达式中使用标量线网(1 位)和向量线网(多位)。例如：

```
wire [0:3] Prt;              //Prt 为 4 位向量线网
wire Bdq;                    //Bbq 是标量线网
```

线网中的值被解释为无符号数。在连续赋值语句中，如果赋给线网负值，则通常会被系统当作正值对待。例如：

```
assign Prt = -3;            //Prt 被赋予位向量 1101(–3 的补码)，为十进制的 13
assign Prt = 4'HA;          //Prt 被赋予位向量 1010，即十进制的 10
```

4．寄存器

寄存器是在表达式中出现最多的操作数，许多程序语句都是通过对寄存器中存储的值进行转换和传输来实现其设计目的的。

一位寄存器为标量，多位寄存器为向量；标量和向量寄存器都可在表达式中使用。整型寄存器中的值被解释为有符号的二进制补码，而 reg 型寄存器和时间寄存器中的值被解释为无符号数。实数和实数时间类型寄存器中的值被解释为有符号浮点数。例如：

```
integer TemA, TemB;
reg [1:5] State;
TemA = -10;                 //TemA 值为位向量 10110，是 10 的二进制补码
TemB = 'b1011;              //TemB 值为十进制数 11
```

State =-10;　　　　　　　　//State 值为位向量 10110，即十进制数 22

5. 位选择

位选择从向量中抽取特定的位，即表达式的操作数可以是线网或寄存器的某个位。其表示形式如下：

　　　　net_or_reg_vector [bit_select_expr]

其中，net_or_reg_vector 是向量线网或寄存器名，bit_select_expr 是要选择位的编号。例如：

　　　　State[1] && State[4]　　//寄存器位选择，State[1]和 State[4]进行逻辑与操作

　　　　Prt[0] | Bbq　　　　　//线网位选择，Prt[0]和 Bbq 进行位或操作

如果选择表达式的值为 x、z 或越界，则位选择的值为 x，例如 State[x]的值为 x。

6. 部分选择

与位选择相似，线网或寄存器的部分连续位也可以作为表达式中的操作数。在部分选择中，向量的连续序列被选择。形式如下：

　　　　net_or_reg_vector [msb: lsb]

其中，net_or_reg_vector 是向量线网或寄存器名，msb 和 lsb 声明了要选择位的编号范围。msb 和 lsb 必须为常数表达式。例如：

　　　　reg[1:7] State;

　　　　State [1:4]　　　　　//寄存器部分选择，选择 State 中编号从 1 到 4 的 4 个位

　　　　wire[1:9] Prt;

　　　　Prt [1:3]　　　　　//线网部分选择，选择 Prt 中编号从 1 到 3 的 3 个位

在选择范围[msb: lsb]的值越界或为 x、z 时，部分选择的值为 x。

7. 存储器单元

存储器单元即从存储器中选择一个值，其表示形式如下：

　　　　memory [word_address]

其中，memory 是存储器名，word_address 是要选择单元的编号(即某个存储器单元的编号)。例如：

　　　　reg [1:8] Ack, Dram [0:63];　　　/*定义一个 8 位寄存器 Ack 和一个由 64 个 8 位寄存器组成的

　　　　　　　　　　　　　　　　　　存储器 Dram*/

　　　　…

　　　　Ack = Dram [60];　　//存储器的第 60 个单元的值赋给 Ack

值得注意的是，虽然存储器单元就是寄存器，但不允许对存储器单元做部分选择或位选择。例如：

　　　　Dram [60] [2]　　　　//位选择不允许

　　　　Dram [60] [2:4]　　　//部分选择也不允许

在存储器中读取一个位或部分选择一个值的方法是：将存储器单元赋值给寄存器变量，然后对该寄存器变量采用部分选择或位选择操作。如上例中，Ack = Dram [60]，通过 Ack [2]和 Ack [2:4]就能够取出存储器单元 Dram [60]的某个位或部分位。

8. 函数调用

在表达式中可使用函数调用，函数调用可以是系统函数调用(以字符 $ 开始)或用户定义

的函数调用。例如：

```
initial
    $monitor("At %t,  D = %d,  Clk = %d",  $time,  D,  Clk,  "and Q is %b",  Q);
    /*该监控任务执行时，将对信号 D、Clk 和 Q 进行监控。如果这三个参数中有任何一个的
        值发生变化，就显示所有参数的值。另外，两个系统任务 monitoroff 和 monitoron 用以
        关闭和开启监控任务*/
```

3.2.3 表达式

表达式由操作数和操作符组成。常量表达式是在编译时就计算出常数值的表达式。通常，常量表达式可由下列要素构成：

(1) 表示常量的文字，如'b10 和 326。

(2) 参数名，如 pa 表示：

```
parameter pa = 4'b1110;
```

标量表达式是计算结果为 1 位的表达式。如果希望产生标量结果，但是表达式产生的结果为向量，则最终结果为该向量最右侧的位值。

第 4 章 行为级建模方法

HDL 中的建模方法主要是结构级建模和行为级建模。

结构建模就是通过对电路结构的描述来建模，即通过对器件的调用(HDL 中称为例化)，并使用线网来连接各器件的描述方式。行为级建模是对电路功能的描述，不涉及具体结构。所以，行为级建模是一种较"高级"的方法。

4.1 行为级建模程序结构

行为级建模是指对信号采用行为级的描述(不是结构级的描述)方法来建模。行为级的描述常用于复杂数字逻辑系统的设计中，也就是通过行为级建模把一个复杂的系统分解成可操作的若干个模块，每个模块之间的逻辑关系通过行为模块的仿真加以验证。这样就把一个大的系统合理地分解为若干个较小的子系统，然后将每个子系统用可综合风格的 Verilog HDL 模块(门级结构或 RTL 级、算法级、系统级的模块)加以描述。同时，行为级建模也可以用来生成仿真测试信号，对已设计模块进行检测。

通过下面的例子，读者可对行为级建模方式有个初步的概念。

例如：一位全加器的行为级建模。

```
module FA_behav2(A, B, Cin, Sum, Cout );
    input A,B,Cin;
    output Sum,Cout;
    reg Sum, Cout;
    always @ (A or B or Cin)
        begin
            {Count，Sum} = A + B + Cin;
        end
endmodule
```

通过该例，应建立以下概念：

(1) 只有寄存器类型的信号才可以在 always 和 initial 语句中进行赋值，类型定义通过 reg 语句实现；

(2) 采用行为级描述方式，即直接采用"+"来描述加法，{Count，Sum}表示对位数的扩展，因为两个 1 bit 相加，产生的和有两位，低位放在 Sum 变量中，进位放在 Count 中；

(3) always 语句一直重复执行，由敏感列表(always 语句括号内的变量)中的变量触发；

(4) always 语句从 0 时刻开始；

(5) 在 begin 和 end 之间的语句是顺序执行的，属于串行语句。

4.2　过程结构语句

　　每个过程块是由过程语句(initial 或 always)和语句块组成的，过程块中有下列部件：过程赋值语句——赋值语句和过程连续赋值语句；时序控制——控制块的执行及块中的语句时序；高级结构(循环，条件语句等)——描述块的功能。

　　Verilog HDL 中的多数过程模块都从属于以下两种过程语句：

　　　　initial 说明语句；

　　　　always 说明语句；

　　一个程序模块可以有多个 initial 和 always 过程块。每个 initial 和 always 说明语句在仿真的一开始即执行。initial 语句常用于仿真中的初始化，initial 语句只执行一次，而 always 语句则是不断地重复执行，直到仿真过程结束。always 过程语句是可综合的，在可综合的电路设计中广泛采用。

4.2.1　initial 语句

　　initial 语句的语法格式如下：

　　　　initial

　　　　　　语句块

其中，语句块的格式为

　　　　<块定义语句 1>

　　　　时间控制 1　行为语句 1；

　　　　…

　　　　时间控制 n　行为语句 n；

　　　　<块定义语句 2>

　　以上的格式中：

　　(1) 过程语句关键词 initial 表明了该过程块是一个"initial 过程块"。

　　(2) <块定义语句 1>和<块定义语句 2>构成了一组块定义语句，它们可以是"begin-end"语句或"fork-join"语句组成的。这两条块定义语句将它们之间的多条行为语句组合在一起，使之构成一个语句块，并使其在格式上更像一条语句。

　　(3) "时间控制"用来对过程块内各条语句的执行时间进行控制，它可以是任何一种时间控制方式。

　　(4) "行为语句"可以是如下语句中的一种：过程赋值语句(阻塞型或非阻塞型)、过程连续赋值语句、if 条件分支语句、case 条件分支语句、循环控制语句(forever、repeat、while、for 循环控制语句)、wait 等待语句、disable 中断语句、事件触发语句、任务调用语句(用户自定义的任务或系统任务)。

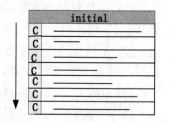

图 4.1　initial 语句执行顺序

　　initial 语句不带触发条件，initial 过程中的块语句沿时间轴只执行一次，参见图 4.1。initial 语句通常用于仿真模块中对激励信号的描述，或用于给寄存器变量赋初值，它是面向模拟仿真的过程语句，通常不能被逻辑综合工具所支持。

【例 4.1】　用 initial 语句在仿真开始时对各变量进行初始化。

```
    initial
      begin
        ina ='b000000;                    //初始时刻为 0
        #10 ina ='b011000;
        #10 ina ='b011010;
        #10 ina ='b011011;
        #10 ina ='b010011;
        #10 ina ='b001100;
      end
```

从该例子中可以看到，可用 initial 语句生成激励波形作为电路的测试仿真信号。

【例 4.2】　用 initial 语句对存储器进行初始化。

```
    initial
      begin
        for (addr=0;addr<size;addr=addr+1)
        memory[addr]=0;                   //对 memory 存储器进行初始化
      end
```

该例中，使用 initial 语句对 memory 存储器进行初始化，将其所有的存储单元的初始值都设置为 0。

4.2.2　always 语句

always 过程块是由 always 过程语句和语句块组成的，其语法格式如下：

```
    always   @   <敏感信号表达式>
        语句块
```

其中，语句块的格式为

```
    <块定义语句 1>
        时间控制 1   行为语句 1;
        …
        时间控制 n   行为语句 n;
    <块定义语句 2>
```

以上的格式中：

(1) 关键词 always 表明了该过程块是一个"always 过程块"。

(2) @ <敏感信号表达式>是可选项，有敏感事件列表的语句块被称为"由事件控制的语句块"，它的执行要受敏感事件的控制。

(3) "时间控制"用来对过程块内各条语句的执行时间进行控制，它可以是任何一种时间控制方式。

(4) 语句块中的行为语句可以是如下语句中的一种：过程赋值语句(阻塞型或非阻塞型)、过程连续赋值语句、if 条件分支语句、case 条件分支语句、循环控制语句(forever、repeat、while、for 循环控制语句)、wait 等待语句、disable 中断语句、事件触发语句、任务调用语句(用户定义的任务或系统任务)。

　　always 过程语句通常带有触发(激活)条件，只有当触发条件被满足时，其后的块语句才真正开始执行。如果触发条件缺省，则认为触发条件始终被满足。always 过程语句在测试模块中一般用于对时钟的描述，但更多地用于对硬件功能模块的行为描述。功能模块的行为描述是由过程块构成的，每个过程块都要由过程语句引导，因而每个功能模块的行为描述中，至少存在一个 always 过程语句。always 语句由于其不断重复执行的特性(参见图 4.2)，所以只有和一定的时序控制结合在一起才有用。

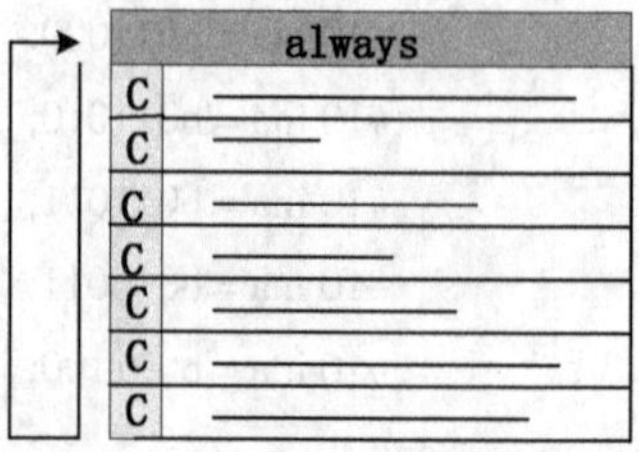

图 4.2　always 语句执行顺序

　　【例 4.3】　always 语句示例(1)。

```
always   # half_period   areg = ~areg;
```

　　这个例子生成了一个周期为 period(=2*half_period)的无限延续的信号波形，常用这种方法来描述时钟信号，作为激励信号来测试所设计的电路。

　　【例 4.4】　always 语句示例(2)。

```
reg[7:0] counter;
reg tick;
always @(posedge areg)
begin
    tick = ~tick;
    counter = counter + 1;
end
```

　　这个例子中，每当 areg 信号的上升沿出现时把 tick 信号反相，并且把 counter 增加 1。这种时间控制是 always 语句中最常用的。

　　always 的时间控制可以是边沿触发也可以是电平触发的，可以单个信号触发也可以多个信号触发，中间需要用关键字 or 连接。例如：

```
always @(posedge clock or posedge reset)      //由两个边沿触发的 always 块
    begin
    …
    end
always @( a or b or c )          //由多个电平触发的 always 块
    begin
    …
    end
```

　　边沿触发的 always 块常用于描述时序逻辑，如果符合可综合要求，可用综合工具自动转换为表示时序逻辑的寄存器组和门级逻辑；电平触发的 always 块常常用来描述组合逻辑和带锁存器的组合逻辑，如果符合可综合要求，可转换为表示组合逻辑的门级逻辑或带锁存器的组合逻辑。一个模块中可以有多个 always 块，它们都是并行运行的。

4.3 语 句 块

语句块是由块标志符 begin-end 或 fork-join 界定的一组语句，当块语句只包含一条语句时，块标志符可以省略。下面分别介绍顺序语句块和并行语句块。

4.3.1 顺序语句块

顺序语句块(begin-end)的语句按给定次序顺序执行。每条语句中的时延值与其前面语句执行的模拟时间相关。一旦顺序语句块执行结束，跟随顺序语句块过程的下一条语句继续执行。顺序语句块的语法格式如下：

> begin
>> 时间控制 1   行为语句 1；
>> …
>> 时间控制 n   行为语句 n；
>
> end

例如：

> begin   //加入激励信号，即产生输入 a、b、sel
>> a=0; b=1; sel=0;
>> #10 b=0;   //#10 语句间延时
>> #10 b=1; sel=1;
>> #10 a=1;
>
> end

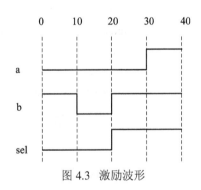

图 4.3 激励波形

可得到如图 4.3 所示的激励波形。

4.3.2 并行语句块

并行语句块(fork-join)内的语句是同时执行的，即程序流程控制一进入到该并行块，块内语句就开始同时执行；块内每条语句的延迟时间是相对于程序流程控制进入到块内的仿真时刻而言的；延迟时间是用来给赋值语句提供执行时序的；当按时间顺序排序在最后的语句执行完后，或一个 disable 语句执行时，程序流程控制跳出该程序块。

【例 4.5】 并行语句块举例。

> fork
>> a=0; b=1; sel=0;
>> #10   b=0;
>> #20   b=1; sel=1;
>> #30   a=1;
>
> join

这个例子用并行语句块替代了前面的顺序语句块产生波形，用这两种方法生成的波形是一样的。fork 和 join 是并行语句块的标识符，相当于顺序语句块的 begin 和 end。在并行语句块中，各条语句在前还是在后无关紧要。

4.3.3 顺序语句块和并行语句块的混合使用

顺序语句块和并行语句块的混合使用有以下两种情况：

(1) 当顺序语句块和并行语句块属于不同的过程块(initial 或 always 过程块)时，顺序语句块和并行语句块是并行执行的。

【例 4.6】 顺序语句块和并行语句块的混合使用示例(1)。

```
module different pro_block(a,b);
    output a,b;
    reg a,b;
    initial                    //第一个 initial 过程块
      begin
          a=0;
          #20   a=0, b=1;
          #20   a=0, b=0;
      end
    initial                    //第二个 initial 过程块
      fork
          b=1;
          #10   a=1, b=0;
          #30   a=1;
          #50   a=1;
      join
    endmodule
```

得到的激励波形如图 4.4 所示。

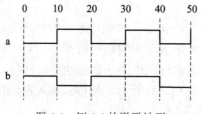

图 4.4 例 4.6 的激励波形

两个 initial 过程块是并行执行的，它们内部包含的 begin-end 顺序语句块和 fork-join 并行语句块也是并行执行的。而在顺序语句块中各条语句按顺序方式执行，在并行语句块中各条语句按并行方式执行。

(2) 当顺序语句块和并行语句块嵌套在同一条过程块内时，内层语句块可以看做外层语句块中的一条普通语句，内层语句块在什么时候得到执行是由外层语句块的规则所决定的；

内层语句块开始执行后，其内部各条语句的执行要遵守内层语句块的规则。

【例 4.7】　　顺序语句块和并行语句块的混合使用示例(2)。

```
module seri_block(a,b);
    output a,b;
    reg a,b;
    initial                              //initial 过程块
      begin                              //外层的顺序语句块
          a=0,b=1;
          #10    a=1;
          fork                           /*内层的并行语句块，t=10 时刻，并行语句块执行*/
          b=0;
          #10    a=0，b=1;               //t=20 时刻
          join
          #10    a=1;                    //t=30 时刻
          #10    a=0，b=0;
          #10    a=1;
      end
    endmodule
```

例 4.7 执行后可得到如图 4.4 所示的激励波形。在 initial 过程块内部包含了一个顺序语句块，而该顺序语句块内部又嵌套了一个并行语句块。这个并行语句块可以被看做顺序语句块中的一条语句，根据顺序语句块内部语句的顺序执行，而当顺序执行到并行语句块时，并行语句块内的各条语句将按照并行方式执行。

当然，也可以有顺序语句块被嵌套在并行语句块内部的情况，这种情况的执行过程与上面讲述的类似，就是将顺序语句块看成外层并行语句块的一条特殊语句，这条特殊语句在并行语句块中与其他语句一起执行，而内部顺序语句块内的各条语句则按照顺序方式执行。

4.4　时 序 控 制

时序控制可以用来对过程块中各条语句的执行时间(时序)进行控制。Verilog HDL 提供了两种类型的时序控制。

(1) 延时控制：为行为语句的执行指定一个延迟时间。

(2) 事件控制：为行为语句的执行指定触发事件时间。事件控制分为两种，即电平敏感事件触发和边沿敏感事件触发。

4.4.1　延时控制

延时控制的语法格式如下：

　　# <延迟时间>　行为语句；

或

　　　　# <延迟时间>;

其中，符号"#"是延时控制的标识符，<延迟时间>是指定的延迟时间量，它是以多个仿真时间单位的形式给出的。

　　【例4.8】　延时控制方式一。

```
module muxtwo (out, a, b, sl);
    input a, b, sl;
    output out;
    reg out;
    always @( sl or a or b)
        if (! sl)
            #10 out = a;          //从 a 到 out 延迟 10 个时间单位
        else
            #12 out = b;          //从 b 到 out 延迟 12 个时间单位
endmodule
```

该例是第一种延时控制方式，<延迟时间>后面跟一条行为语句。仿真进程在遇到这条带有延时控制的行为语句后并不立即执行行为语句指定的操作，而是延迟等待到<延迟时间>所指定的时间量过去后，才真正开始执行行为语句指定的操作。

　　【例4.9】　延时控制方式二。

```
module clk_gen (clk);
    output   clk;
    reg      clk;
    initial
        clk=0;
        #10   clk= 1;
        #10;
        #30   clk = 0;
        #20   clk = 0;
    end
endmodule
```

该例是第二种延时控制方式，<延迟时间>后面没有出现任何行为语句，而只有一个语句结束符";"。仿真进程在遇到这条延时控制语句后不执行任何操作，而是进入一种等待状态，等到过了由<延迟时间>指定的时间量后，仿真流程结束这条延时控制语句的执行。

4.4.2　电平敏感事件触发

　　电平敏感事件控制方式下启动语句执行的触发条件是指定的条件表达式为真(1)。电平敏感事件控制用关键词"wait"来表示，有以下 3 种所示：

　　　　wait (条件表达式) 语句块;

wait (条件表达式) 行为语句;

wait (条件表达式);

其中,语句块可以是顺序语句块或并行语句块。无论哪一种形式,启动执行的触发条件均是条件表达式的值为真(逻辑 1)。当仿真进程执行到这条电平敏感事件控制语句时,条件表达式的值为"真",那么语句块或行为语句立即执行;否则要一直等到条件表达式变为"真"时再开始执行。

【例4.10】 电平敏感事件控制举例。

```
module latch_adder (out, a, b, enable);
    input enable;
    input [2: 0] a, b;
    output [3: 0] out;
    reg [3: 0] out;
    always @( a or b)
        begin
            wait (!enable)           //当 enable 为低电平时执行加法
            out = a + b;
        end
endmodule
```

第三种形式中的 wait 后没有包含语句块或行为语句,在这种形式下,当仿真进程执行到该 wait 控制语句条件表达式的值为"真"时,立即结束该 wait 控制语句的执行,仿真进程继续向下进行。这种形式的电平敏感事件控制常常对顺序语句中各条语句的执行时序进行控制。

程序执行到以下语句时将暂停,直到 reset 变为真(值为 1)时,立即结束该 wait 控制语句,继续执行后面的语句。

wait(reset);

4.4.3 边沿敏感事件触发

在边沿敏感事件触发的事件控制方式下,行为语句的执行需要由指定事件的发生来触发,也就是在指定信号的跳变边沿才触发语句的执行,而当信号处于稳定状态时则不会触发语句的执行。

边沿敏感事件控制的语法格式有以下 4 种:

@(信号名)	//信号名有变化就触发事件
@(posedge 信号名)	//信号名有上升沿就触发事件
@(negedge 信号名)	//信号名有下降沿就触发事件
@(敏感事件 1 or 敏感事件 2 or …)	//敏感事件之一触发事件

例如:

@ (a)	//当信号 a 的值发生改变时
@ (a or b)	//当信号 a 或信号 b 的值发生改变时
@ (posedge clock)	//当 clock 的上升沿到来时

```
@ (negedge clock)                        //当 clock 的下降沿到来时
@ (posedge clock or negedge reset)       //当 clock 的上升沿到来时或当 reset 信号的下降沿到来时
```

事件控制语句通常与 always 语句联合使用，用来构建逻辑电路中常见的功能模块。

【例 4.11】　边沿敏感事件计数器。

```
reg [4:0] cnt;
always @(posedge clk)
    begin
        if(reset)
            cnt<=0;
        else
            cnt<= cnt+1;
    end
```

上例表明，只要 clk 信号有上升沿，如果 reset 为 0，那么 cnt 信号就会加 1，完成计数的功能。这种边沿计数器在同步分频电路中有着广泛的应用。

【例 4.12】　二选一多路选择器。

```
module MUX2_1c(out,a,b,sel);
    output out;
    input a,b,sel;
    reg out;
    always @(a or b or sel)     //敏感信号列表
    begin
        if(sel) out = b;
        else out = a;
    end
endmodule
```

例中，只要 a、b 或 sel 的任一个改变，则输出改变，所以敏感信号表达式写为@(a or b or sel)。

always 过程语句通常是带有触发条件的，触发条件写在敏感信号表达式中。敏感信号表达式中变量的值发生变化时，就会引发块内语句的执行。每个 always 过程最好只由一种类型的敏感信号来触发，而不要将边沿敏感型和电平敏感型信号列在一起。例如：

```
always @(posedge clk or posedge clr)     //两个敏感信号都是边沿敏感型
always @(a or b)                         //两个敏感信号都是电平敏感型
always @(posedge clk or a)               //建议不要将电平敏感型和边沿敏感型信号列在一起
```

4.5　赋 值 语 句

赋值语句可以分为连续赋值语句和过程赋值语句。连续赋值语句是数据流描述方式的赋值语句，而过程赋值语句则是行为描述方式的赋值语句。

过程赋值语句是最常见的赋值形式，等号左侧是赋值目标，右侧是表达式。它有以下几个特点：

(1) 过程赋值语句只出现在 initial 和 always 语句块内。

(2) 过程赋值语句只能给寄存器变量赋值。

(3) 赋值表达式的右端可以是任何表达式。

在硬件中，过程赋值语句表示用赋值语句右端表达式所推导出的逻辑来驱动该赋值语句左端的变量。它有两种赋值方式：阻塞(Blocking)赋值方式，用"="；非阻塞(Non-Blocking)赋值方式，用"<="。

【例 4.13】 过程赋值语句赋值操作的一般形式。

```
module swap_vals;
    reg a, b, clk;
    initial
        begin
            a = 0; b = 1; clk = 0;          //阻塞过程赋值
        end
    always #5 clk = ~clk;
    always @( posedge clk)
        begin
            a <= b;                         //非阻塞过程赋值
            b <= a;                         //交换 a 和 b 值
        end
endmodule
```

4.5.1 连续赋值语句

连续赋值语句用来驱动线网型变量，这一线网型变量必须已经事先定义过。只要输入端操作数的值发生变化，该语句就重新计算并刷新赋值结果，我们可以使用连续赋值语句来描述组合逻辑，而不需要用门电路和互连线。连续赋值语句的语法格式如下：

　　　assign　net_value = expression(表达式);

其中：net_value 为线网型(wire)变量，expression 为赋值操作表达式，可以是常量、由运算符(如逻辑运算符、算术运算符)参与的表达式。例如：

```
wire [3:0] Z, a, b;          //线网说明
assign  Z = a & b;           //连续赋值语句，给 Z 赋值
```

连续赋值语句执行时，只要等号右端的操作数上有事件发生(操作数值的变化)，右端表达式即被计算，如果结果值有变化，新结果就赋给等号左端的线网型变量。

下例是一个向量线网变量和一个标量线网变量的拼接结果：

```
wire cout,cin;
wire[3:0] sum,a,b;
...
assign{cout,sum}=a+b+cin;
```

a 和 b 是 4 位线网变量，相加结果最大能够产生 5 位结果，而且左端赋值目标的长度是 5 位(cout 为 1 位，sum 为 4 位)，所以赋值语句会将右端值的后 4 位赋给 sum，第 5 位(进位)赋给 cout。

连续赋值语句在为多个线网变量赋值时，可以在同一个连续赋值语句中采用简化形式。例如：

```
assign   Mux = (S == 0)? A : 'bz;
assign   Mux = (S == 1)? B : 'bz;
assign   Mux = (S == 2)? C : 'bz;
assign   Mux = (S == 3)? D : 'bz;
```

可以写成如下形式：

```
assign   Mux = (S == 0)? A : 'bz,
         Mux = (S == 1)? B : 'bz,
         Mux = (S == 2)? C : 'bz,
         Mux = (S == 3)? D : 'bz;
```

4.5.2 阻塞赋值语句

阻塞赋值的操作符是等号(=)，例如：

```
b=a;
```

阻塞赋值语句在执行时，先计算右侧表达式的值，然后赋值给等号左端目标，在完成整个赋值之前不能被其他语句打断。也就是说，前面的赋值语句没有完成之前，后面的语句不能被执行，仿佛被阻塞了一样，因此称为阻塞赋值方式。

【例 4.14】 阻塞赋值语句示例。

```
module block (c,b,a, clk);
    output c,b;
    input a, clk;
    reg c, b;
    always @(posedge clk)
      begin
        b = a;
        c = b;
      end
endmodule
```

将上面的代码用 ModelSim 软件进行仿真，可得到图 4.5 所示的结果。

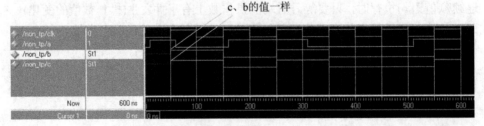

图 4.5 阻塞赋值仿真波形

从图 4.5 所示的阻塞赋值仿真波形图中可以发现，c 的值和 b 的值始终一样，这是因为 b 的值更新完成后才能更新 c 的值。

4.5.3 非阻塞赋值语句

非阻塞赋值的操作符是符号 "<="，例如：

b<=a;

非阻塞过程赋值只能用于寄存器赋值。非阻塞赋值在所在块结束之后才能真正完成赋值操作，如例 4.15 中，b 的值并不是立刻改变的。

【例 4.15】 非阻塞赋值语句示例。

```
module non_block (c,b,a, clk);
    output c,b;
    input a, clk;
    reg c, b;
    always @(posedge clk)
        begin
            b<= a;
            c <=b;
        end
endmodule
```

将上面的代码用 ModelSim 软件进行仿真，可得到图 4.6 所示的结果。

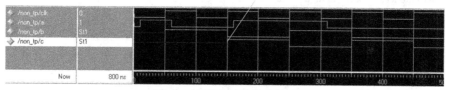

图 4.6 非阻塞赋值仿真波形

从图 4.6 所示的非阻塞赋值仿真波形中可以看出，c 的值落后 b 的值一个时钟周期，这是因为该 always 块中两条语句同时执行。因此，每次执行完后，b 的值得到更新，而 c 的值仍是上一时钟周期的值。

4.6 分支语句

Verilog HDL 语言中存在着如下两种分支语句：if-else 条件分支语句；case 分支控制语句。

4.6.1 if-else 语句

if 语句用来判定所给定的条件是否满足，根据判定的结果(真或假)决定执行给出的两种操作之一。Verilog HDL 语言提供了三种形式的 if 语句。

1. 第一种形式

　　　if(条件表达式) 块语句

说明：

(1) 当条件表达式为逻辑真和逻辑 1 时执行块语句，其他情况下(如为 0、x、z)均为条件不成立；

(2) 一条没有 else 语句的 if 语句映射到硬件上，会形成一个锁存器。例如：

```
always @(enable or dada)

    if(enbale)

        out=data;
```

data 与 out 的关系参见表 4.1。

表 4.1 if 条件表达式的真值表

enable	data	out
1	d	d
0	x	d

2. 第二种形式

　　　if(表达式)　语句 1

　　　　else　语句 2

【例 4.16】　if-else 语句示例。

```
always@(enable or dada_a or data_b)     //信号有变化时执行 if 语句

    if(enable)

        out=data_a;                      //enable=1，执行

    else

        out=data_b;                      //enable≠1，执行
```

其中，综合的结果将产生一个二选一的多路选择器，它等效于语句：

```
assign out=(enable) ? data_a : data_b;
```

3. 第三种形式

　　　if(条件表达式 1) 块语句 1

　　　　else if(条件表达式 2) 块语句 2

　　　　　　　　…

　　　　else if (条件表达式 n) 块语句 n

　　　　else 块语句 n+1

说明：

(1) 常用于多路选择控制；

(2) 条件判断的先后顺序隐含条件的优先级关系；

(3) 注意有时电路设计不需要优先级(使用 case 语句描述可得到并行条件，与综合器相关)；

(4) 可以嵌套使用；

(5) 如无块标识符，else 语句与最近的 if 配对。

【例 4.17】　模为 60 的 BCD 码计数器。

```
module count60 (qout, cout ,data, load, cin, reset, clk);

    output[7:0]   qout;

    output cout;                          //进位输出
```

```
input[7:0] data;
input    load, cin, reset, clk;
reg[7:0]   qout;
always @  (posedge   clk)                              //clk 上升沿时刻计数
    begin
      if  (reset)      qout<=0;                        //同步复位
      else  if(load)  qout<=data;                      //同步置数
      else  if(cin)
      begin
        if (qout[3:0]==9)                              //低位是否为 9，是则继续执行
          begin
            qout[3:0]<=0;                              //回 0，并判断高位是否为 5
            if (qout[7:4]==5) qout[7:4]<=0;
            else qout[7:4]<= qout[7:4]+1;              //高位不为 5，则加 1
          end
        else                                           //低位不为 9，则加 1
          qout[3:0]<=qout[3:0]+1;
      end
    end
assign   cout=((qout==8'h59)&cin)?1:0;                 //产生进位输出信号
endmodule
```

4.6.2 case 语句

case 分支语句是另一种用来实现多路分支选择控制的语句。case 分支语句通常用于微处理器指令译码功能的描述和有限状态机的描述。它有 case、 casez 和 casex 三种形式。其语法格式如下：

```
case(敏感表达式)
    值 1：块语句 1
    值 2：块语句 2
    …
    值 n：块语句 n
    default：块语句 n+1              //缺省分支
endcase
```

case 语句首先对敏感表达式求值，然后依次对各分支项求值并进行比较，第一个与条件表达式值相匹配的分支中的语句被执行，执行完这个分支后将跳出 case-endcase 语句。缺省分支覆盖所有没有被分支表达式覆盖的其他分支。

【例 4.18】 一个名为 encod8_3 的 8-3 普通编码器。

```
module encod8_3 (DIN, DOUT);
    input [7:0] DIN;
```

```
        output [2:0]  DOUT;
        reg    [2:0] DOUT;                    //输出为寄存器型
        always @ ( DIN )                      //行为级描述
            begin
              case ( DIN )                     //case 语句
                8'b0000_0001 : DOUT <= 3'b000;
                8'b0000_0010 : DOUT <= 3'b001;
                8'b0000_0100 : DOUT <= 3'b010;
                8'b0000_1000 : DOUT <= 3'b011;
                8'b0001_0000 : DOUT <= 3'b100;
                8'b0010_0000 : DOUT <= 3'b101;
                8'b0100_0000 : DOUT <= 3'b110;
                8'b1000_0000 : DOUT <= 3'b111;
                default       : DOUT <= 3'b000;
              endcase
            end
        endmodule
```

这个例子描述了一个名为 encod8_3 的 8-3 普通编码器，实现了 8 位输入、3 位输出，在某一时刻只有一个输入被转换为二进制码。

Verilog HDL 针对电路的特性还提供了 case 语句的另外两种形式：casez 和 casex。其中 casez 语句忽略比较表达式两边的 z 部分，casex 语句忽略比较表达式两边的 x 部分和 z 部分，即在表达式进行比较时，不将该位的状态考虑在内。这样，在 case 语句表达式进行比较时，就可以灵活地设置对信号的某些位进行比较。例如：

```
        casez(a)
            3'b11z:  out=1;   //当 a=110、111、11z 时，都有 out=1；
        casex(a)
            2'b1x:  out=1;    //当 a=10、11、1x、1z 时，都有 out=1；
```

4.7 循 环 语 句

Verilog HDL 中有四种类型的循环语句，用来控制语句的执行次数。它们都只能在 initial 或 always 语句模块中使用，这四种语句分别是 forever 循环语句、repeat 循环语句、while 循环语句、for 循环语句。

4.7.1 forever 循环语句

forever 循环语句是个永远循环执行的语句，不需要声明任何变量，其一般形式如下：

```
        forever 语句;
```

或

```
forever
    begin
        多条语句
    end
```

forever 循环语句常用于产生周期性的波形，用来作为仿真测试信号。它与 always 语句的不同处在于不能独立写在程序中，而必须写在 initial 块中。例如：

```
...
reg clk;
initial
    begin
        clk = 0;
        forever     //这种行为描述方式可以非常灵活地描述时钟，可以控制时钟的开始时间及
                     //周期占空比，仿真效率也高
            begin
                #5    clk = 1;
                #10   clk = 0;
            end
    ...
```

4.7.2　repeat 循环语句

repeat 循环语句是将一条语句循环执行确定的次数。repeat 语句的一般形式如下：

```
repeat(循环次数表达式) 语句；
```

或

```
repeat(循环次数表达式)
    begin
        多条语句
    end
```

在 repeat 语句中，其循环次数表达式通常为常量表达式。

【例 4.19】　用 repeat 实现乘法运算。

```
module multiplier(result, a, b);
    parameter size = 4;
    input [size:1] a, b;
    output [2* size:1] result;
    reg [2* size:1] shift_a, result;
    reg [size:1] shift_b;
    always @(a or b)
        begin
            result = 0;
```

```
        shift_a = a;                  //零扩展至 8 位
        shift_b = b;
        repeat (size)                 //repeat 语句，size 为循环次数
        begin
          if (shift_b[1]) result = result + shift_a; /*如果 shift_b 的最低位为 1，就执行下面的加法*/
          shift_a = shift_a << 1;              /*操作数 a 左移一位*/
          shift_b = shift_b >> 1;              /*操作数 b 右移一位*/
        end
      end
endmodule
```

4.7.3 while 循环语句

while 循环语句带有一个条件控制表达式，当这个条件满足时重复执行过程语句。while 循环语句的一般形式如下：

  while(条件表达式) 语句

或

  while (条件表达式)
   begin
    多条语句
   end

【例 4.20】 用 while 循环语句对 count 进行计数和输出。

```
    initial
      begin
        count=0;
        while (count<100)
          begin                    //循环体语句块
            $display("count %d", count);
            #5 count= count+1;
          end
      end
```

4.7.4 for 循环语句

Verilog HDL 中的 for 循环语句与 C 语言中的 for 循环语句类似，语句中有一个控制执行次数的循环变量。for 循环语句的一般形式如下：

  for(表达式 1；表达式 2；表达式 3) 语句

其中，表达式 1 给出循环变量的初始值；表达式 2 为条件表达式用于判断循环的终止条件，其结果为假则跳出循环语句，为真则执行指定的语句；表达式 3 给出每次执行时对循环变量的修改，通常为增加或减少循环变量的值。

for 循环语句最简单的应用形式如下：

　　　for(循环变量赋初值；循环结束条件；循环变量增值)

【例 4.21】　　for 循环应用举例。

```
initial
    for (count=0;count<100;count=count+1;)
    begin                              //循环体语句块
        $display("count %d"，count);   //向屏幕输出 count 的值
    end
```

【例 4.22】　　用 for 循环语句实现 2 个 8 位数相乘。

```
module    mult_for(outcome,a,b);
    parameter size=8;
    input [size:1]    a , b;
    output[2*size:1] outcome;
    reg [size:1] a，b;
    reg [2*size:1] outcome;
    always @(a or b)
        begin
            integer    i;                    //定义循环变量i
            outcome =0;
            for(i=1; i<=size; i=i+1)         //for 循环语句
            if( b[i] ==1)
            outcome =outcome+(a<<(i-1));
        end
endmodule
```

在可综合的设计中 ，若需要用到循环语句，应首先考虑用 for 循环语句来实现。

第5章 结构级建模方法

Verilog HDL 模型可以是实际电路不同级别的抽象。这些抽象的级别和它们对应的模型类型共有 5 种：系统级(system)、算法级(algorithmic)、RTL 级(RegisterTransfer)、门级(gate)、开关级(switch)。

这 5 个类型从高到低越来越接近硬件。系统级、算法级和 RTL 级建模是属于行为级的。行为级模型是使用行为级建模方法实现的，这种方法主要考虑一个模块的抽象功能描述，而不考虑其具体实现(具体电路结构由综合工具得到)。门级建模是属于结构级的，是对电路结构的具体描述，主要是描述与、或、非等基本门电路的连接方式。开关级建模是构成 Verilog HDL 对硬件设计最低层次的描述，它把最基本的 MOS 晶体管连接起来实现电路功能。通常的综合工具不支持开关级描述。

结构级建模实际上就是把所需要的基本电路单元(逻辑门、MOS 开关等)调出来，再用连线把这些基本单元连接起来。门级建模和开关级建模在 Verilog HDL 中都属于结构级建模方法，因为它们的建模风格都是电路结构的具体描述。用于结构建模的这些门电路和 MOS 开关是电路中的基本元件，称为基元。Verilog HDL 内置了 26 个基元模型，可以直接调用这些基元进行建模。基元的调用又称"实例化"，调用语句也称为实例语句，每次基元调用都将产生这个基元的一个实例，必须为该实例起一个名字，即实例名。

除了内置的 26 个基元，Verilog HDL 还允许用户自定义基元，即 UDP(User Defined Primitive)。这些 UDP 的用法和内置基元完全相同，定义起来也很方便，这给了设计者更大的设计空间。

一个复杂电路的完整 Verilog HDL 模型是由若干个 Verilog HDL 模块构成的，每一个模块又可以由若干个子模块构成。这些模块可以分别用不同抽象级别的 Verilog HDL 描述，而在一个模块中也可以有多种级别的描述。利用 Verilog HDL 语言结构所提供的这种功能就可以构造一个模块间的清晰层次结构来描述极其复杂的大型设计。

在本章中，我们将通过许多实际的 Verilog HDL 模块的设计来讲述不同抽象级别模块的结构和可综合性的问题。对于数字系统设计工程师而言，熟练地掌握门级、RTL 级、算法级、系统级的建模是非常重要的。

5.1 Verilog HDL 内置基元

Verilog HDL 提供了 26 个内置基元，用于对数字系统实际的逻辑结构进行建模。这些基元包括基本门电路、上拉电阻、下拉电阻、MOS 开关和双向开关。这 26 个基元可以再分类如下：

(1) 多输入门：and、nand、or、nor、xor、xnor。

(2) 多输出门：buf、not。

(3) 三态门：bufif0、bufif1、notif0、notif1。

(4) 上拉、下拉电阻：pullup、pulldown。

(5) MOS 开关：cmos、nmos、pmos、rcmos、rnmos、rpmos。

(6) 双向开关：tran、tranif0、tranif1、rtran、rtranif0、rtranif1。

这些基元调用语句的语法格式如下：

　　　　<门的类型>[<驱动能力><延时>]<例化的门名字>(<端口列表>);

其中，"门的类型"是门声明语句所必需的，它可以是 26 个基元中的任意一种。"驱动能力"和"延时"是可选项，可根据不同的情况选不同的值或不选。"例化的门名字"是在本模块中引用的这种类型的门的实例名。<端口列表>按(输出，输入 1，输入 2，…)顺序列出。下面是门类型的引用：

　　　　nand #10 nd1(a,data,clock,clear);

该语句中引用了一个名为 nd1 的与非门(nand)，其输入为 data、clock 和 clear，输出为 a，输出与输入的延时为 10 个单位时间。

5.1.1　基本门

Verilog HDL 内置的基本门包括多输入门、多输出门和三态门。

1. 多输入门

多输入门具有 1 个或多个输入，但只有一个输出。内置的多输入门有 6 种：and(与门)、nand(与非门)、or(或门)、nor(或非门)、xor(异或门)、xnor(异或非门)。

多输入门实例化语句的语法格式如下：

　　　　gate_type　instance_name (output, input1, …, inputN);

其中，gate_type 为门类型，是上面 6 种多输入门之一，instance_name 是这个实例门的名称，第一个端口 output 是输出端，input1，…, inputN 是输入端，多输入门的输入/输出关系如图 5.1 所示。

图 5.1　多输入门的输入/输出关系

1) 与门(and)

图 5.2 和表 5.1 所示为与门的逻辑符号和逻辑表。
例如：

　　and　U1(out1, a, b, c, d);

　　　　/*与门 U1，输出为 out1，有 4 个输入 a、b、c、d*/

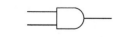

图 5.2　与门的逻辑符号

表 5.1　与门的逻辑表

and	0	1	x	z
0	0	0	0	0
1	0	1	x	x
x	0	x	x	x
z	0	x	x	x

2) 与非门(nand)

图 5.3 和表 5.2 所示为与非门的逻辑符号和逻辑表。

例如：

    nand   U2 (sum, a, b, c);

       /*与非门 U2，输出为 sum，带有 3 个输入 a、b、c*/

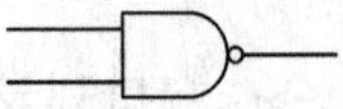

图 5.3   与非门的逻辑符号

表 5.2   与非门的逻辑表

nand	0	1	x	z
0	1	1	1	1
1	1	0	x	x
x	1	x	x	x
z	1	x	x	x

3) 或门(or)

图 5.4 和表 5.3 所示为或门的逻辑符号和逻辑表。

例如：

    or U3(out,in1,in2)，U4 (out1, a, b, c);

       /*或门 U3、U4(同类门实例引用简化方式)*/

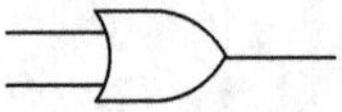

图 5.4   或门的逻辑符号

表 5.3   或门的逻辑表

or	0	1	x	z
0	0	1	x	x
1	1	1	1	1
x	x	1	x	x
z	x	1	x	x

4) 或非门(nor)

图 5.5 和表 5.4 所示为或非门的逻辑符号和逻辑表。

例如：

    nor U5(out,in1,in2);

    nor U6 (out1, out, b, c);

      //U5 输出 out 信号连接到 U6 的输入端口

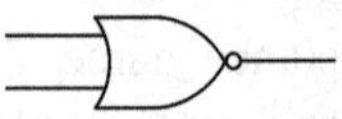

图 5.5   或非门的逻辑符号

表 5.4   或非门的逻辑表

nor	0	1	x	z
0	1	0	x	x
1	0	0	0	0
x	x	0	x	x
z	x	0	x	x

5) 异或门(xor)

图 5.6 和表 5.5 所示为异或门的逻辑符号和逻辑表。

例如：

    xor U7(out,in1,in2);

    xor U8 (out1, out, in1, c);

      //in1 信号连接到 U7、U8 的输入端口

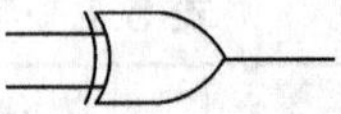

图 5.6   异或门的逻辑符号

表 5.5   异或门的逻辑表

xor	0	1	x	z
0	0	1	x	x
1	1	0	x	x
x	x	x	x	x
z	x	x	x	x

6) 异或非门(xnor)

图 5.7 和表 5.6 所示为异或非门的逻辑符号和逻辑表。

例如：

xnor U11(out,in1,in2);

xnor　(out1, out, b, c);　　//没有实例名

图 5.7　异或非门的逻辑符号

表 5.6　异或非门的逻辑表

xnor	0	1	x	z
0	1	0	x	x
1	0	1	x	x
x	x	x	x	x
z	x	x	x	x

2. 多输出门

多输出门具有一个输入、一个或多个输出。内置的多输出门有两种：buf(缓冲门)和 not(非门)。

多输出门实例语句的语法格式如下：

　　gate_type　instance_name(output1,…,outputN,input);

其中，gate_type 为门类型，是上述的两种多输出门之一；instance_name 是这个实例门的名称；端口 output1, …, outputN 是输出端，最后一个端口 input 是输入端。多输出门的形式如图 5.8 所示。

图 5.8　多输出门

图 5.9 和表 5.7 为多输出门的逻辑符号和逻辑表。

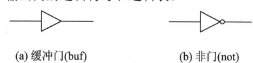

(a) 缓冲门(buf)　　　　　　　(b) 非门(not)

图 5.9　多输出门的逻辑符号

表 5.7　多输出门的逻辑表

buf	0	1	x	z	not	0	1	x	z
(输出)	0	1	x	x	(输出)	1	0	x	x

例如：

　　buf　B1(F1, F2, F3, F4, CLK);　　　　//一个 CLK 输入，4 个输出 F1、F2、F3、F4

　　not　N1(A, B, ready);　　　　//一个 ready 输入，2 个输出 A、B

3. 三态门

三态门用于对三态驱动器建模，共有 3 个端口：一个数据输入端、一个控制信号输入端和一个数据输出端。内置的三态门有 4 种：bufif1(高有效三态门)、bufif0(低有效三态门)、notif1(高有效三态非门)、notif0(低有效三态非门)。

三态门实例语句的语法格式如下：

　　gate_type instance_name(output,input,control);

其中，gate_type 为门类型，是上述的 4 种三态门之一；instance_name 是这个实例门的名称；

第一个端口 output 是输出端，第二个端口 input 是输入端，第三个端口 control 是控制信号输入端。

图 5.10 所示为三态门的逻辑符号。

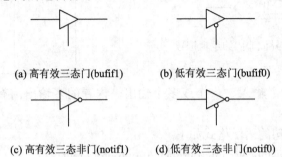

(a) 高有效三态门(bufif1)　　(b) 低有效三态门(bufif0)

(c) 高有效三态非门(notif1)　　(d) 低有效三态非门(notif0)

图 5.10　三态门的逻辑符号

表 5.8～表 5.11 所示分别为四种三态门的逻辑表。表中的某些项是可选的。例如，0/z 表明根据输入数据的信号强度和控制信号的值，输出既可以为 0 也可以为 z。

表 5.8　bufif0 的逻辑表

bufif0		控 制 输 入			
		0	1	x	z
数	0	0	z	0/z	0/z
据	1	1	z	1/z	1/z
输	x	x	z	x	x
入	z	x	z	x	x

表 5.9　bufif1 的逻辑表

bufif1		控 制 输 入			
		0	1	x	z
数	0	z	0	0/z	0/z
据	1	z	1	1/z	1/z
输	x	z	x	x	x
入	z	z	x	x	x

表 5.10　notif0 的逻辑表

notif0		控 制 输 入			
		0	1	x	z
数	0	1	z	1/z	1/z
据	1	0	z	0/z	0/z
输	x	x	z	x	x
入	z	x	z	x	x

表 5.11 notif1 的逻辑表

notif1		控 制 输 入			
		0	1	x	z
数	0	z	1	1/z	1/z
据	1	z	0	0/z	0/z
输	x	z	x	x	x
入	z	z	x	x	x

例如：

    bufif1   bf1(data,input,strob);   /*当 strob 为 0 时，输出 data 被驱动为高阻；若 strob 为 1，
                                            则把 input 数据传输给 data*/

    notif0 nt1(addr,abus,prob);   /*当 prob 为 1 时，输出 addr 被置为高阻；若 prob 为 0，则
                                            把输入 abus 的值取非后传输到 addr*/

5.1.2 上拉、下拉电阻

上拉电阻和下拉电阻是一类只有一个端口(输出端)的器件模型，其作用是改变其输出端的值。上拉电阻将输出置为 1，下拉电阻将输出置为 0。

声明上拉电阻和下拉电阻的关键字是：pullup(上拉电阻)、pulldown(下拉电阻)。

上拉、下拉电阻的语法形式如下：

    pull_type [instance_name] (output);

其中，pull_type 是 pullup 或 pulldown；可选项 instance_name 是实例名；output 是唯一的输出端口。例如：

    pullup up (upout);   //此上拉电阻实例名为 up，输出端 upout 被置为高电平 1

    pulldown down(downout);   //此下拉电阻实例名为 down，输出端 downout 被置为低电平 0

5.1.3 MOS 开关

Verilog HDL 具有对 MOS 晶体管级进行设计的能力。随着电路复杂性的增加(上百万的晶体管)及先进 CAD 工具的出现，以开关级为基础进行的设计正在逐渐萎缩。Verilog HDL 目前仅提供用逻辑值 0、1、x、z 和与它们相关的驱动强度进行数字设计的能力，没有模拟设计能力。因此在 Verilog HDL 中，晶体管也仅被当作导通或者截止的开关。MOS 模型在仿真时表现为两种状态：开或关，即导通或不导通。对于 MOS 来说，数据只能从输入端流向输出端，并且可以通过设置控制信号来关闭数据流，所以 MOS 是单向的。

Verilog 提供了 6 种 MOS 晶体管开关：cmos、pmos、rcmos、rpmos、nmos、rnmos。

MOS 晶体管开关的语法格式如下：

    mos_type [instance_name] (outputA, inputB, controlC);

其中，mos_type 是 nmos、rnmos、pmos 和 rpmos 四种三端口 MOS 开关之一；可选项 instance_name 是这个 MOS 开关实例的名称；第一个端口 outputA 为输出端，第二个端口 inputB 是输入端，第三个端口 controlC 是控制信号输入端。pmos、nmos、rnmos 和 rpmos 均为三端口 MOS 开关，包括一个数据输出端、一个数据输入端和一个控制信号输入端。nmos 用于 NMOS 晶体管建模；pmos 用于 PMOS 晶体管建模。NMOS 和 PMOS 开关符号如图 5.11 所示。

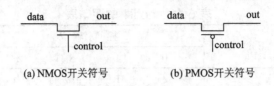

图 5.11 NMOS 和 PMOS 开关符号

pmos、nmos、rnmos 和 rpmos 这四种 MOS 开关的工作过程如下：

(1) 对于 nmos 和 rnmos 开关，如果其控制信号为 0，那么关闭这个开关，使输出为 z；如果控制信号是 1，则打开这个开关，把输入端的数据传输至输出端。

(2) 对于 pmos 和 rpmos 开关，如果其控制信号为 1，那么关闭这个开关，使输出为 z；如果控制信号是 0，则打开这个开关，把输入端的数据传输至输出端。

rnmos 和 rpmos 与 nmos 和 pmos 相比，它们的输入端和输出端之间存在阻抗(电阻)。因此，对于 rnmos 和 rpmos，当数据从输入端传输至输出端时，由于电阻带来的损耗，使得数据的信号强度减弱。

例如：

    nmos n1 (out, data, control);   //实例名为 n1 的 nmos 开关

    pmos p1 (out, data, control);   //实例名为 p1 的 pmos 开关

输出 out 的值由输入 data 和 control 的值确定。nmos 和 pmos 的逻辑表如表 5.12 所示。信号 data 和 control 不同的组合导致这两个开关输出 1、0 或者 z、x 逻辑值(如果不能确定输出为 1 或 0，就有可能输出 z、x 值)。

表 5.12 nmos 和 pmos 的逻辑表

(a) nmos 的逻辑表

nmos		控 制 信 号			
		0	1	x	z
输入数据	0	z	0	0/z	0/z
	1	z	1	1/z	1/z
	x	z	x	x	x
	z	z	z	z	z

(b) pmos 的逻辑表

pmos		控 制 信 号			
		0	1	x	z
输入数据	0	0	z	0/z	0/z
	1	1	z	1/z	1/z
	x	x	x	x	x
	z	z	z	z	z

cmos 和 rcmos(cmos 的高阻态)有 4 个端口：一个数据输出端，一个数据输入端和两个控制信号输入端。其语法格式如下：

    (r)cmos [instance_name] (outputA, inputB,Ncontrol,Pcontrol);

其中，可选项 instance_name 是这个 MOS 开关实例的名称；第一个端口 outputA 为输出端，第二个端口 inputB 是输入端，第三个端口 Ncontrol 是 N 通道控制信号输入端，第四个端口 Pcontrol 是 P 通道控制信号输入端。cmos(rcmos)的开关行为与 pmos(rpmos) 和 nmos(rnmos) 的类似。可以这样认为，cmos (outputA, inputB, Ncontrol, Pcontrol)是一个 nmos (output, input, Ncontrol)和一个 pmos (output, input, Pcontrol)的组合。也就是可以用如图 5.12 所示 nmos 和 pmos 器件来建立一个 cmos 器件的模型。

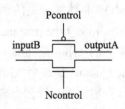

图 5.12 cmos 开关

在 cmos 开关中，存在着 pmos 和 nmos 两条数据通路，当 Pcontrol 为 0 时，上半部分的 pmos 开关打开，数据可以从输入端 inputB 传输到输出端 outputA；当 Ncontrol 为 1 时，下半部分的 nmos 开关打开，数据可以从输入端 inputB 传输到输出端 outputA；因此，cmos 的真值表可以参考 pmos 和 nmos 的。

　　例如：

　　　　cmos　c1 (out, data, ncontrol, pcontrol);　　　//实例名 c1 的 cmos 开关

　　rcmos 是 cmos 的高阻态，其开关行为与 cmos 完全相同，只是在其输入端和输出端之间存在着阻抗，所以数据从输入传送到输出的过程中存在着损耗，使得其信号强度被减弱。

5.1.4　双向开关

　　NMOS、PMOS 和 CMOS 管都是从漏极向源极导通的，是单向的。在数字电路中，双向导通的器件也很常用。对双向导通的器件而言，其两边的信号都可以是驱动信号。通过设计双向开关就可以实现双向导通的器件。Verilog HDL 内置了 6 种双向开关，即数据可以在两个端口之间双向流动。这 6 种双向开关是 tran、rtran、tranif0、rtranif0、tranif1、rtranif1。其中，前两种开关 tran 和 rtran(tran 的高阻态)是不能关断的，始终处于打开状态，数据可以在两个端口之间自由流动。tran 和 rtran 的语法形式如下：

　　　　(r)tran [instance_name] (signalA, signalB);

　　这两种开关只有两个端口 signalA 和 signalB，数据可以在这两个端口之间流动，因为没有控制信号，这两个开关都不能被关断，所以这种双向的数据流动是无条件进行的。

　　后 4 种开关(tranif0、rtranif0、tranif1 和 rtranif1)可以通过控制信号关闭。其语法形式如下：

　　　　bidirection_type [instance_name] (signalA, signalB,controlC);

其中，bidirection_type 是上述 4 种双向开关之一，实例名 instance_name 是可选项，前两个端口(signalA、signalB)是双向端口，第三个端口 controlC 是控制信号输入端。对于 tranif0 和 rtranif0，controlC 为 0 时打开开关，允许数据双向流动，当 controlC 为 1 时关闭开关，禁止数据流动；对于 tranif1 和 rtranif1，controlC 为 1 时打开开关，允许数据双向流动，当 controlC 为 0 时关闭开关，禁止数据流动。

　　在这 6 种双向开关中，tran、tranif0 和 tranif1 内的数据流动时没有损耗，但 rtran、rtranif0 和 rtranif1 的输入端和输出端之间存在阻抗，当信号通过开关传输时，信号强度会减弱。

　　tran、tranif0 和 tranif1 的逻辑符号如图 5.13 所示。

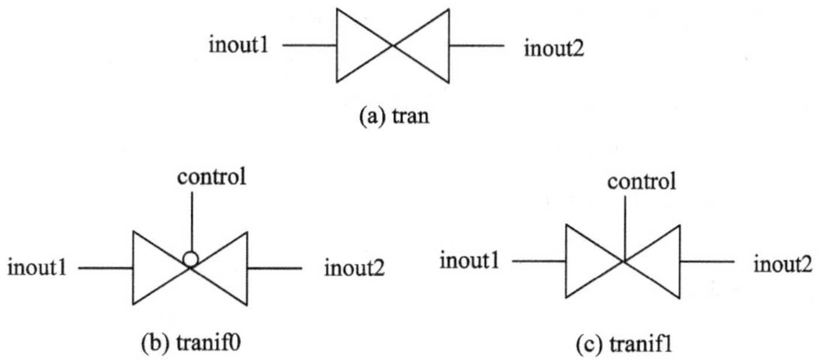

inout1 —— inout2

(a) tran

control

inout1 —— inout2

(b) tranif0

control

inout1 —— inout2

(c) tranif1

图 5.13　双向开关的逻辑符号

tran 开关作为两个信号 inout1 和 inout2 之间的缓存，inout1 或 inout2 都可以是驱动信号。仅当 control 信号是逻辑 0 时，tranif0 开关连接 inout1 和 inout2 两个信号；如果 control 信号是逻辑 1，则没有驱动源的信号取高阻态值 z，有驱动源的信号仍然从驱动源取值。如果 control 信号是逻辑 1，则 tranif1 开关连接的 inout1 和 inout2 两个信号导通。

例如：

```
tran t1(inout1, inout2);              //实例名 t1 是可选项
tranif0(inout1, inout2, control);     //没有指定实例名
tranif1(inout1, inout2, control);     //没有指定实例名
```

5.1.5 门级建模举例

下面通过几个例子学习门级结构建模的基本方法。

4 选 1 多路选择器有 4 个数据输入端 D0、D1、D2、D3，一个数据输出端 Z 和两个控制信号输入端 S0、S1。选择器会根据 S0 和 S1 的值从 4 个数据输入端中选择其中的一个送到输出端。图 5.14 和表 5.13 所示分别为 4 选 1 多路选择器的电路结构和真值表。

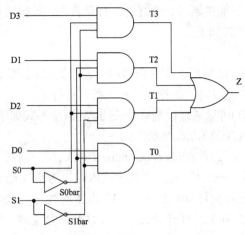

表 5.13 4 选 1 多路选择器的真值表

S0	S1	Z
0	0	D0
0	1	D1
1	0	D2
1	1	D3

图 5.14 4 选 1 多路选择器的电路结构

采用门级建模的 4 选 1 多路选择器模块的代码如下：

```
module MUX4x1 (Z , D0 , D1 , D2 , D3 , S0 , S1) ;
    output Z;                         //端口说明
    input D0, D1, D2, D3, S0, S1;     //端口说明
    wire    T1,T2, T3, T4;            //内部线网说明，缺省说明 S0bar、S1bar
    and     (T0, D0, S0bar, S1bar),   //4 个与门
            (T1, D1, S0bar, S1),
            (T2, D2, S0, S1bar),
            (T3, D3, S0, S1);
    not     (S0bar, S0),              //2 个非门
            (S1bar, S1);
     or     (Z, T0, T1, T2, T3);      //1 个或门
endmodule
```

在该模块中，MUX4x1 是模块名；实现这个建模使用了 1 个或门(or)、2 个非门(not)和 4 个与门(and)，除了输入端和输出端，还用到了 6 个未曾定义的变量——T0、T1、T2、T3、S0bar 和 S1bar，它们被缺省设置为 1 位线网变量。因为实例名是可选的，所以本例中的门实例语句中没有给出实例名，综合时系统会自动为其分配实例名。

为了便于理解，下面给出 4 选 1 多路选择器的测试模块。

```
module test_MUX4x1;        //MUX4x1 模块测试平台，无输入输出端口
    reg [3:0] d;           //测试平台内部激励信号说明
    reg [1:0] s;
    wire out;              //模块输出信号
    MUX4x1 mymux(out,d[0],d[1],d[2],d[3],s[0],s[1]);   //调用被测模块
    initial                //激励信号产生与结果输出
      begin
        d=4'b1010;   s=2'b00;              //加载输入信号 d[3:0]
        $display($time,"d=%b,s[1]=%b,s[0]=%b,out=%b\n",d,s[1],s[0],out);      //显示结果
        #5   s=2'b00;                      //加载选择信号 s[1:0]
        $display($time, "d=%b,s[1]=%b,s[0]=%b,out=%b \n",d,s[1],s[0],out);  //延时后显示结果
        #5 s=2'b01;
        $display($time, "d=%b,s[1]=%b,s[0]=%b,out=%b\n",d,s[1],s[0],out);
        #5 s=2'b10;
        $display $time,("d=%b,s[1]=%b,s[0]=%b,out=%b \n",d,s[1],s[0],out);
        #5 s=2'b11;
        $display($time, "d=%b,s[1]=%b,s[0]=%b,out=%b \n",d,s[1],s[0],out);
      end
    endmodule
```

用 ModelSim 软件进行仿真的结果如下：

```
run -all
    # 0      d=1010,   s[1]=0,   s[0]=0,   out=x
    # 5      d=1010,   s[1]=0,   s[0]=0,   out=0
    #10      d=1010,   s[1]=0,   s[0]=1,   out=0
    #15      d=1010,   s[1]=1,   s[0]=0,   out=0
    #20      d=1010,   s[1]=1,   s[0]=1,   out=1
```

5.2　用户定义原语(UDP)

在 Verilog HDL 中，利用用户定义原语(UDP, User Defined Primitives)，用户可以定义自己设计的基本逻辑元件的功能，也就是说，可以利用 UDP 来定义有自己特色的用于仿真的基本逻辑元件模块并建立相应的原语库。这样，我们就可以使用与调用 Verilog HDL 基本逻辑元件同样的方法来调用原语库中相应的元件模块来进行仿真。由于 UDP 是用查表的方法来确定其输出的，用仿真器进行仿真时，对它的处理速度较一般用户编写的模块快得多。与一般的用户模块相比，UDP 更为基本，它只能描述简单的能用真值表表示的组合或时序

逻辑。UDP 模块的结构与一般模块类似，只是将关键词 module 改为 primitive，将关键词 endmodule 改为 endprimitive。

5.2.1　UDP 的定义

UDP 的定义与模块无关，与模块属同一层次，所以 UDP 定义不能出现在模块之内。UDP 定义可以单独出现在一个 Verilog HDL 文件中或与模块定义同时处于某个文件中。它的语法形式如下：

```
primitive 元件名(输出端口名，输入端口名 1，输入端口名 2，…)
    output  输出端口名;
    input   输入端口名 1，输入端口名 2，…;
    reg     输出端口名;
    initial
begin
    输出端口寄存器或时序逻辑内部寄存器赋初值(0、1、或 x);
end
table          //定义模块内的输入输出真值表
    //输入 1      输入 2      输入 3      …    : 输出
     逻辑值      逻辑值      逻辑值      …    : 逻辑值;
     逻辑值      逻辑值      逻辑值      …    : 逻辑值;
     逻辑值      逻辑值      逻辑值      …    : 逻辑值;
      …          …          …          …    : …   ;
endtable
endprimitive
```

注意：

(1) UDP 只能有一个输出端，而且必定是端口说明列表的第一项。

(2) UDP 可以有多个输入端，最多允许有 10 个输入端。

(3) UDP 所有的端口变量必须是标量，也就是必须是 1 位的。

(4) 在 UDP 的真值表项中，只允许出现 0、1、x 三种逻辑值，高阻值状态 z 是不允许出现的。

(5) 只有输出端才可以被定义为寄存器型变量。

(6) initial 语句用于为时序电路内部的寄存器赋初值，只允许赋 0、1、x 三种逻辑值，缺省值为 x。

在 UDP 中可以描述两类电路行为：组合电路和时序电路(边沿触发和电平触发)。

5.2.2　组合电路 UDP

在组合电路 UDP 中，填写的功能列表类似真值表，即规定了不同的输入值组合相对应的输出值。没有指定的任意组合输出为 x。表中 output 是输出端的值，input 是输入端的值，它们的排列顺序必须和端口列表中的顺序相同。表中每一行的语法形式如下：

input1 input2…: output

列表中给出多个这样的行就能对不同的输入值组合定义对应的输出值，如果某个输入值组合没有定义其输出，那么就把这种情况的输出置为 x。

【例5.1】 2-1 数据选择器的 UDP 定义方法。

```
primitive mux2x1(mux,data1,data2，data3);        //mux 是输出端
    output mux;
    input   data1,data2,data3;   //data1 data2 data3
        table   /*表中每一行的值按照 data1 data2 data3:mux 的顺序排列，前 3 个排列顺序必须
                和端口列表中的顺序相同*/
        0 1 0:1;        //data1 data2 data3:mux
        0 1 1:1;
        0 1 x:1;
        0 0 ?:0;        //?表示 0、1、x 三种情况，代表不关心的位
        1 ? 1:1;
        1 ? 0:0;
        x 0 0:0;
        x 1 1:1;
        endtable
endprimitive
```

UDP 的使用方法和内置基元的完全相同。

【例5.2】 使用 2-1 数据选择器原语构建 4-1 多路选择器。

```
module mux4x1 (Z, A, B, C, D, Sel ) ;
    input A, B, C, D;
    input [2:1] Sel ;
    output Z;
    parameter trise = 2, tfall = 3;    //参数定义
    mux2x1 #(trise, tfall)             //时延定义
    (TL, A, B, Sel[1]),
    (TP, C, D, Sel[1]),
    (Z, TL, TP, Sel[2]);               //3 个 UDP
endmodule
```

在 UDP 实例中共可以指定 2 个时延，这是由于 UDP 的输出可以取值 0、1 或 x(无截止时延)。使用 6 个输入端 A、B、C、D、Sel[1]、Sel[2]和 1 个输出端 Z 以及 2 个线网 TL、TP 来实现 3 个 UDP 的连接，其内部结构如图 5.15 所示。

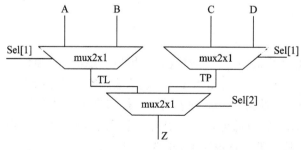

图 5.15 使用 UDP 构造的 4-1 多路选择器

5.2.3 时序电路 UDP

UDP 除了可以描述组合电路外,还可以描述具有电平触发和边沿触发特性的时序电路。时序电路拥有内部状态和状态序列,其内部状态必须用寄存器变量进行建模,该寄存器的值就是时序电路的当前状态,它的下一个状态是由放在基元功能列表中的状态转换表决定的(即状态序列),而且寄存器的下一个状态就是这个时序电路 UDP 的输出值。也就是说,在时序电路 UDP 中,寄存器的当前值和输入值共同决定寄存器的下一个状态和后继的输出。

时序电路 UDP 由两部分组成——状态寄存器和状态列表,定义时序电路 UDP 的工作也分为两部分——初始化状态寄存器和描述状态列表。根据这个时序电路是电平触发行为还是边沿触发行为,状态列表的描述方式又有所不同。

1.初始化状态寄存器

时序电路 UDP 的状态初始化可以使用一条过程赋值语句实现。其语法形式如下:

  initial reg_name = 0, 1, or x;

其中,reg_name 是状态寄存器,0、1、x 是这个寄存器可以取的值。初始化语句在 UDP 定义中出现,但初始化状态寄存器不是必需的,若在 UDP 定义中没有状态寄存器初始化语句,那么状态寄存器的值为 x。

2.电平触发的时序电路 UDP

电平触发的时序电路 UDP 比组合型多了一个寄存器,主要用来保存当前的状态,也可以作为当前的输出。当前的状态和输入确定下一个状态和输出。

【例 5.3】 电平触发的 D 锁存器时序电路 UDP,只要时钟(clk)为低电平 0,数据就从输入传递到输出,否则输出值保持不变。

```
primitive udp_latch(q1, clk, data);
    output q1;
    input   clk, data;
    reg q1;            //状态寄存器
  table
  //clk data : q1(current) : q1(next state)
    0   1  :     ?     :    1;      //其中"?"表示不关心当前状态
    0   0  :     ?     :    0;
    1   ?  :     ?     :    -;      //字符"-"表示值"无变化"
  endtable
endprimitive
```

该例中,时序电路的状态寄存器是 q1,功能列表每一行值的排列顺序是"clk data: q1(current):q1(next state)"。其中,q1(current)表示状态寄存器 q1 现在的状态,q1(next state)表示状态寄存器的下一个状态。功能列表的第一行和第二行说明当 clk 为 0 时,无论 q1 当前值是什么("?"表示什么值都可以),输出都为输入端 data 的值,也就是把状态寄存器的值置为输入端 data 的值。第三行说明当 clk 为 1 时,字符"-"表示值"无变化"(在这里的作用就是锁存),所以,无论输入端的数据如何变化,q1 的下一个状态都不会改变,输出也就不改变,即输出被锁存。

因此可以看出,UDP 的状态存储在寄存器 q1 中,q1 的状态如何转换是由状态列表给出的,状态列表中应当给出 q1 的当前状态(当前值)和下一个状态(输出值)。

3. 边沿触发的时序 UDP

【例 5.4】 用边沿触发时序电路 UDP 为边沿触发的 D 触发器建模,初始化语句用于初始化触发器的状态。

```
primitive d_edge(q1, ck, data);
    output q1;
    input data,clk;
    reg q1;                      //状态寄存器
    initial ql= 0;               //初始化状态寄存器(触发器初始状态被置为 0)
        table
        // clk    data : q1(current) : q1(next)
            (01)    0  :     ?     :  0;        //选通,时钟上升沿
            (01)    1  :     ?     :  1;
            (0x)    1  :     1     :  1;
            (0x)    0  :     0     :  0;
            //忽略时钟负跳变沿
            (?0)    ?  :     ?     :  -;        //不选通,可能是下降沿
            //忽略在稳定时钟上的数据变化
            (??)    ?  :     ?     :  -;        //输入的变化不影响输出
        endtable
    endprimitive
```

功能列表每一行值出现的顺序是"clk data : q1(current) : q1(next)",对于 clk,用括号括起来的两个值表示其变化过程,表项(01)表示值从 0 转换到 1(上升沿),表项(0x)表示从 0 转换到 x,表项(?0)表示从任意值(0、1 或 x)转换到 0(包括下降沿),表项(??)表示任意转换。因此,列表中第 5 行表示在时钟 clk 出现下降沿时不做任何事情,保持输出 q1 的值不变;第 6 行表示当时钟 clk 没有变化时(处于某个稳定的值),无论输入端 data 的值如何变化都不做任何事情,保持输出 q1 的值不变;对任意未定义的转换,其输出缺省为 x。

【例 5.5】 假定 d_edge 为 UDP 定义,它现在就能够像基本门一样在模块中使用,如下面的 4 位寄存器所示。

```
module   Reg4 (Clk, Din, Dout);
    input Clk;
    input [0:3]   Din;
    output [0:3] Dout;
    d_edge
        DLAB0 (Dout[0] ,Clk,   Din[0]),        //第 1 个 D 触发器
```

```
        DLAB1 (Dout[1], Clk,   Din[1]),       //第 2 个 D 触发器
        DLAB2 (Dout[2], Clk,   Din[2]),       //第 3 个 D 触发器
        DLAB3 (Dout[3], Clk,   Din[3]),       //第 4 个 D 触发器
    endmodule
```

在同一个时钟 Clk 的控制下，4 个 D 触发器构成 1 个 4 位寄存器。

4. 电平触发和边沿触发混合的 UDP

时序 UDP 包括电平触发和边沿触发两种，Verilog HDL 允许这两种行为混合存在于同一个 UDP 中。在这种情况下，边沿变化在电平触发之前处理，即电平触发项覆盖边沿触发项。

【例 5.6】　　带异步清零的 D 触发器的 UDP 描述。

```
    primitive   D_Async_FF(Q, Clk, Clr, Data);
        output   Q;
        reg      Q;
        input    Clr, Data, Clk ;
        table
            //Clk     Clr       Data :    Q (State) :   Q(next)
            (01)      0         0    :        ?      :      0 ;
            (01)      0         1    :        ?      :      1 ;
            (0x)      0         1    :        1      :      1 ;
            (0x)      0         0    :        0      :      0 ;
            //忽略时钟负边沿
            (?0)      0         ?    :        ?      :      - ;
            (??)      1         ?    :        ?      :      0 ;
        endtable
    endprimitive
```

当 Clr 信号为高电平时，无论时钟信号为何种状态，Q 端被置为 0。

5.3　模块的调用

为了把所有模块连接成系统或者高层模块而调用低层子模块，需使用模块实例化语句。模块实例化语句和调用基元时使用的基元实例化语句形式上完全一致，也是使用结构级建模方法描述的。

调用低层模块的语法形式为：

　　低层模块名　实例名　(参数定义)；

其中，"低层模块名"是要引用的模块名；"实例名"是模块的实例名；"参数定义"是端口关联声明。

5.3.1　端口的关联方式

端口有两种关联方式，即位置关联方式和名称关联方式，这两种关联方式不能够混合使用，其语法形式如下：

port_expr   //位置关联方式
.PortName(port_expr)   //名称关联方式

其中，PortName 是子模块在定义时给出的端口名称，port_expr 是高层模块内定义的线网或寄存器变量，这个变量与子模块端口关联就实现了子模块与高层模块之间的连接。

名称关联方式是用一个小数点"."引导的表达式.PortName(port_expr)，模块端口和端口表达式的关联被显式地指定，也就是子模块 PortName 端口在高层模块中与 port_expr 相关联。因此端口的关联顺序并不重要。

位置关联方式不需要给出子模块定义时给出的端口名称 PortName，只要端口表达式按模块定义时的端口顺序与模块中的端口关联即可。port_expr 可以是以下的任何类型：标识符(reg 或 net)、位选择、部分位选择、前三种类型的合并、表达式(只适用于输入端口)。例如：

Micro M1(UdIn[3:0], {WrN, RdN},Status[0],Status[1] ,&UdOut[0:7], TxData);

这个实例语句中端口采用位置关联，端口表达式有标识符(TxData)、位选择(Status[0])、部分位选择(UdIn[3:0])、合并({WrN, RdN})、一个表达式(&udOut[0:7])，需要强调的是，表达式只能够与输入端口连接。

【例 5.7】　使用两个半加器模块构造全加器，子模块是半加器 HA，高层模块是全加器 FA，在 FA 中引用了两个 HA。逻辑图如图 5.16 所示，其中 h1 和 h2 分别是两个半加器。

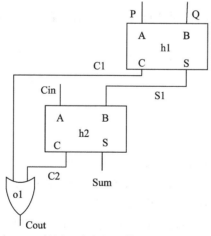

图 5.16　使用两个半加器模块构造的全加器

子模块半加器的 Verilog HDL 描述：

```
module HA (A, B, S, C);                    //4 个端口，顺序是 A、B、S、C
    input   A, B;
    output  S, C;
    parameter AND_DELAY = 1,   XOR_DELAY = 2;
```

```
        assign  # XOR_DELAY   S = A ^ B;          //连续赋值
        assign  # AND_DELAY   C = A & B;
    endmodule
```

全加器的 Verilog HDL 描述：

```
    module   FA (P, Q, Cin, Sum, Cout);
        input   P, Q, Cin;
        output   Sum, Cout;
        parameter   OR_ DELAY = 1;
        wire   S1, C1, C2;
        //两个模块实例语句
        HA   h1   (P, Q, S1, C1 );                    //通过位置关联
        HA   h2   (.A(Cin), .S(Sum), .B(S1), .C(C2));   //通过名称关联
        //门实例语句
        or #OR_ DELAY   O1(Cout, C1, C2);
    endmodule
```

在第一个模块实例语句中，HA 是模块的名字，h1 是实例名称，并且端口按位置关联，即信号 P 与子模块(HA)的端口 A 连接，信号 Q 与端口 B 连接，S1 与 S 连接，C1 与子模块端口 C 连接。在第二个实例语句中，端口按名称关联，即模块(HA)和端口表达式间的连接是显式定义的。

5.3.2　端口悬空的处理

在实例化语句中，悬空端口可通过将端口表达式表示为空白来指定为悬空端口。

【例 5.8】　子模块的描述。

```
    module DFF(Q,Qbar,Data,Preset,Clock);
        output Q, Qbar;
        input Data,Preset,Clock;
        ...
    endmodule
```

高层模块调用子模块 DFF，模块实例化语句是：

(1) DFF d1 (.Q(QS),.Qbar( ),.Data(D),.Preset(),.Clock(CK)); /*名称关联方式。端口 Qbar 和 Preset 的括号里为空，表明这两个端口被悬空*/

(2) DFF d2 (QS,,D,,CK) ; /*位置对应方式。输出端口 Qbar 和输入端口 Preset 的位置都被悬空*/

悬空的端口因为类型不同而意义不同。若模块的输出端口悬空，则表示该输出端口不用。若模块的输入端口悬空，则被置为高阻态 z。

5.3.3　端口宽度匹配问题

在端口关联时，若端口和局部端口表达式的长度不同，则端口通过无符号数的右对齐

或截断方式进行匹配。

【例 5.9】　模块调用时端口宽度匹配举例。

子模块的描述：

```
module guan_lian(Pba, Ppy);
    input   [5:0] Pba;        //6 位的输入
    output [2:0] Ppy;         //3 位的输出
    ...
endmodule
```

顶层模块 Top 的描述：

```
module   Top;
    wire [1:2] Bdl;          //2 位
    wire [2:6] Mpr;          //5 位
    guan_lian lp (Bdl, Mpr);
endmodule
```

在子模块 guan_lian 的实例语句中：

(1) 2 位的 Bdl 和 6 位的 Pba 相连，Bdl[2]连接到 Pba[0]，Bdl[1]连接到 Pba[1]，余下的输入端口 Pba[5]、Pba[4] Pba[3] 和 Pba[2]被截断，处于悬空状态，因此为高阻态 z。

(2) 5 位的 Mpr 和 3 位的 Ppy 相连，Mpr[6]连接到 Ppy[0]，Mpr[5]连接到 Ppy[1]，Mpr[4]连接到 Ppy[2]，其余的输出端口不用。

这个匹配过程如图 5.17 所示。

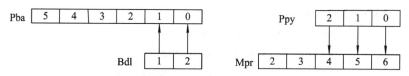

图 5.17　端口匹配

5.3.4　被调用模块参数值的更改

若子模块内定义了参数，当这个子模块被引用时，高层模块能够改变低层子模块的参数值。改变模块参数值的方式有参数定义语句(defparam)和带参数值的模块引用两种。

1) 参数定义语句

参数定义语句使用关键字 defparam，其语法形式如下：

```
defparam   hier_path_name1 = value1, hier_path_name2 = value2, …;
```

其中，hier_path_name1、hier_path_name2 是子模块的参数名，value1、value2 是赋予这两个参数的新值。

【例 5.10】　模块调用时参数修改举例。

子模块半加器的描述：

```
module HA(A, B, S, C);              //半加器 HA
    input   A, B;
```

```
        output   S, C;
        parameter AND_DELAY = 1,   XOR_DELAY = 2;   //定义了两个参数
        assign   # XOR_DELAY      S = A ^ B;      //连续赋值
        assign   # AND_DELAY      C = A & B;
    endmodule
```

高层模块的描述:

```
    module   top (New A, New B, New S, New C);
        input   New A, New B ;
        output   New S, New C;
            //用 defparam 给实例 hal 中的参数重新赋值
        defparam   hal.AND _ DELAY = 2 ,hal.XOR _ DELAY = 5;
        HA hal (NewA, NewB, NewS,NewC);          //模块实例化语句，模块实例名是 hal
    endmodule
```

在高层模块 top 中，引用了子模块 HA，并将其实例命名为 hal，通过 defparam 语句给 hal 的两个参数重新赋值。

2) 带参数值的模块引用

在带参数值的模块引用时，模块实例语句自身包含有新的参数值。

【例 5.11】 带参数的模块引用方式示例。

```
    module TOP2 (New A, New B, New S, New C);
        input   New A, New B;
        output   New S, New C;
        HA #(5,2) hal(New A, New B, New S, New C);      //子模块是半加器 HA
        //第 1 个值 5 赋给参数 AND_DELAY，该参数在模块 HA 中说明
        //第 2 个值 2 赋给参数 XOR_DELAY，该参数在模块 HA 中说明
    endmodule
```

模块实例语句中，参数值的顺序必须与低层被引用的模块中说明的参数顺序相匹配。在模块 TOP2 中，AND_DELAY 已被设置为 5，XOR_DELAY 已被设置为 2。模块 TOP2 解释说明了带参数的模块引用只能用于将参数值向下传递一个层次(例如，XOR_DELAY)，但是参数定义语句能够用于替换层次中任意一层的参数值。应注意到，在带参数的模块引用中，参数的指定方式与门级实例语句中时延的定义方式相似，但由于在引用复杂模块时，对其实例语句不能像对门实例语句那样指定时延，故此处不会导致混淆。

5.3.5 结构建模实例

实际应用中的结构建模多是通过模块实例化语句实现层层引用，最终完成整个系统。

【例 5.12】 16 选 1 多路选择器设计。

子模块是名为 MUX4x1 的 4 选 1 多路选择器，其逻辑图如图 5.18 所示。高层模块用 5 个这样的 4 选 1 多路选择器构建了一个 16 选 1 的多路选择器，如图 5.19 所示。

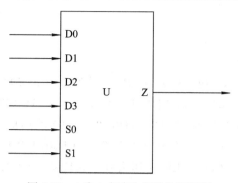

图 5.18　4 选 1 多路选择器的逻辑图

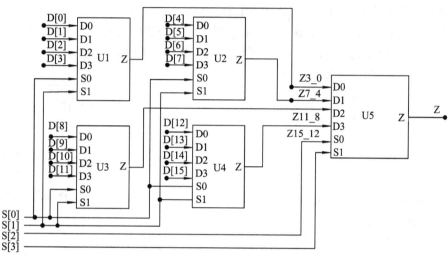

图 5.19　16 选 1 多路选择器的逻辑图

子模块 4 选 1 多路选择器的描述：

```
module MUX4x1 (Z, D0, D1, D2, D3, S0, S1);
    output Z;                          //端口说明
    input D0, D1, D2, D3, S0, S1;      //端口说明
    wire   T1,T2, T3, T4;              //内部线网说明，缺省说明 S0bar、S1bar
    and    (T0, D0, S0bar, S1bar),     //4 个与门
           (T1, D1, S0bar, S1),
           (T2, D2, S0, S1bar),
           (T3, D3, S0, S1);
    not    (S0bar, S0),                //2 个非门
           (S1bar, S1);
    or     (Z, T0, T1, T2, T3);        //1 个或门
endmodule
```

高层模块的描述：

```
module MUX16x1 (Z, D, S);
    output Z;
```

```
        input [15:0]   D;
        input [3:0]    S;
        //用户模块建模
        MUX4x1 U1(.Z(Z3_0) ,.D0(D[0]),. D1(D[1]),.D2(D[2]),.D3(D[3]), .S0(S[0]) ,. S1(S[1])) ,
                U2(.Z(Z7_4) ,.D0(D[4]),. D1(D[5]),.D2(D[6]),.D3(D[7]), .S0(S[0]) ,. S1(S[1])) ,
                U3(.Z(Z11_8) ,.D0(D[8]),. D1(D[9]),.D2(D[10]),.D3(D[11]),.S0(S[0]) ,. S1(S[1])) ,
                U4(.Z(Z15_12),.D0(D[12]),.D1(D[13]),.D2(D[14]),.D3(D[15]),.S0(S[0]),. S1(S[1])) ,
                U5(.Z(Z),.D0(Z3_0),. D1(Z7_4),.D2(Z11_8),.D3(Z15_12), .S0(S[2]),. S1(S[3]));

    endmodule
```

【例 5.13】 采用结构模型描述十进制计数器。

子模块是名为 JK_FF 的 JK 触发器，高层模块用 4 个这样的 JK 触发器构建了一个十进制计数器。子模块 JK 触发器的逻辑图如图 5.20 所示。其描述如下：

```
        module JK_FF(Q,NQ, J, K, CK,);
            input    J,K,CK;
            output   Q,NQ;
            ...
        endmodule
```

高层模块的描述：

```
        module Decade_Ctr(Clock, Z);
            input    Clock;
            output [0:3]  Z;
            wire S1, S2;
            and A1 (S1, Z[2], Z[1]);                      //基本门实例语句
            // 4 个模块实例化语句，使用名称关联方法
            JK_FF JK1(.J(1'b1),.K(1'b1),.CK(Clock),.Q(Z[0]),.NQ()),//输入端 J 和 K 的信号是常数 1，NQ 悬空
                  JK2(.J(S2),.K(1'b1),.CK(Z[0]),.Q(Z[1]),.NQ( )), //输入端 K 的信号是常数 1，NQ 悬空
                  JK3(.J(1'b1),.K(1'b1),.CK(Z[1]),.Q(Z[2]),.NQ( )),  //输入端 K 的信号是常数 1，NQ 悬空
                  JK4(.J(S1),.K(1'b1),.CK(Z[0]),.Q(Z[3]),.NQ(S2));   //输入端 K 的信号是常数 1

    endmodule
```

图 5.21 所示是十进制计数器的逻辑图。

图 5.20 JK 触发器的逻辑图

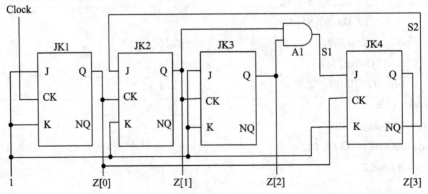

图 5.21　十进制计数器的逻辑图

5.4　行为描述和结构描述的混合使用

前面分别介绍了硬件建模的两种不同方式，即行为描述和结构描述，Verilog HDL 允许这些不同风格的描述语句在同一个模块中混合使用。混合建模的模块语法形式如下：

```
module    module_name (port_list)
    declarations                        //声明
    input/output/inout declarations     //输入、输出及双向输出
    net declarations                    //线网声明
    reg declarations                    //寄存器声明
    parameter declarations              //参数声明
    initial statement                   //initial 语句
    gate instantiation    statement     //内置基元实例化语句
    module instantiation    statement   //模块实例化语句
    UDP instantiation    statement      //UDP 实例化语句
    always statement                    //always 语句
    continuous assignment               //连续赋值语句
endmodule
```

其中，"内置基元实例化语句"、"模块实例化语句"和"UDP 实例化语句"是结构建模描述，"连续赋值语句"是数据流行为建模描述，initial 语句和 always 语句是顺序行为建模描述。

【例 5.14】　采用结构建模描述和数据流行为建模描述实现一个 2 选 1 数据选择器。

```
module user_mux (out, sel, a, b, ena);
    output    out;
    input    sel, a, b, ena;
    wire    mot, not_sel;
    wire    out=ena==1 ?mot: ' bz;     //带赋值的线网声明

    not (not_sel, sel);               //内置基元(非门)实例化语句
    or(mot, ta, tb);                  //内置基元(或门)实例化语句

    assign ta= a & sel;               //连续赋值语句
    assign tb= b & not_sel;           //连续赋值语句
endmodule
```

例 5.14 描述了一个 2 选 1 多路选择器,模块包含内置逻辑门(结构建模描述)和连续赋值语句(数据流行为建模描述)的混合描述形式。

第 6 章 任务、函数及其他

在 Verilog HDL 中，用户可以定义任务和函数，而且 Verilog HDL 还内置了一些系统任务和系统函数用于实现某些特定的操作。

任务和函数的关键字分别是 task 和 function，利用任务和函数可以把一个大的程序模块分解成许多小的任务和函数，以方便调试，并且可使写出的程序结构更清晰。

6.1 任 务

任务(task)是通过调用来执行的，而且只有在调用时才执行。设计者将具有一定功能的 Verilog HDL 代码封装在任务中，然后在其他需要的地方进行调用。在定义任务时，设计者可以为其添加输入和输出端口，用于在任务调用时传递参数。另外，任务可以彼此调用，而且任务内还可以调用函数。任务可以包含带时序控制的语句，如#delays、@、wait 等。当调用带时序控制的任务时，任务返回时的时间和调用时的时间可能不相同。

6.1.1 任务的定义

任务定义的语法格式如下：

```
task  <任务名>;              //注意无端口列表
      端口及数据类型声明语句；
      其他语句
endtask
```

其中，声明语句的语法与模块定义中对应声明语句的语法一致。

【例 6.1】 任务定义举例。

```
task  my_task;
    input[2:0] a, b;
    inout [3:0] c;
    output [2:0]d, e;
    ...
    <语句>                   //执行任务工作相应的语句
    ...
    c=4'b1010;
    d=a&b;
    e=alb;
endtask
```

6.1.2　任务的调用

任务调用的语法格式如下：

　　　<任务名>(端口 1，端口 2，…，端口 n);

例如：

　　　my_task(v,w,x,y,z);

任务调用变量(v,w,x,y,z)和任务定义时的 I/O 变量(a, b, c, d, e)的顺序是一一对应的。当任务启动时，由 v、w 和 x 传入的变量赋给了 a、b 和 c，而当任务完成后的输出又通过 c、d 和 e 赋给了 x、y 和 z。

【**例 6.2**】　定义一个完成两个操作数按位与操作的任务，然后在后面的算术逻辑单元的描述中调用该任务完成与操作。

```
module alutask(code,a,b,c);
input[1:0] code;
input[3:0] a,b;
output[4:0]   c;
reg[4:0]    c;
task my_and;                    //任务定义，注意无端口列表
  input[3:0] a,b;               //a、b、out 名称的作用域范围为 task 任务内部
  output[4:0] out;
  integer i;
    begin
      for(i=3;i>=0;i=i-1)
      out[i]=a[i]&b[i];          //按位与
    end
endtask
    always @ (code or a or b)
      begin
        case(code)
          2'b00: my_and (a,b,c);    /*调用任务 my_and，注意端口列表的顺序应与
                                    任务定义中的一致，这里的 a、b、c 分别对应
                                    任务定义中的 a、b、out*/
          2'b01: c=a|b;            //或
          2'b10: c=a-b;            //相减
          2'b11: c=a+b;            //相加
        endcase
      end
endmodule
```

通过上面的例子，在使用任务时，应注意以下几点：

(1) 任务的定义与调用须在一个 module 模块内；

(2) 定义任务时，没有端口名列表，但需要紧接着进行输入、输出端口和数据类型的说明。

(3) 当任务被调用时，任务被激活。任务的调用与模块的调用相同，都是通过任务名调用来实现的。调用时，须列出端口名列表，端口名的排序和类型必须与任务定义中的相一致。

(4) 一个任务可以调用别的任务和函数，可以调用的任务和函数个数不限。

传递给任务的参数与任务 I/O 声明时的参数顺序相同。虽然传递给任务的参数名可以和任务内部 I/O 声明的参数名相同，但是为了提高任务的模块化程度，传递给任务的参数名通常不使用与任务内部 I/O 声明的参数名相同的参数名。

【例 6.3】 任务参数传递示例。

```
module mult(clk, a, b, out, en_mult);
    input clk, en_mult;
    input [3:0] a, b;
    output [7:0] out;
    reg [7:0] out;
        task muotme;              //任务定义
            input   [3:0] xme, tome;
            output [7:0] result;
            wait (en_mult)
            result=xme*tome;
        endtask
        always @ (posedge clk)
        muotme(a, b, out);        //任务调用时传递给任务的参数与任务 I/O 声明时的参数
                                  //顺序相同
endmodule
```

例中，muotme(a, b, out)中的 a 对应 xme, b 对应 tome，out 对应 result。

6.2 函　　数

函数和任务一样，也用来定义一个可重复调用的模块。不同的是，函数可以返回一个值，因此可以出现在等号右边的表达式中，而任务的返回值只能通过任务的输出端口来获得；对任务的调用是一个完整的语句，而函数的调用通常出现在赋值语句的右边，函数的返回值可以用于表达式的进一步计算。函数的特点如下：

(1) 函数定义不能包含任何时序控制语句。

(2) 函数必须含有输入，但不能有输出或双向信号。

(3) 函数中不使用非阻塞赋值语句。

(4) 一个函数只能返回一个值，该值的变量名与函数同名，数据类型默认为 reg 类型。

(5) 传递给函数参数的顺序与函数定义时输入参数声明的顺序相同。

(6) 函数定义必须包含在模块定义之内。

(7) 函数不能调用任务，但任务可以调用函数。

(8) 虽然函数只能返回一个值，但是它们的返回值可以直接赋给一个信号拼接，从而使它们等效多个输出。例如：

　　{o1, o2, o3, o4}=f_or_and(a, b, c, d, e);

(9) 自动函数有独立的本地变量，可以同时在多处调用或递归调用，其语法格式如下：

　　function automatic　函数名；

6.2.1　函数的定义

函数的目的是返回一个值，以用于表达式的计算。函数的语法格式如下：

```
function <返回值位宽或类型说明> 函数名；
        输入端口与类型说明；
        局部变量说明；
        块语句
endfunction
```

其中，<返回值位宽或类型说明>是一个可选项，如果缺省，则返回值为一位寄存器类型的数据。

【例 6.4】　逻辑运算示例。

```
module orand(a, b, c, d, e, out);
    input [7:0] a, b, c, d, e;
    output [7:0] out;
    reg [7:0] out;
        always @ (a or b or c or d or e)
            out=f_or_and(a, b, c, d, e);          //函数调用

    function [7:0] f_or_and;
        input [7:0] a, b, c, d, e;
            if(e==1)
                f_or_and=(a|b)&(c|d);
                else
                    f_or_and=0;
        endfunction
    endmodule
```

6.2.2　函数的调用

与任务一样，函数也是在被调用时才执行，调用函数的语法格式如下：

　　<函数名>(<表达式 1><表达式 2>…<表达式 N>);

其中，<函数名>为要调用的函数名；<表达式 1><表达式 2> … <表达式 N>是传递给函数的输入参数列表，其顺序必须与函数定义时所声明顺序相同。

例如，使用连续赋值语句调用函数 get0 时可以采用如下语句：

```
assign out=is_legal? get0(in):1'b0;
```

【例 6.5】 用函数定义一个 8-3 编码器。

```
module code_83(din,dout);
    input[7:0]      din;
    output[2:0]      dout;
        function[2:0] code;              //函数定义
            input[7:0]    din;           //函数只有输入，输出为函数名本身
            casex(din)
                8'b1xxx_xxxx:code = 3'h7;
                8'b01xx_xxxx:code = 3'h6;
                8'b001x_xxxx:code = 3'h5;
                8'b0001_xxxx:code = 3'h4;
                8'b0001_01xx:code = 3'h3;
                8'b0001_01xx:code = 3'h2;
                8'b0001_001x:code = 3'h1;
                8'b0001_000x:code = 3'h0;
                default: code = 3'hx;
            endcase
        endfunction
    assign dout = code(din);        //函数调用
endmodule
```

与 C 语言类似，Veirlog HDL 使用函数对不同操作数采取同一运算操作。函数在综合时被转换成具有独立运算功能的电路，每调用一次函数，相当于改变这部分电路的输入，以得到相应的计算结果。

6.3　预处理指令

与 C 语言一样，Verilog HDL 语言也提供了编译预处理的功能。"预处理指令"是 Verilog HDL 编译系统的一个组成部分。Verilog HDL 编译系统通常先对一些特殊的命令进行"预处理"，然后将预处理的结果和源程序一起再进行通常的编译处理。这些预处理命令以反引号"`"开头(注意这个符号是不同于单引号(')的)，这些预处理命令指示编译器执行某些操作。预处理指令通常应当出现在 Verilog HDL 文件的最开始几行。

Verilog HDL 提供了 8 组预编译命令：`define，`undef；`ifdef，`else，`endif；`include；`timescale；`resetall；`default_nettype；`unconnected_drive，`nounconnected_drive；`celldefine，`endcelldefine。其中最常用的是前 4 组，本节对这 4 组预处理命令进行介绍，其余的请查阅相关资料。

1. 宏定义命令`define 和`undef

(1) `define 指令是用一个指定的标识符(即名字)来代表一个字符串，它的一般形式为：

`define <宏名>(标识符) 字符串

例如：

`define sum ina+inb+inc+ind

`define 是宏定义命令，其作用是用标识符 sum 来代替 ina+inb+inc+ind 这个复杂的表达式，在编译预处理时，把程序中在该命令以后出现的所有 sum 都替换成 ina+inb+inc+ind。这种方法使用户能以一个简单的名字代替一个长的字符串，也可以用一个有含义的名字来代替没有含义的数字和符号，因此把这个标识符(名字)称为"宏名"，在编译预处理时将宏名替换成字符串的过程称为"宏展开"。

例如：

`define on 1'b1	//用标识符 on 代替 1
`define off 1'b0	//用标识符 off 代替 0
`define and_delay #3	//用标识符 and_delay 代替延时#3，表示时间单位

(2) `undef 指令用于取消前面定义的宏。例如：

`define size 8	//建立一个文本宏替代
...	
reg[`size-1:0] data;	//等于 reg[7:0] data
`undef size	//在`undef 编译指令后，size 的宏定义不再有效

宏定义中应注意的几点：

(1) 宏名可以用大写字母表示，也可以用小写字母表示。建议使用大写字母，以与变量名相区别。

(2) 在引用已定义的宏名时，必须在宏名的前面加上符号"`"，表示该名字是一个经过宏定义的名字。

(3) `define 命令可以出现在模块定义里，也可以出现在模块定义外。宏名的有效范围为定义命令之后到原文件结束。通常，`define 命令写在模块定义的外面，作为程序的一部分，在此程序内有效。

(4) 使用宏名代替一个字符串，可以减少程序中重复书写某些字符串的工作量，而且记住一个宏名要比记住一个无规律的字符串容易，这样在读程序时能立即知道它的含义，当需要改变某一个变量时，只需改变 `define 命令行。例如，若先定义 WORDSIZE 代表常量 8，这时寄存器 data 是一个 8 位的寄存器。如果需要改变寄存器的大小，只需把该命令行改为 `define WORDSIZE 16。这样寄存器 data 就变为了一个 16 位的寄存器。由此可见，使用宏定义可以提高程序的可移植性和可读性。

(5) 宏定义是用宏名代替一个字符串，也就是在预编译时只作简单的置换，不作语法检查。预处理时只是照原样代入，不管含义是否正确，只有在编译已被宏展开的源程序时才报错。

(6) 宏定义不是 Verilog HDL 语句，不必在行末加分号。如果加了分号会将分号一起进行置换。

(7) 在进行宏定义时，可以引用已定义的宏名，层层置换。

(8) 宏名和宏内容必须在同一行中进行声明。如果宏内容中有注释行，注释行不会作为被置换的内容。

2. 条件编译命令`ifdef、`else、`endif

通常，Verilog HDL 源程序中所有的行都会被编译器编译(注释除外)，但有时设计者希望对其中的一部分内容只有在满足条件时才进行编译，也就是对一部分内容指定编译的条件，当条件满足时对一组语句进行编译，而当条件不满足时则编译另一部分，这就是"条件编译"。条件编译命令有以下几种形式。

(1) 形式一：

```
`ifdef  宏名 (标识符)
    程序段 1
`else
    程序段 2
`endif
```

若宏名已经被定义过(用`define 命令定义)，则对程序段 1 进行编译，程序段 2 将被忽略；否则编译程序段 2，程序段 1 被忽略。

(2) 形式二：

```
`ifdef  宏名 (标识符)
    程序段 1
`endif
```

若宏名已经被定义过(用`define 命令定义)，则对程序段 1 进行编译；否则程序段 1 将不参与源文件的编译。

这里的"宏名"是一个 Verilog HDL 的标识符，"程序段"可以是 Verilog HDL 语句组，也可以是命令行。这些命令可以出现在源程序的任何地方。

【例 6.6】　条件编译举例。

```
module compile(out,a,b);
    output   out;
    input a,b;
    `ifdef   add              //宏名为 add
      assign out=a+b;
    `else
      assign out=a-b;
      `endif
    endmodule
```

3. 文件包含命令`include

Verilog HDL 语言提供了`include 命令用来实现"文件包含"的操作，使用`include 编译命令，在编译时能把其指定的整个文件包括进来一起处理，即将另外的文件包含到本文件之中。其一般形式为：

`include "文件名"

需要注意的是：

(1) 一个`include 命令只能指定一个被包含文件。如果要包含多个文件，需要多个`include 命令，但可以将多个`include 命令写在一行。例如：

`include "global.v"   /*包含一个 global.v 文件，编译时这一行内容由 global.v

文件的内容替换*/

`include "fileB" `include "fileC"

(2) 被包含文件名可以是相对路径名，也可以是绝对路径名。例如：

`include "parts/counter.v"

`include "../../library/mux.v"

(3) 文件包含可以嵌套，file1.v 包含 file2.v，而 file2.v 可以再包含 file3.v。但是在 file1.v 中被包含的底层文件应该按由底至上的顺序书写文件包含声明。例如图 6.1 的文件包含关系中，file1.v 中文件包含声明的先后顺序应该如下：

`include"file4.v"

`include"file3.v"

`include"file2.v"

…

合理地使用`include 可以使程序条理清楚、易于查错。

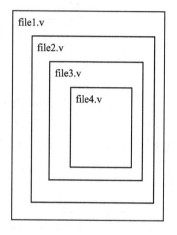

图 6.1 `include 文件包含关系

4. 时间尺度命令 `timescale

`timescale 命令用来定义跟在该命令后模块的时间单位和时间精度。它的命令格式如下：

`timescale <时间单位> / <时间精度>

其中，<时间单位>用来定义模块中仿真时间和延迟时间的基准单位；<时间精度>用来声明该模块仿真时间的精确程度，该参量用来对延迟时间值进行取整操作(仿真前)，因此该参量又被称为取整精度。

在`timescale 命令中，用于说明时间单位和时间精度参量值的数字必须是整数，且其有效数字为 1、10、100，单位为秒(s)、毫秒(ms)、微秒(us)、纳秒(ns)、皮秒(ps)、毫皮秒(fs)。这几种时间单位和时间精度参量值参见表 6.1。

表 6.1 时间单位和时间精度参量值

时间单位	定　义
s	秒(1 s)
ms	千分之一秒(10^{-3} s)
us	百万分之一秒(10^{-6} s)
ns	十亿分之一秒(10^{-9} s)
ps	万亿分之一秒(10^{-12} s)
fs	千万亿分之一秒(10^{-15} s)

例如：

(1) \`timescale　1ns/100ps　　　/*时间单位是 1 ns，时间精度是(1/10) ns，即 100 ps*/

(2) \`timescale 10us/100ns　　　/*时间单位是 10 us，时间精度是 100 ns*/

(3) \`timescale 10ns/1ns　　　//\`timescale 语句必须放在模块边界前面

```
    module    test;
        reg set;
        parameter d=1.55;
        initial
            begin
              #d set=0;
              #d set=1;
            end
    endmodule
```

在这个例子中，\`timescale 命令定义了测试模块 test 的时间单位为 10 ns，时间精度为 1 ns。因此在模块 test 中，所有的时间值应为 10 ns 的整数倍，且以 1 ns 为时间精度。这样经过取整操作，存在参数 d 中的延迟时间实际是 16 ns(即 1.6 × 10 ns)，这意味着在仿真时刻 16 ns 时寄存器 set 被赋值 0，在仿真时刻 32 ns 时寄存器 set 被赋值 1。仿真时刻值是按照以下步骤来计算的：

(1) 根据时间精度，参数 d 值被从 1.55 取整为 1.6。

(2) 因为时间单位是 10 ns，时间精度是 1 ns，所以延迟时间#d 作为时间单位的整数倍，为 16 ns。

(3) EDA 工具预定在仿真时刻 16 ns 时给寄存器 set 赋值 0(即语句#d set=0;)，在仿真时刻为 32 ns 时给寄存器 set 赋值 1(即语句 #d set=1;)。

6.4　系统任务和函数

Verilog HDL 提供了内置的系统任务和函数，即在语言中预定义的任务和函数。以 $ 字符开始的标识符表示系统任务或系统函数，以区别用户自定义的任务和函数。这些系统任务和函数提供了非常强大的功能，有兴趣的读者可以参阅 Verilog HDL 语言参考手册。

这些系统任务和函数可以分为以下几类：显示任务(display task)、文件输入/输出任务(file I/O task)、时间标度任务(timescale task)、仿真控制任务(simulation control task)、时序验证任务(timing check task)、PLA 建模任务(PLA modeling task)(本书不做介绍)、仿真时间函数(simulation time function)、实数变换函数(conversion functions for real)和随机函数(random function)。

这些系统任务和函数基本都是针对仿真过程的，与硬件模型的功能无关。对于某些使用较少的任务和函数，其详细介绍请查阅 Verilog HDL 的相关资料。

6.4.1 显示任务

显示任务用于仿真过程中的信息显示和输出。显示任务又可以分为 3 类：显示和写入任务、探测监控任务、连续监控任务。

1. 显示和写入任务

显示任务将特定信息输出到标准输出设备，并且带有行结束字符；写入任务输出特定信息时不带有行结束符。

显示任务的几种形式：$display、$displayb、$displayh、$displayo。

写入任务的几种形式：$write、$writeb、$writeh、$writeo。

显示和写入任务的语法格式如下：

$display("格式控制符"，输出变量名列表);

$write ("格式控制符"，输出变量名列表);

其作用是输出信息，即将输出变量名列表(可以是表达式、变量或其他函数)按格式控制符给定的格式输出。这两个任务的作用基本相同。

例如：

$display("a=%h b=%h",a, b);

在$display 和$write 中，其输出格式控制符是用双引号括起来的字符串，它包括两种信息：

(1) 格式说明，由"%"和格式字符组成。它的作用是将输出的数据转换成指定的格式后输出。格式说明总是由"%"字符开始的，对于不同类型的数据用不同的格式控制符。表6.2 中给出了常用的几种输出格式控制符。

表 6.2 常用的几种输出格式控制符

输出格式	说　　明
%h 或%H	以十六进制数的形式输出
%d 或%D	以十进制数的形式输出
%o 或%O	以八进制数的形式输出
%b 或%B	以二进制数的形式输出
%c 或%C	以 ASCII 码字符的形式输出
%v 或%V	输出网络型数据信号强度
%m 或%M	输出等级层次的名字
%s 或%S	以字符串的形式输出
%t 或%T	以当前的时间格式输出
%e 或%E	以指数的形式输出实型数
%f 或%F	以十进制数的形式输出实型数
%g 或%G	以指数或十进制数的形式输出实型数，无论何种格式都以较短的结果输出

(2) 普通字符，即需要原样输出的字符。一些特殊的控制符和字符可以通过表6.3中的
转换来输出。

表6.3 转 换 序 列

换码序列	功 能
\n	换行
\t	横向跳格(即跳到下一个输出区)
\\	反斜杠字符\
\"	双引号字符"
\o	1到3位八进制数代表的字符
%%	百分符号%

下面举例说明格式控制的使用：

  $display("simulation time is %t", $time);

其中，%t 为参数格式；$time 为传入系统任务的参数，此参数将显示在%t 所在的地方。$time
的值是当前仿真时间(此处假设为 10)，因此，这条语句会向输出设备输出：

  simulation time is 10

如果使用$write 来完成这项任务，则有：

  $write("simulation time is %t",$time);

可以得到相同的输出信息：

  simulation time is 10

可见，$display 和$write 这两个任务的作用基本相同。但是，$display 在执行结束时总
会自动添加一个换行符(\n)，而$write 不会自动添加换行符。使用$write 系统任务而又有多
个连续的输出时，为了得到和使用$display 系统任务相同的输出，需要在$write 后添加换行
符 "\n"。

例如：假设 a、b、c 的值分别为1、2、3。

  $display("a= %d", a); $write ("a= %d\n", a)

  $display("b= %d", b); $write ("b= %d\n", b)

  $display("c= %d", c); $write ("c= %d\n", c)

可以得到相同的输出：

  a=1；

  b=2；

  c=3；

$display 和$write 在使用时要给出格式定义，但其余的 6 种则不需要定义格式。$displayb
和$writeb 输出的数据格式为二进制的，$displayo 和$writeo 输出的数据格式为八进制的，
$displayh 和$writeh 输出的数据格式为十六进制的。

2. 探测任务

探测任务是在指定时间显示仿真数据，但这种任务的执行要推迟到当前时刻结束时才
显示仿真数据。它有 4 种形式：$strobe、$strobeb、$strobeh、$strobeo。

其语法格式如下：

$strobe ("格式控制符"，输出变量名列表);

该任务的语法格式与显示任务的相同。例如：

always @ (posedge　rst)

$strobe ("the sum value is %b , at time %t", q, $time);

当 rst 出现一个上升沿时，$strobe 任务输出当前的 q 值和当前仿真时刻。可能会有如下的输出：

the sum value is　1101　at time　15

the sum value is　0111　at time　30

the sum value is　1011　at time　40

注意：使用$strobe 时需要给出格式定义，但其余的 3 种则不需要定义格式。$strobeb 输出的数据格式为二进制的，$strobeo 输出的数据格式为八进制的，$strobeh 输出的数据格式为十六进制的。

3. 监控任务

监控任务是指连续监控指定的参数。只要参数表中的参数值发生变化，整个参数表就在当前仿真时刻结束时显示。监控任务有 4 种形式：$monitor、$monitorb、$monitorh、$monitoro。

监控任务的语法格式如下：

$monitor ("格式控制符"，输出变量名列表);

该任务的语法格式与显示任务的相同。在任意时刻对于特定的变量只有一个监控任务可以被激活。例如：

initial

$monitor ("at %t, D=%d,　clk=%d", $time, D, clk，"and c is %b",c);

该监控任务执行时，将对信号 D、clk 和 c 的值进行监控。如果这三个参数中有任何一个的值发生变化，就显示所有参数的值。假设 D、clk 和 c 的初始值都是 x，在随后的仿真过程中这三个值都有变化，则会产生下面的输出：

at 20 , D = x ,clk = x and c is 1;　　//在时刻 20，c 的值发生变化

at 35 , D =1, clk = x and c is 1;　　//在时刻 35，D 的值发生变化

at 39, D = 1, clk =0 and c is 1;　　//在时刻 39，clk 的值发生变化

at 45, D = 1 ,clk = x and c is 0;　　//在时刻 45，c 的值发生变化

监控任务一旦开始执行就将在整个仿真过程中监控参数，$monitoroff 和$monitoron 可用来控制监控任务。$monitoroff 用于关闭所有的监控任务，$monitoron 用于重新开启所有的监控任务。

使用$monitor 时需要给出格式定义，但其余的 3 种监控任务则不需要定义格式。$monitorb 输出的数据格式为二进制的，$monitoro 输出的数据格式为八进制的，$monitorh 输出的数据格式为十六进制的。

6.4.2　文件输入/输出任务

Verilog HDL 语言提供了丰富的文件操作任务，使设计者能方便地对磁盘上的文件进行操作。

1. 文件的打开和关闭

在对任务文件进行读/写操作时，必须先将文件打开，并且获取一个文件描述符，以便对其进行存放。$fopen 和$fclose 任务分别用来打开和关闭某个文件，其语法格式如下：

    integer file_pointer = $fopen(file_name);
    $fclose(file_pointer);

系统函数$fopen 返回一个关于文件 file_name 的整数(指针)，并把它赋给整型变量 file_pointer。系统任务$fclose 通过文件指针关闭文件。

【例 6.7】 $fopen 和$fclose 任务的用法示例。

    integer Vec_file;
    initial
        begin
            Vec_file = $fopen(" /lb/div.vec ");   //打开文件 div.vec，文件名中给出文件的路径
            ...
            $fclose(Vec_file);   //通过指针 Vec_file 关闭文件
        end

2. 输出到文件

在文件打开后，显示、写入、探测和监控等系统任务都可以向文件输出数据，将信息写入文件。这些任务有 $fdisplay、$fdisplayb、$fdisplayh、$fdisplayo、$fwrite、$fwriteb、$fwriteh、$fwriteo、$fstrobe、$fstrobeb、$fstrobeh、$fstrobeo、$fmonitor、$fmonitorb、$fmonitorh、$fmonitoro。

这些任务的使用方法和效果与$display、$write 和$monitor 等任务的基本相同。不同的是，这些任务是将信息输出到指定的文件。也就是说，在使用时只需要增加一个参数即第一个参数，该参数是文件指针(指示要把信息写入哪个文件)。其语法格式如下：

    $fdisplay   ([文件或多通道描述符], "格式控制符", 输出变量名列表);
    $fwrite   ([文件或多通道描述符], "格式控制符", 输出变量名列表);
    $fmonitor   ([文件或多通道描述符], "格式控制符", 输出变量名列表);

【例 6.8】 $fdisplay 任务的用法示例。

    integer Vec_file;
        initial
            begin
                Vec_File = $fopen(" div.vec ") ;
                ...
                $fdisplay(Vec_File,"The simulation time %t",$time);   //第一个参数 Vec_File 是文件指针
                $fclose(Vec_file) ;
            end

3. 从文件中读取数据

有两个系统任务能够从文本文件中读取数据，并将数据加载到存储器，它们是 $readmemb(读取二进制格式数)和$readmemh(读取十六进制格式数)。

其语法格式如下：

  $readmemb/h ("文件名"，数组变量)；

  $readmemb/h ("文件名"，数组变量，起始地址)；

  $readmemb/h ("文件名"，数组变量，起始地址，结束地址)；

起始地址和结束地址规定了数据在存储器中存放的地址范围。若没有设定这两个值，则存储器从其最左端索引开始加载数据直到最右端索引；若设定了这两个值，则存储器从起始地址开始加载数据直到结束地址。

【例 6.9】 没有设定地址范围。

  reg [3:0] mem_A [63:0]；

  initial

  $readmemb("mem.txt", mem_A)；

读入的每个数字都被依次指派给从 0 开始到 63 的存储器单元。

【例 6.10】 设定了地址范围。

  reg [3:0] mem_A [63:0]；

  initial

  $readmemb("mem.txt", mem_A, 15, 30)；

读取的第一个数据放在存储器的地址 15 中，下一个数据存储在地址 16 中，依此类推，直到地址 30。

6.4.3 时间标度任务

时间标度任务$printtimescale 用于给出指定模块的时间单位和时间精度(时间单位和时间精度是由编译指令`timescale 定义或系统默认的)。

时间格式任务$timeformat 用于指定当格式化字符出现%t 时，应以何种格式打印当前仿真时间。$timeformat 的语法格式如下：

  $timeformat(时间单位数，时间精度，后缀，最小宽度)；

其中，"时间单位数"用来表示打印出来的时间数字的单位，是一个 0～-15 的整数，其含义表示的时间单位为 1 s、100 ms、10 ms、1 ms、…、100 fs、10 fs、1 fs。详细的时间单位可以查阅 Verilog HDL 标准文档。

在$timeformat 任务被调用之后进行的格式化打印输出，其格式化字符%t 的输出方式都由最近一次调用的 $timeformat 任务决定。若$timeformat 函数未被调用，则仿真工具使用默认的$timeformat 参数，即：

时间单位数——由`timescale 决定的最小时间单位；

时间精度——0；

后缀——无后缀；

最小宽度——20。

6.4.4 仿真控制任务

仿真控制任务用于使仿真进程停止，这类系统任务有 $finish 和$stop。

系统任务$finish 的作用是退出仿真器，返回主操作系统，也就是结束仿真过程。$stop 用于在仿真过程中中断仿真。$finish 和$stop 的用法相同，其语法格式如下：

$stop；

$stop(n)；

$finish；

$finish(n)；

$finish 和$stop 可以带参数，根据参数的值输出不同的特征信息。如果不带参数，默认的参数值为 1。n 是$finish 和$stop 的参数，可以是 0、1、2 等值，对于不同的参数值，系统输出不同的特征信息：

0——不输出任何信息；

1——输出当前仿真时刻和位置；

2——输出当前仿真时刻、位置和在仿真过程中其他一些运行统计数据。

例如：

initial #600 $stop；

执行 initial 语句，将使仿真进程在 600 个时间单位后停止。

当仿真程序执行到$stop 语句时，将暂时停止仿真，此时设计者可以输入命令，对仿真器进行交互控制，而当仿真程序执行到$finish 语句时，则终止仿真，结束整个仿真过程，返回主操作系统。

6.4.5 时序验证任务

时序验证任务包括$setup、$hold、$setuphold、$width、$period、$skew、$recovery 和 $nochange。这些系统任务需要定义参数，并根据这些参数检查系统时序(如建立时间、保持时间、脉冲宽度及时钟偏斜等)，若存在时序冲突或时序错误就会报告出错。这类任务的详细用法可以参阅 Verilog HDL 标准文档。

6.4.6 仿真时间函数

仿真时间函数是一个使用较多的系统函数，该函数用于返回当前的仿真时间，共有 3 种类型：$time、$stime 和$realtime。

$time 可以返回一个 64 位的整数表示的当前仿真时刻值，$stime 返回 32 位的仿真时间，$realtime 是向调用它的模块返回实型仿真时间。该时间是以模块的仿真时间尺度为基准的。仿真时间函数可以在$display 和$monitor 等函数中调用。

【例 6.11】 仿真时间函数用法示例。

```
`timescale   10ns/1ns
module   time_dif；
    reg   set；
    parameter   delay=1.6；
    initial
        begin
```

```
                    # delay set=0;
                    # delay set=1;
                end
            $monitor ($time,,,"set=%b",set);    //使用函数$time
        endmodule
```

使用 ModelSim 软件进行仿真，其输出结果为：

```
        0 set=x
        2 set=0
        3 set=1
```

在这个例子中，模块 time_dif 想在时刻 16 ns 时设置寄存器 set 为 0，在时刻 32 ns 时设置寄存器 set 为 1,但是由$time 记录的 set 变化时刻在每行开始处的时间显示都是整数形式，所以 1.6 和 3.2 经取整后为 2 和 3 输出。

如果将上面程序中的$time 改为$realtime：

```
            $monitor($realtime,,, "set=%b ",set);
```

则仿真输出变为

```
        0   set=x
        1.6 set=0
        3.2 set=1
```

从上面的例子可以看出，$realtime 将仿真时刻经过尺度变换以后即输出，不需进行取整操作，所以以$realtime 返回的值是实型数。

6.4.7　实数变换函数

实数变换函数用于把实数转换成其他类型的数，或者把其他类型的数转换成实数。该函数有如下 4 种：

$rtoi(real_value)——通过截断小数值将实数 real_value 变换成整数；

$itor(integer_value)——将整数 integer_value 变换成实数；

$realtobits(real_value)——将实数 real_value 变换成 64 位的位向量；

$bitstoreal(bit_value)——将位向量 bit_value 变换成实数(与$realtobits 相反)。

这类函数的详细信息请参阅 Verilog HDL 标准文档。

6.4.8　随机函数

随机函数($random)提供一种产生随机数的机制，当函数被调用时返回一个 32 位的随机数。它是一个有符号的整型数。一般形式如下：

```
        $random [ (种子变量)]
```

其中，"种子变量"必须是寄存器、整数或时间寄存器类型的变量，其作用是控制函数返回值的类型，不同类型的种子变量将返回不同类型的随机数，并且在调用$random 函数之前，必须为这个变量赋值。如果没有指定种子变量，则每次 $random 函数被调用时将根据缺省种子类型产生随机数，返回的随机数是 32 位的有符号整数。例如：

```
        reg[23:0] rand;
        rand = $random % 60;                    //一个范围在-59~59 的随机数
```

【例 6.12】　一个产生随机数的简单程序。

```
        `timescale 10ns/1ns
        module random_tp;
            integer data;
            integer   i;
            parameter delay=10;
          initial
            begin
                for (i=0; i<=100;i=i+1)
                #delay data = $random;          //每次产生一个随机数
            end
          initial $monitor ($time,,, "data=%b",data);
        endmodule
```

用 ModelSim 软件进行仿真，则每次输出显示的数据都是随机的：

```
        0    dats=
        10   dats=0011111001010101011100000101010010
        20   dats=1010101101101110110011001001011011
        30   dats=0010010010010010011001100000011100
        40   dats=1101011001101110000001110100000111
```

第二部分

基础单元电路设计实例

第7章 门电路设计与实现

门电路是构成数字电路的最基本的单元电路，常用的门电路有基本门电路、组合门电路、三态门电路、双向总线缓冲器等。

7.1 基本门电路

基本门电路包括与门、或门、非门。表 7.1 是二输入与门、或门和非门的真值表。

表 7.1 二输入与门、或门和非门真值表

A	B	A·B	A+B	$\overline{A}$
0	0	0	0	1
0	1	0	1	1
1	0	0	1	0
1	1	1	1	0

采用 Verilog HDL 实现数字电路时可以采用结构化、数据流和行为描述三种方式。

代码 7.1 中的 basic_gate1、basic_gate2 和 basic_gate3 分别是采用这三种方式实现基本门的 Verilog HDL 代码，gate 是顶层模块。

【代码 7.1】 基本门电路的三种描述方法。

```
//结构化描述方式
module basic_gate1(i_a,i_b,o_and,o_or,o_not);
    input i_a,i_b;
    output o_and,o_or,o_not;

    and andu(o_and,i_a,i_b);
    or oru(o_or,i_a,i_b);
    not notu(o_not,i_a);
endmodule

//数据流描述方式
module basic_gate2(i_a,i_b,o_and,o_or,o_not);
    input i_a,i_b;
    output o_and,o_or,o_not;

    assign o_and=i_a&i_b;
    assign o_or=i_a|i_b;
```

```
        assign o_not=~i_a;
    endmodule

//行为描述方式
module basic_gate3(i_a,i_b,o_and,o_or,o_not);
    input i_a,i_b;
    output reg o_and,o_or,o_not;

    always@(i_a,i_b)
        begin
            o_and<=i_a&i_b;
            o_or<=i_ali_b;
            o_not<=~i_a;
        end
    endmodule

//顶层调用模块
module gate(i_a,i_b,o_and,o_or,o_not);
    input i_a,i_b;
    output o_and,o_or,o_not;

    basic_gate1    u1(i_a,i_b,o_and,o_or,o_not);
    endmodule
```

将输入的代码7.1内容保存为 gate.v 文件,对工程经过全编译后,可以选择 Tools→Netlist Viewer→RTL Viewer 查看源代码实现综合布局布线之前的 RTL 结构(不是最终的电路结构),如图 7.1(a)所示。

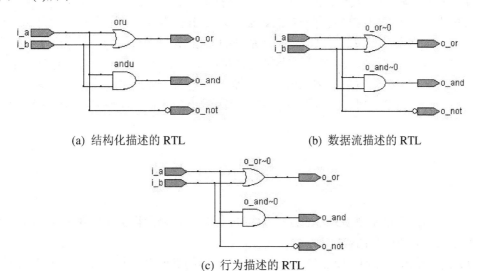

(a) 结构化描述的 RTL   (b) 数据流描述的 RTL

(c) 行为描述的 RTL

图 7.1　几种描述方式的 TRL 图比较

图 7.1 中的(b)和(c)是将顶层模块 gate 中的 basic_gate1 分别替换为 basic_gate2、basic_gate3 时生成的 RTL 图。

从图 7.1(a)、(b)和(c)中可以看出，采用结构化描述、数据流描述和行为描述方法综合后的 RTL 结构是一样的。因此我们在设计电路时，可以根据需要选择方便的描述方式编写模块代码。通常，设计简单电路常采用数据流描述方式，设计复杂电路常采用行为描述方式，在进行多模块连接时可采用结构化描述方式。

gate 模块的功能仿真结果如图 7.2 所示。

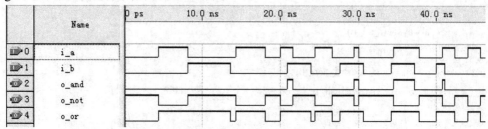

图 7.2 基本门电路的功能仿真结果

从图 7.2 中可以看出，输入信号 i_a 和 i_b、与门输出 o_and、非门输出 o_not、或门输出 o_or 的逻辑功能完全正确。

gate 模块的时序仿真结果如图 7.3 所示。

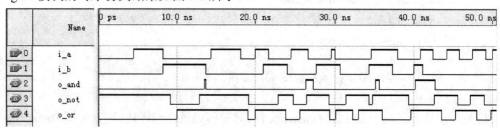

图 7.3 基本门电路的时序仿真结果

比较图 7.2 和图 7.3，发现输出信号的波形是基本一致的，但是在时序仿真波形中，输入信号的变化反映到输出信号则有一定的延迟，这是由所选器件的速度和芯片内部的布线决定的(这里选择的是 Altera 公司 Cyclone II 系列的 EP2C70F896C6 芯片)，而且实际输出信号与功能仿真信号存在差别，在输入信号变化的情况下，输出信号 o_and 有毛刺产生，另外输入的有些变化不能在输出中体现出来，这是由于输入信号到输出信号的竞争造成的。选择不同的芯片，得到的时序仿真图也会有差别，因此在以后的章节中只给出电路的功能仿真图。

7.2 组合门电路

组合门电路是可以实现多种基本逻辑运算的电路。常用的组合门电路有与非门、或非门、与或非门、异或门和同或门等。

表 7.2 是二输入与非门、或非门、异或门和同或门的真值表。表中未列出与或非门的逻辑真值，请读者自己分析。

表 7.2　二输入与非门、或非门、异或门和同或门的真值表

A	B	$\overline{A \cdot B}$	$\overline{A + B}$	$A \oplus B$	$A \odot B$
0	0	1	1	0	1
0	1	1	0	1	0
1	0	1	0	1	0
1	1	0	0	0	1

【代码 7.2】　实现与非门、或非门、异或门和同或门电路的 Verilog HDL 描述。

```
//顶层调用模块
module com_gate(ia,ib,o_n_and ,o_n_or,o_xor,o_n_xor);
    input ia,ib;
    output o_n_and ,o_n_or,o_xor,o_n_xor;

    gate_nand unand(ia,ib,o_n_and);        //与非
    gate_nor unor(ia,ib,o_n_or);           //或非
    gate_xor uxor(ia,ib,o_xor);            //异或
    gate_nxor unxor(ia,ib,o_n_xor);        //同或
endmodule

//与非门实现模块
module gate_nand(i_a,i_b,o_nand);
    input i_a,i_b;
    output o_nand ;

    assign o_nand=~(i_a&i_b);
endmodule

//或非门实现模块
module gate_nor(i_a,i_b,o_nor);
    input i_a,i_b;
    output o_nor;

    assign o_nor=~(i_ali_b);
endmodule
//异或门实现模块
```
方法 1：
```
    module gate_xor(i_a,i_b,o_xor);
        input i_a,i_b;
        output   o_xor;
```

```
        assign t1=i_a&(!i_b);
        assign t2=(!i_a)&i_b;
        assign o_xor=t1+t2;
    endmodule
```

方法2：

```
    module gate_xor(i_a,i_b,o_xor);
    input i_a,i_b;
    output   reg o_xor;

    always@(i_a or i_b)
      begin
        case({i_a,i_b})
          2'b00:o_xor=0;
          2'b01:o_xor=1;
          2'b10:o_xor=1;
          2'b11:o_xor=0;
        endcase
      end
    endmodule


//同或门实现模块
module gate_nxor(i_a,i_b,o_nxor);
    input i_a,i_b;
    output o_nxor;
    wire temp;
    gate_xor u1(i_a,i_b,temp);
    assign o_nxor=~temp;
endmodule
```

com_gate 模块的功能仿真结果如图 7.4 所示。信号 o_n_and、o_n_or、o_xor、o_n_xor 分别是输入信号 ia 和 ib 的与非门、或非门、异或门和同或门的输出。

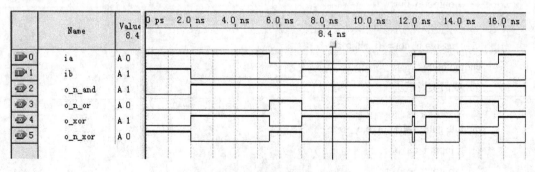

图 7.4 组合门电路的功能仿真结果

7.3　三态门电路

三态门电路是在普通门电路的基础上增加了控制端(使能端)的控制电路,输出可以有低电平、高电平和高阻抗三种状态。图 7.5 是三态门的逻辑电路符号,图(a)所示三态门电路在 EN 为高电平时,F=A,因此称为高电平有效的三态门电路;图(b)所示电路在 EN 为低电平时,F=A,因此称为低电平有效的三态门电路。当三态门处于高阻状态时相当于开路。高电平有效的三态门逻辑真值表见表 7.3。

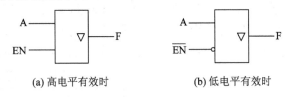

(a) 高电平有效时　　　　　　(b) 低电平有效时

图 7.5　三态门电路逻辑符号

表 7.3　高电平有效的三态门逻辑真值表

EN	A	F
0	X	Z(高阻)
1	0	0
1	1	1

常用的三态门还有三态非门、三态与非门等。三态门常用于计算机中设备挂接在总线的缓冲电路。三态门可以用 Verilog HDL 内部的基本门级元件实现,也可以用数据流描述方式实现。Verilog HDL 内部的三态门元件有 bufif0、bufif1、notif0 和 notif1 四种(见 5.1.1 节)。

【代码 7.3】　实现三态门电路的 Verilog HDL 描述。

```
module tri_gate(A,F,EN);
    input   A;
    output F;
    input EN;

    assign F=EN?A:1'bZ;
endmodule
```

其对应的功能仿真波形如图 7.6 所示。

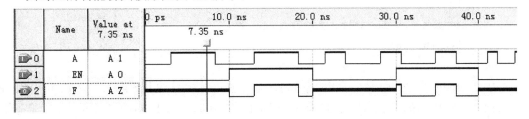

图 7.6　三态门电路的功能仿真波形

从图中可以看出，当输入控制信号 EN 为低电平时，输出 F 为高阻状态(仿真图中用深色粗线表示)；当 EN 为高电平时，F=A。

7.4 双向总线缓冲器

在数字电路中，总线缓冲器主要用于将设备与总线互连。常用的缓冲器有单向和双向两种。例如，一个 8 位的单向缓冲器可以实现从 A 端到 B 端的单向数据传送，需要 8 个三态门，并将这 8 个三态门的控制段连接在一起由一个共同的使能信号来进行控制。一个 8 位的双向缓冲器是指能够实现从 A 端到 B 端或从 B 端到 A 端的双向数据传送，因此需要 16 个三态门，8 个门用于实现 A 端到 B 端的数据传送，另外 8 个门用于实现从 B 端到 A 端的数据传送。图 7.7 是 8 位双向总线缓冲器的逻辑符号。表 7.4 是双向总线缓冲器的真值表。

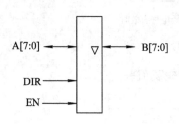

图 7.7　8 位双向总线缓冲器的逻辑符号

表 7.4　8 位双向总线缓冲器的真值表

EN	DIR	数据传输
0	X	高阻
1	0	A→B
1	1	A←B

实现双向数据传输的总线缓冲器可以用图 7.8 来表示，其中的 dir 是数据传送方向的控制信号，bus_a、bus_b 分别表示 A、B 两端的数据信号。代码 7.4 是一个 8 位双向总线数据缓冲器的 Verilog HDL 描述。

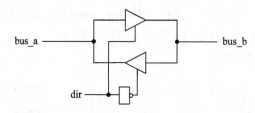

图 7.8　双向总线缓冲器的内部结构

【代码 7.4】　一个 8 位双向总线缓冲器的 Verilog HDL 描述。

```
module bidir_buffer(bus_a,bus_b,dir_a2b);
    inout [7:0]bus_a,bus_b;
    input dir_a2b;
    assign bus_a=~dir_a2b? bus_b:8'bz;
    assign bus_b=dir_a2b? bus_a:8'bz;
endmodule
```

由于 inout 类型的信号仿真时与单端口信号不同，因此这里编写了 Verilog VHL 的 testbench 模块供参考。需要注意的是，在编写测试模块时，对于 inout 类型的端口，需要定义成 wire 类型变量，而其他输入端口都定义成 reg 类型，这两者是有区别的。

```
`timescale 1ns/10ps
module bi_buffer_test;
    reg[7:0] bus_a;
    wire[7:0] bus_a_wire;
    reg[7:0] bus_b;
    wire[7:0] bus_b_wire;
    reg dir_a2b;
    integer i;

    initial
        begin
            dir_a2b=0;
            bus_a=0;
            bus_b=0;
            i=0;
            #10000   $stop;
        end

    always #20
        begin
            dir_a2b=$random;            //set dir_a2b
            bus_a=$random;              //set data
            bus_b=$random;
        end

    assign bus_a_wire=(dir_a2b==1)?bus_a:8'hzz;
    assign bus_b_wire=(dir_a2b==0)?bus_b:8'hzz;

    bidir_buffer2 bi_trans(.bus_a(bus_a_wire),
    .dir_a2b(dir_a2b),
    .bus_b(bus_b_wire));
    endmodule
```

双向总线缓冲器在 ModelSim 软件下的功能仿真波形如图 7.9 所示。

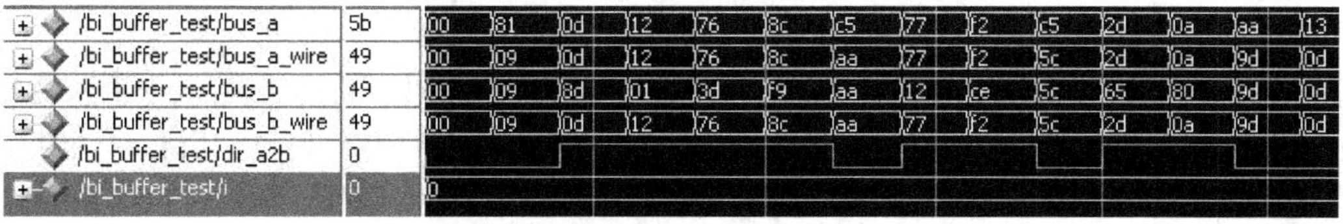

/bi_buffer_test/bus_a	5b	00	81	0d	12	76	8c	c5	77	f2	c5	2d	0a	aa	13
/bi_buffer_test/bus_a_wire	49	00	09	0d	12	76	8c	aa	77	f2	5c	2d	0a	9d	0d
/bi_buffer_test/bus_b	49	00	09	8d	01	3d	f9	aa	12	ce	5c	65	80	9d	0d
/bi_buffer_test/bus_b_wire	49	00	09	0d	12	76	8c	aa	77	f2	5c	2d	0a	9d	0d
/bi_buffer_test/dir_a2b	0														
/bi_buffer_test/i	0	0													

图 7.9　双向总线缓冲器的功能仿真波形

从图中可以看出，当 dir_a2b=0 时，bus_b_wire= bus_a_wire；当 dir_a2b=1 时，bus_a_wire= bus_b_wire，实现了数据的双向传输。

第8章　常用组合逻辑电路设计

　　数字电路按照电路的内部结构可以分为组合逻辑电路和时序逻辑电路。

　　组合逻辑电路在逻辑功能上具有这样的特点，即电路在任何时刻的输出状态只取决于该时刻的输入状态，而与电路原来的状态无关。因此，组合逻辑电路在电路构成上具有以下基本特征：

　　(1) 电路由逻辑门电路组成；

　　(2) 输出、输入之间没有反馈延迟电路；

　　(3) 不包含记忆性元件(触发器)。

　　本章主要讲述常用组合逻辑电路的 Verilog VDL 建模和仿真，内容包括编码器、译码器、数据选择器和数据分配器以及数据比较器等。

8.1 编 码 器

　　用文字、数字或符号代表特定对象的过程称为编码。电路中的编码就是在一系列事物中将其中的每一个事物用一组二进制代码来表示。编码器就是实现这种功能的电路，图 8.1 是编码器的逻辑符号。编码器的逻辑功能就是把输入的 2^N 个信号转化为 N 位输出。常用的编码器根据工作特点有普通编码器和优先编码器两种。

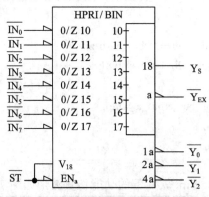

图 8.1　编码器的逻辑符号

　　表 8.1 和表 8.2 分别是 8 线—3 线的普通编码器和优先编码器的真值表，表中输入用 $\overline{IN_i}$ 表示，输出用 Y_i(正逻辑)或 $\overline{Y_i}$ (负逻辑)表示。普通编码器仅允许在任何时刻所有输入中只能有一个输入是有效电平(如表 8.1 中的低电平)，否则会出现输出混乱的情况。而优先编码器则允许在同一时刻有两个或两个以上的输入信号有效，当多个输入信号同时有效时，只对其中优先权最高的一个输入信号进行编码。输入信号的优先级别是由设计者根据需要确定的。

表 8.1　8 线—3 线普通编码器的真值表

输　　入								输　　出		
$\overline{IN_0}$	$\overline{IN_1}$	$\overline{IN_2}$	$\overline{IN_3}$	$\overline{IN_4}$	$\overline{IN_5}$	$\overline{IN_6}$	$\overline{IN_7}$	Y_2	Y_1	Y_0
0	1	1	1	1	1	1	1	0	0	0
1	0	1	1	1	1	1	1	0	0	1
1	1	0	1	1	1	1	1	0	1	0
1	1	1	0	1	1	1	1	0	1	1
1	1	1	1	0	1	1	1	1	0	0
1	1	1	1	1	0	1	1	1	0	1
1	1	1	1	1	1	0	1	1	1	0
1	1	1	1	1	1	1	0	1	1	1

表 8.2　优先编码器的真值表

输　　入								输　　出		
$\overline{IN_0}$	$\overline{IN_1}$	$\overline{IN_2}$	$\overline{IN_3}$	$\overline{IN_4}$	$\overline{IN_5}$	$\overline{IN_6}$	$\overline{IN_7}$	$\overline{Y_2}$	$\overline{Y_1}$	$\overline{Y_0}$
1	1	1	1	1	1	1	1	1	1	1
×	×	×	×	×	×	×	0	0	0	0
×	×	×	×	×	×	0	1	0	0	1
×	×	×	×	×	0	1	1	0	1	0
×	×	×	×	0	1	1	1	0	1	1
×	×	×	0	1	1	1	1	1	0	0
×	×	0	1	1	1	1	1	1	0	1
×	0	1	1	1	1	1	1	1	1	0
0	1	1	1	1	1	1	1	1	1	1

【代码 8.1】　实现普通编码器的 Verilog HDL 描述。

```
module encoder1(iIN_N,oY_N);
    input[7:0] iIN_N;
    output reg [2:0] oY_N;

    always@(iIN_N)
      case(iIN_N)
            8'b01111111:oY_N=3'b000;
            8'b10111111:oY_N=3'b001;
            8'b11011111:oY_N=3'b010;
            8'b11101111:oY_N=3'b011;
            8'b11110111:oY_N=3'b100;
            8'b11111011:oY_N=3'b101;
            8'b11111101:oY_N=3'b110;
            8'b11111110:oY_N=3'b111;
```

```
            default: oY_N=3'bxxx;
        endcase
    endmodule
```

其功能仿真结果见图 8.2。

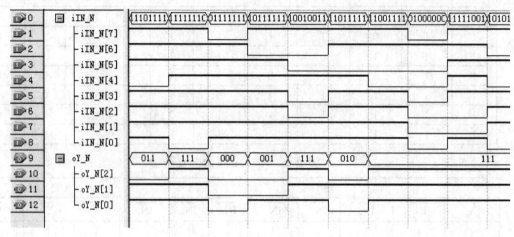

图 8.2 普通编码器的功能仿真结果

从图 8.2 可以看出，当 8 个输入信号中只有一个信号为低电平时，输出编码正确；当输入信号中同时有多个低电平时，输出均为"111"。

【代码 8.2】 实现 8 位优先编码器的 Verilog HDL 描述。

```
    module encoder2(iIN_N,oY_N);        //优先编码器模块定义
        input[7:0] iIN_N;
        output reg [2:0] oY_N;

        always@(iIN_N)
            if(iIN_N[7]==0)
                    oY_N=3'h0;
            else if(iIN_N[6]==0)
                    oY_N=3'h1;
            else if(iIN_N[5]==0)
                    oY_N=3'h2;
            else if(iIN_N[4]==0)
                    oY_N=3'h3;
            else if(iIN_N[3]==0)
                    oY_N=3'h4;
            else if(iIN_N[2]==0)
                    oY_N=3'h5;
            else if(iIN_N[1]==0)
                    oY_N=3'h6;
            else if(iIN_N[0]==0)
```

```
                    oY_N=3'h7;
            else
                    oY_N=3'h7;
    endmodule
```
其功能仿真结果见图 8.3。

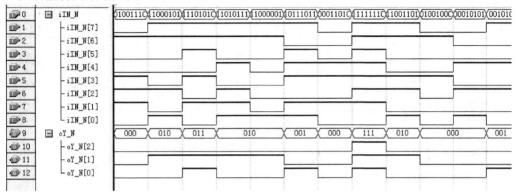

图 8.3　8 位优先编码器的功能仿真结果

在图 8.3 中，当 8 个输入信号中有多个 0 时，只对其优先级最高的信号进行编码，即当输入 iIN_N=01001110 时，由于 iIN_N[7]的优先级最高，所以输出为 oY_N=000；当输入 iIN_N=11000101 时，由于 iIN_N[5]的优先级最高，因此 oY_N=010。

8.2　译　码　器

译码器是实现译码功能的电路，它能够将输入的有特定含义的编码"翻译"成一个对应的状态信号，通常是把输入的 N 个二进制信号转换成 2^N 个代表原意的状态信号。常用的译码器有二进制译码器、十进制译码器和七段译码器等。

8.2.1　二进制译码器

二进制译码器的逻辑功能是把输入的二进制代码表示的所有状态翻译成对应的输出信号。若输入的是 3 位二进制代码，3 位二进制代码可以表示 8 种状态，因此就有 8 个输出端，每个输出端分别表示一种输入状态。因此，又把 3 位二进制译码器称为 3 线—8 线译码器，简称 3-8 译码器，与此类似的还有 2-4 译码器和 4-16 译码器等。

常用的 3-8 译码器 74LS138 的逻辑符号如图 8.4 所示。图中，ST_A、$\overline{ST_B}$ 和 $\overline{ST_C}$ 是译码控制信号，只有当 ST_A=1，$\overline{ST_B}+\overline{ST_C}$=0 时，译码器才对输入信号 $A_2A_1A_0$ 进行译码，其真值表如表 8.3 所示。

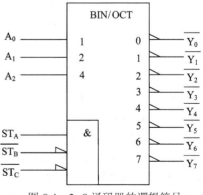

图 8.4　3-8 译码器的逻辑符号

表 8.3 74LS138 的真值表

输 入					输 出							
ST_A	$\overline{ST_B}+\overline{ST_C}$	A_2	A_1	A_0	$\overline{Y_0}$	$\overline{Y_1}$	$\overline{Y_2}$	$\overline{Y_3}$	$\overline{Y_4}$	$\overline{Y_5}$	$\overline{Y_6}$	$\overline{Y_7}$
×	1	×	×	×	1	1	1	1	1	1	1	1
0	×	×	×	×	1	1	1	1	1	1	1	1
1	0	0	0	0	0	1	1	1	1	1	1	1
1	0	0	0	1	1	0	1	1	1	1	1	1
1	0	0	1	0	1	1	0	1	1	1	1	1
1	0	0	1	1	1	1	1	0	1	1	1	1
1	0	1	0	0	1	1	1	1	0	1	1	1
1	0	1	0	1	1	1	1	1	1	0	1	1
1	0	1	1	0	1	1	1	1	1	1	0	1
1	0	1	1	1	1	1	1	1	1	1	1	0

【代码 8.3】 3-8 译码器模块。

```
module decoder(iSTA ,iSTB_N,iSTC_N,iA,oY_N);
    input iSTA ,iSTB_N,iSTC_N;
    input [2:0] iA;
    output   [7:0] oY_N;

    reg [7:0]m_y;
    assign oY_N=m_y;

    always@(iSTA,iSTB_N,iSTC_N,iA)
      if(iSTA&&!(iSTB_N||iSTC_N))
        case(iA)
            3'b000:m_y = 8'b11111110;
            3'b001:m_y =8'b11111101;
            3'b010:m_y =8'b11111011;
            3'b011:m_y =8'b11110111;
            3'b100:m_y =8'b11101111;
            3'b101:m_y =8'b11011111;
            3'b110:m_y =8'b10111111;
            3'b111:m_y =8'b01111111;
        endcase
      else
        m_y=8'hff;
    endmodule
```

其功能仿真结果见图 8.5。

图 8.5 中, iA 和 oY_N 信号显示的数字均为十六进制数据。当控制信号有效, 即 iSTA=1、iSTB_N = 0、iST C_N = 0 时, 输出信号 oY_N 与输入信号 iA 的对应关系为: 当 iA=$(0)_{16}$ 时, 输出 Y[0]=0, 其余输出均为 1; 当 iA=$(1)_{16}$ 时, 输出 Y[1]=0, 其余输出均为 1; 其余类推。当控制信号无效时, oY_N 均为高电平。

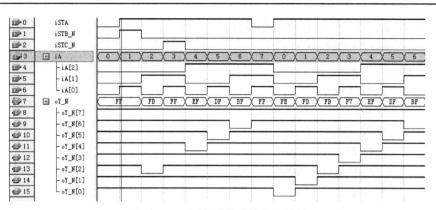

图 8.5　3-8 译码器的功能仿真结果

8.2.2　十进制译码器

十进制译码器的逻辑功能是将输入的 4 位 BCD 码翻译成对应的输出信号，因此输入信号有 4 个，输出信号有 10 个。图 8.6 是十进制译码器的逻辑符号，其真值表如表 8.4 所示。

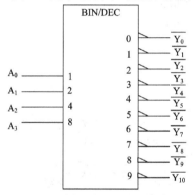

图 8.6　十进制译码器的逻辑符号

表 8.4　十进制译码器的真值表

输　　入				输　　　　出									
A_3	A_2	A_1	A_0	$\overline{Y_0}$	$\overline{Y_1}$	$\overline{Y_2}$	$\overline{Y_3}$	$\overline{Y_4}$	$\overline{Y_5}$	$\overline{Y_6}$	$\overline{Y_7}$	$\overline{Y_8}$	$\overline{Y_9}$
0	0	0	0	0	1	1	1	1	1	1	1	1	1
0	0	0	1	1	0	1	1	1	1	1	1	1	1
0	0	1	0	1	1	0	1	1	1	1	1	1	1
0	0	1	1	1	1	1	0	1	1	1	1	1	1
0	1	0	0	1	1	1	1	0	1	1	1	1	1
0	1	0	1	1	1	1	1	1	0	1	1	1	1
0	1	1	0	1	1	1	1	1	1	0	1	1	1
0	1	1	1	1	1	1	1	1	1	1	0	1	1
1	0	0	0	1	1	1	1	1	1	1	1	0	1
1	0	0	1	1	1	1	1	1	1	1	1	1	0
1	0	1	0	1	1	1	1	1	1	1	1	1	1
1	0	1	1	1	1	1	1	1	1	1	1	1	1
1	1	0	0	1	1	1	1	1	1	1	1	1	1
1	1	0	1	1	1	1	1	1	1	1	1	1	1
1	1	1	0	1	1	1	1	1	1	1	1	1	1
1	1	1	1	1	1	1	1	1	1	1	1	1	1

【代码8.4】 二—十进制译码器模块。

```verilog
module Decoder_BtoD(iA,oY);
    input [3:0] iA;
    output reg [9:0] oY;
    always@(iA)
        case (iA)
            4'b0000:oY=10'h001;
            4'b0001:oY=10'h002;
            4'b0010:oY=10'h004;
            4'b0011:oY=10'h008;
            4'b0100:oY=10'h010;
            4'b0101:oY=10'h020;
            4'b0110:oY=10'h040;
            4'b0111:oY=10'h080;
            4'b1000:oY=10'h100;
            4'b1001:oY=10'h200;
            default:oY=10'h000;
        endcase
endmodule
```

其功能仿真结果见图8.7。

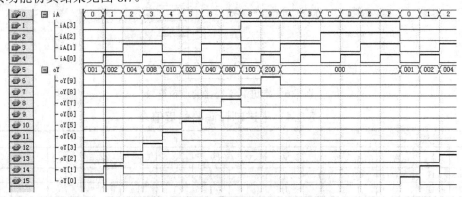

图8.7 二—十进制译码功能仿真结果

图8.7中，信号 iA 和 oY 中显示的数字均为该信号对应的十六进制数据。当输入信号 iA 为 8421BCD 码$(0)_{16}$～$(9)_{16}$ 时，输出信号 oY 中一个与输入对应的信号为高电平，即当 iA=$(0)_{16}$ 时，只有 Y[0]=1，Y[9]～Y[1]均为 0；当 iA=$(1)_{16}$ 时，只有 Y[1]=1，Y[9]～Y[2]及 Y[0]均为 0；其余类推。当输入信号 iA 为$(A)_{16}$～$(F)_{16}$ 时，输出均为低电平。

8.2.3 七段译码器

实际应用中往往需要显示数字，常用最简单的显示器件是七段数码管。它是由多个发光二极管 LED 分段封装制成的。LED 数码管有共阴型和共阳型两种形式，图8.8是七段数码显示器件的外形图、共阴极和共阳极 LED 电路连接图。图(a)中有 8 个 LED 段分别用于显示数字的笔画和小数点，每个 LED 灯的亮灭由其对应段位信号 a～g、DP 控制；图(b)所示为共阴极连接的数码管，在公共控制端 com 为低电平时，若段位信号为高电平，则对应的 LED 灯亮，若段位控制信号为低电平，则对应的 LED 灯灭。例如，当 abcdefg=1111110 时，只有 g 段位对应的 LED 灯灭，其余 LED 灯都亮，因此显示数字"0"。图(c)所示为共阳极连接的数码管，当 com 端为高电平时，若段位信号为低电平，则对应的 LED 灯亮，若段位信号为高电平，则对应的 LED 灯灭，因此，当段位控制信号 abcdefg=0000001 时显示数字"0"。

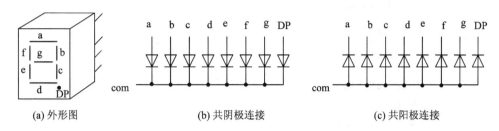

(a) 外形图　　　　　　　　(b) 共阴极连接　　　　　　　(c) 共阳极连接

图 8.8　七段 LED 数码管

图 8.9 所示是常用七段译码器的输出与显示字形的对应关系。

七段译码器的功能就是给出输入信号对应的段码输出，例如对共阴极译码器而言，当输入为"0"时，为了显示"0"就需要 a～g 七个段中只有 g 段是灭的，其余段都应点亮，因此输出为 abcdefg=1111110，即"0"的段码。输入为"6"时，只有 b 段是灭的，其余段都应点亮，因此输出为 abcdefg=1011111，即"6"的段码。七段译码器的逻辑符号见图 8.10。

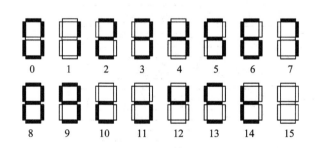

图 8.9　常用七段译码器字形

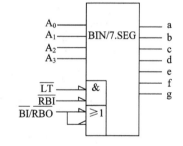

图 8.10　七段译码器的逻辑符号

【代码 8.5】　共阴、共阳极输出可选七段译码器模块。

```
module decoder_seg7 (iflag,iA,oY);      //七段译码器模块定义
    input iflag;                        //共阴、共阳输出控制端
    input[3:0] iA;                      //4 位二进制输入
    output reg [6:0] oY;

    always@(iflag,iA)
    begin
        case(iA)
            4'b0000:oY=7'h3f;           //iflag=0，共阴极输出
```

```
        4'b0001:oY=7'h06;
        4'b0010:oY=7'h5b;
        4'b0011:oY=7'h4f;
        4'b0100:oY=7'h66;
        4'b0101:oY=7'h6d;
        4'b0110:oY=7'h7d;
        4'b0111:oY=7'h27;
        4'b1000:oY=7'h7f;
        4'b1001:oY=7'h6f;
        4'b1010:oY=7'h77;
        4'b1011:oY=7'h7c;
        4'b1100:oY=7'h58;
        4'b1101:oY=7'h5e;
        4'b1110:oY=7'h79;
        4'b1111:oY=7'h71;
    endcase
    if(!iflag)
        oY=~oY;                        //iflag=1，共阳极输出
    end
endmodule
```

其功能仿真结果见图 8.11。

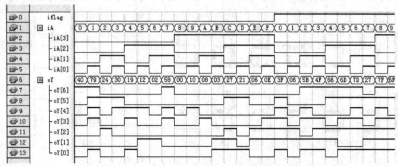

图 8.11 七段译码器的功能仿真结果

图 8.11 中，输入 iA 和输出 oY 显示的数字均为十六进制数据，当 iflag=0 时，输出的是共阳极的段码；当 iflag=1 时，输出的是共阴极的段码。

8.3 数据选择器和数据分配器

8.3.1 数据选择器

在实际应用中，往往需要在多路输入数据中根据需要选择其中一路，完成这样功能的电路称为数据选择器或多路选择器。

数据选择器的作用可以用如图 8.12 所示的多路开关来描述。根据输入信号 A_1A_0 的状态，从输入的四路数据 $D_3 \sim D_0$ 中选择一个作为输出，图中，$A_1A_0=11$，所以输出的数据是 D_3。其对应的真值表如表 8.5 所示。图 8.13 是 4 选 1 数据选择器的逻辑符号，图中的控制信号 $\overline{ST}=0$ 时，实现表 8.5 的功能；当 $\overline{ST}=1$ 时，Y 不受 A_1A_0 的控制，输出为 0。

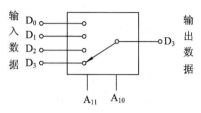

图 8.12 数据选择器的工作原理示意图

表 8.5 4 选 1 数据选择器真值表

A_1	A_0	Y
0	0	D_0
0	1	D_1
1	0	D_2
1	1	D_3

常见的数据选择器有 4 选 1、8 选 1、16 选 1 等。

【代码 8.6】 4 选 1 数据选择器模块。

```verilog
module mux4(iD, iA, iST_n,oQ);
    input [3:0] iD;          //数据输入信号
    input [1:0] iA;          //数据选择控制信号
    input iST_n;             //选择控制信号
    output reg oQ;           //输出信号

    always@(iD,iA)
        if(~iST_n)
            case(iA)
                2'b00:oQ=iD[0];
                2'b01:oQ=iD[1];
                2'b10:oQ=iD[2];
                2'b11:oQ=iD[3];
            endcase
        else
            oQ=1'b0;
endmodule
```

图 8.13 4 选 1 数据选择器逻辑符号

其功能仿真结果见图 8.14。

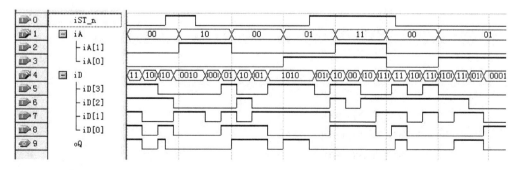

图 8.14 4 选 1 数据选择器功能仿真结果

图 8.14 中，输入 iA 和 iD 显示的数字均为二进制数据，为了方便分析输出与输入数据信号的关系，将数据信号 iD 的各位数据均展开显示。当 iST_n=0 时，输出 $oQ=D[A_1A_0]$；当 iST_n=1 时，输出 oQ=0。

8.3.2 数据分配器

数据分配器实现与数据选择器相反的功能，是将某一路数据分配到不同的数据通道上，因此也称为多路分配器。

图 8.15 是一个 4 路数据分配器的功能示意图。图中，S 相当于一个由信号 A_1A_0 控制的单刀多掷输出开关，输入数据 D 在地址输入信号 A_1A_0 的控制下，传送到输出 $Y_0\sim Y_3$ 的不同数据通道上。

表 8.6 是 4 路数据分配器的真值表。

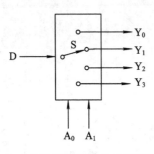

图 8.15 4 路数据分配器的功能示意图

表 8.6 4 路数据分配器真值表

A_1	A_0	Y_0	Y_1	Y_2	Y_3
0	0	D	1	1	1
0	1	1	D	1	1
1	0	1	1	D	1
1	1	1	1	1	D

【代码8.7】 8 路数据分配器模块。

```
module dmux_8(iEN,iS,iD,oY);        //8 路数据分配器模块定义
    input iEN;                      //使能控制信号
    input iD;                       //数据输入信号
    input [2:0] iS;                 //地址信号
    output reg [7:0] oY;            //数据输出信号
    always@(iD,iEN,iS)
     begin
       oY=8'b11111111;
       if(iEN)
        case(iS)
            3'b000:oY[0]=iD;
            3'b001:oY[1]=iD;
            3'b010:oY[2]=iD;
            3'b011:oY[3]=iD;
            3'b100:oY[4]=iD;
            3'b101:oY[5]=iD;
            3'b110:oY[6]=iD;
            3'b111:oY[7]=iD;
```

```
        endcase
    end
endmodule
```

其功能仿真结果见图 8.16。

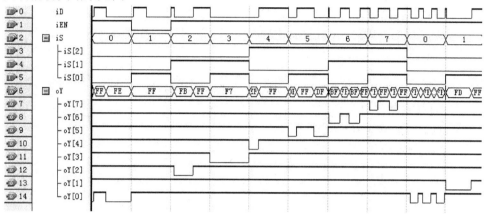

图 8.16 8 路数据分配器的功能仿真结果

图 8.16 中，输入 iS 和 oY 显示的数字均为十六进制数据，当 iEN=1 时，输入信号 iD 在 iS 的控制下被分配到指定的 oYd 端。当 iS=00 时，输入 iD 被送到输出 oY[0]端；当 iS=01 时，iD 被送到输出 oY[1]；其余类推。

8.4 数据比较器

数据比较器是能够对两个数值数据进行比较并给出比较结果的逻辑电路。

设数据比较器的两个待比较的输入分别为 A、B，比较结果可能出现大于、等于、小于三种情况，分别用变量 $F_{A>B}$、$F_{A=B}$、$F_{A<B}$ 表示比较的结果。若 A>B，则 $F_{A>B}$ =1；若 A=B，则 $F_{A=B}$ =1；若 A<B，则 $F_{A<B}$ =1。一位数据比较器的真值表如表 8.7 所示。

图 8.17 是数据比较器的逻辑符号。图中，信号 A、B 是两个需要比较的数据，$F_{A<B}$、$F_{A=B}$、$F_{A>B}$ 是比较的结果，输入信号中的 A=B、A>B 和 A<B 是在比较位数进行扩展时需要考虑的来自低位的比较结果。

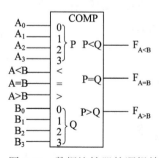

图 8.17 数据比较器的逻辑符号

表 8.7 一位数据比较器真值表

A	B	$F_{A>B}$	$F_{A=B}$	$F_{A<B}$
0	0	0	1	0
0	1	0	0	1
1	0	1	0	0
1	1	0	1	0

多位的数据比较器用硬件实现时要考虑高位的比较结果，实现起来比较复杂，但用 Verilog HDL 实现起来就比较容易。代码 8.8 给出了长度可选的一个比较器模块及其调用模

块的 Verilog HDL 程序。该模块将比较数据的位数作为参数，可以实现任意位数的比较。

【代码 8.8】 8 位数值比较器模块。

```
module compare_8(a,b,great,less,equ);          //调用比较器模块的顶层模块
    input [7:0] a,b;
    output great,less,equ;
    compare_n   #(8)   u1(a,b,great,less,equ);   //调用 8 位比较器模块
endmodule

module compare_n(A,B,AGB,ALB,AEB);             //比较器模块
    input [n-1:0] A,B;
    output reg AGB,ALB,AEB;
    parameter n=4;

    always@(A,B)
      begin
        AGB=0;
        ALB=0;
        AEB=0;
         if(A>B)
            AGB=1;
         else if(A==B)
            AEB=1;
         else
            ALB=1;
      end
endmodule
```

其功能仿真结果见图 8.18。

从图 8.18 可以看出，当 a = 8'b00000001、b = 8'b10110000 时，less = 1，表示此时 a<b；当 a = 8'b11000101、b=8'b11000101 时，euq = 1，说明 a = b；a>b 的情况请读者自己分析。

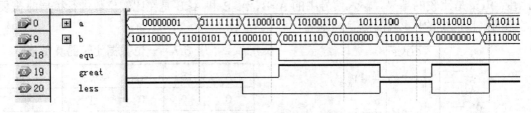

图 8.18　8 位数据比较器的功能仿真结果

8.5　奇偶产生/校验器

数据在计算和传送的过程中由于电路故障或外部干扰会出现某些位发生翻转的现象，由电路故障产生的错误可以采用更换故障器件的方法得以解决，而对外部干扰产生的错误

由于其不确定性，必须采用相应的数据检错或纠错方法。常用的方法是分别在数据发送端和数据接收端对数据进行相应的处理。为了能够对数据的正确性进行判断，需要增加一些冗余的信息，在发送端，发送的信息除了原数据信息外，还要增加若干位的编码，这些新增的编码位称为校验位，有效的数据位和校验位组合成数据校验码；在接收端，根据接收的数据校验码判断数据的正确性。常用的数据校验码有奇偶校验码、汉明校验码和循环冗余校验码，本节只介绍奇偶校验码。

1．奇偶产生/校验电路的工作原理

奇(偶)校验码具有一位的检错能力，其基本思想是通过在原数据信息后增加一位奇校验位(偶校验位)，形成奇(偶)校验码。发送端发送奇(偶)校验码，接收端对收到的奇(偶)校验码中的数据位采用同样的方法产生新的校验位，并将该校验位与收到的校验位进行比较，若一致则数据正确，否则数据错误。具有产生检验码和奇偶检验功能的电路称为奇偶产生/校验器。

奇偶校验码包含 n 位数据位和 1 位校验位，对于奇校验码而言，其数据位加校验位后，"1" 的总个数是奇数；对于偶校验码而言，数据位加校验位后 "1" 的总个数是偶数。

下面设计一个采用偶校验的 4 位二进制(奇)偶产生/校验器。表 8.8 列出了偶校验的真值表，由此可写出校验位 P 的逻辑表达式：

$$P = D_3 \oplus D_2 \oplus D_1 \oplus D_0$$

表 8.8　偶校验的真值表

数据位 $D_3D_2D_1D_0$	校验位 P
0 0 0 0	0
0 0 0 1	1
0 0 1 0	1
0 0 1 1	0
0 1 0 0	1
0 1 0 1	0
0 1 1 0	0
0 1 1 1	1
1 0 0 0	1
1 0 0 1	0
1 0 1 0	0
1 0 1 1	1
1 1 0 0	0
1 1 0 1	1
1 1 1 0	1
1 1 1 1	0

实现校验位 P 的电路如图 8.19 所示。为了检验所传送的数据位及偶校验位是否正确，还应设计偶校验检测器。在接收端根据接收的数据位生成校验位 P' 与收到的校验位 P 进行比较就实现了校验功能，电路如图 8.20 所示。其中，E 是输出的校验结果，若 P' = P，则 E = 0，表示校验正确；若 P' ≠ P，则 E = 1，表示校验错误。

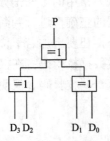

图 8.19 偶校验位产生电路

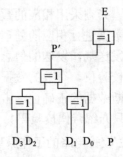

图 8.20 偶校验电路

图 8.21 是常用奇偶产生/校验器 CT74180 的逻辑符号，其输入、输出信号的含义分别描述如下：

A～H——数据输入端。

ODD——奇校验控制输入端。

EVEN——偶校验控制输入端。

ODD 和 EVEN 是一对互补输入端，不能同时为 0 或 1。

F_{OD}——奇校验输出端。

F_{EV}——偶校验输出端。

F_{OD} 和 F_{EV} 是一对互补输出端，不能同时为 0 或 1。

当 A～H 中输入的数据中 1 的个数为偶数时，有：$F_{EV} = \overline{ODD}$，$F_{OD} = \overline{EVEN}$；当 A～H 中输入的数据中 1 的个数为奇数时，有：$F_{EV} = \overline{EVEN}$，$F_{OD} = \overline{ODD}$。

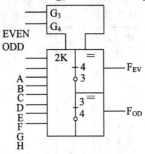

图 8.21 CT 74180 的逻辑符号

CT74180 的逻辑功能真值表见表 8.9。

表 8.9 CT74180 的真值表

输 入			输 出	
A～H 中 1 的个数	EVEN	ODD	F_{EV}	F_{OD}
偶数	1	0	1	0
	0	1	0	1
奇数	1	0	0	1
	0	1	1	0
×	1	1	0	0
	0	0	1	1

2. 奇偶产生/校验电路的 Verilog HDL 设计与仿真

代码 8.9 是一个奇偶产生/校验模块的 Verilog HDL 程序,当该模块的数据位宽度参数选择 8 时可以实现 CT74180 器件的功能,其数据位的宽度可以用参数 n 进行设置。

【代码 8.9】 奇偶校验/产生模块。

```verilog
module odd_even_check(data,even,odd,Fod,Fev);
    input [n-1:0] data;         //待传送数据
    input even,odd;             //奇偶控制输入
    output reg Fod,Fev;         //奇偶产生/校验位输出
    reg temp;

    parameter n=8;

    always@(data,even,odd)
    begin
        temp=^data;
        case({even,odd})
            2'b00:{Fev,Fod}=2'b11;
            2'b01:
                if(temp)
                  {Fev,Fod}=2'b10;
                else
                  {Fev,Fod}=2'b01;
            2'b10:
                if(temp)
                  {Fev,Fod}=2'b01;
                else
                  {Fev,Fod}=2'b10;
            2'b11:{Fev,Fod}=2'b00;
        endcase
    end
endmodule
```

代码 8.9 的功能仿真结果见图 8.22。

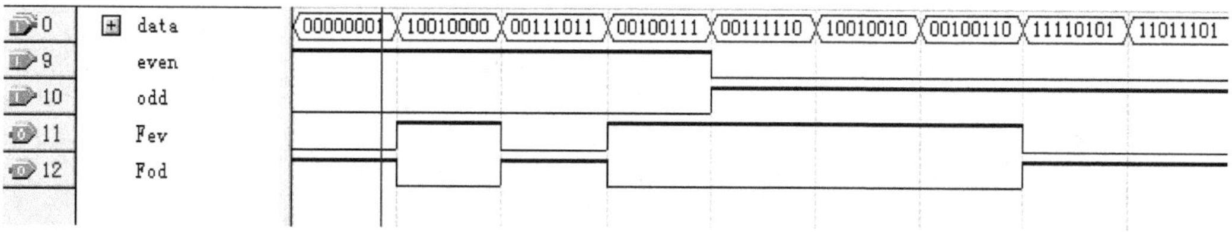

0	data	00000001	10010000	00111011	00100111	00111110	10010010	00100110	11110101	11011101
9	even									
10	odd									
11	Fev									
12	Fod									

图 8.22 奇偶产生/校验器的功能仿真结果

图 8.22 中的数据为二进制显示结果，与表 8.9 所示功能一致。图中，当 even=1、odd=0 时，若数据 data 中的 1 为奇数个(如图中的 data 为 00000001 和 00111011)，则校验位 Fev=1、Fod=0；若数据 data 中的 1 为偶数个(如图中的 10010000)，则校验位 Fev=0、Fod=1。当 even=0、odd=1 时，若数据 data 中的 1 为奇数个(如图中的 data 为 00111110 和 10010010)，则校验位 Fev=1、Fod=0；若数据 data 中的 1 为偶数个(如图中的 11110101 和 11011101)，则校验位 Fev=0、Fod=1。

第 9 章　常用时序逻辑电路设计

　　时序逻辑电路的特点是：任何时刻的输出信号不仅取决于当时的输入信号，还与电路的历史状态相关。因此，时序逻辑电路必须包含有记忆性的元件，这是它与组合电路最大的区别，触发器就是具有记忆功能的基本元件。常见的时序逻辑电路主要包括计数器、移位寄存器等。本章主要介绍各种类型的触发器以及常用时序逻辑电路的 Verilog HDL 设计和仿真。

9.1　触　发　器

　　触发器是能够存储或记忆一位二进制信息的基本单元电路。触发器有两个基本特点：第一，有两个能够保持的稳定状态，分别用逻辑 0(称为 0 状态)和逻辑 1(称为 1 状态)表示。第二，在适当输入信号作用下，可从一种稳定状态翻转到另一种稳定状态，并且在输入信号取消后，能将新的状态保存下来。为了明确表示触发器的状态，通常把接收输入信号之前的状态称为现态，记作 Q^n，将接收输入信号之后的状态称为次态，记作 Q^{n+1}。

　　触发器的种类很多，分类方法也各不相同。按触发器的触发方式分，有电位触发方式的触发器、主从触发方式的触发器和边沿触发方式的触发器等几种。按照触发器的逻辑功能来分，有 R-S 触发器、D 触发器、J-K 触发器和 T 触发器等。

9.1.1　R-S 触发器

　　时钟信号 CP 高有效的钟控 R-S 触发器逻辑符号见图 9.1。钟控 R-S 触发器的状态转移真值表见表 9.1，表中示出的均为 CP 有效(CP=1)时的情况。

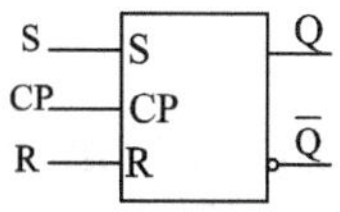

表 9.1　钟控 R-S 触发器的状态转移真值表

S	R	Q^{n+1}
0	0	Q^n
0	1	0
1	0	1
1	1	不确定

图 9.1　钟控 R-S 触发器的逻辑符号

　　从表 9.1 中可以看出，输出 Q^{n+1} 的状态受 R、S 的控制，当 S=1、R=0 时，输出 $Q^{n+1}=1$，实现触发器的置 1 功能；当 S=0、R=1 时，输出 $Q^{n+1}=0$，实现清零功能；当 S=0、R=0 时，输出 $Q^{n+1}=Q^n$，即保持原有状态不变。按照上面分析的 S 和 R 的功能，S 称为置位信号(使 $Q^{n+1}=1$)，R 称为复位信号(使 $Q^{n+1}=0$)。

　　注意：当控制输入端 R 和 S 同时为 1 时会出现不确定的状态，必须避免这种情况的发生，因此基本 R-S 触发器在工作时必须满足约束条件，即 $R \cdot S=0$。

代码 9.1 是用 4 个与非门实现的钟控 R-S 触发器模块，其功能仿真结果如图 9.2 所示。

【代码 9.1】 钟控 R-S 触发器模块。

```
module BASIC_RS_CP(R, S, CP, Q, Qn);
    input R, S, CP;
    output Q, Qn;
    wire Rd, Sd;
    nand u1(Sd, S, CP);
    nand u2(Rd, R, CP);
    nand u3(Q, Qn, Sd);
    nand u4(Qn, Q, Rd);
endmodule
```

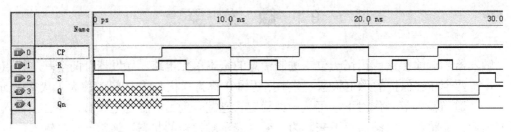

图 9.2 基本 R-S 触发器的功能仿真结果

从图 9.2 可以看出，在 CP=1 期间，当 R=1，S=0 时，Q=0；当 R=0，S=1 时，Q=1；当 R=0，S=0 时，Q 保持不变。当 CP=0 时，触发器的状态保持不变。需要注意的是，在 CP 有效时，不能出现 R=1 和 S=1 的情况，因为若此时 Q=1、Qn=1，将与触发器的状态定义不相符，即 0 状态时 Q=0、Qn=1，1 状态时 Q=1、Qn=0。

9.1.2 D 触发器

D 触发器是应用非常广泛的电路，它在使用时没有约束条件，可以方便地构成各种时序逻辑电路。

图 9.3 是上升沿触发的 D 触发器的逻辑符号。表 9.2 是 D 触发器的状态转移真值表。D 触发器的功能是在满足触发条件的情况下，$Q^{n+1}=D$。

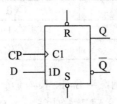

图 9.3 D 触发器的逻辑符号

表 9.2 D 触发器状态转移真值表

D	Q^{n+1}
0	0
1	1

1．基本功能 D 触发器

代码 9.2 是实现上升沿触发的 D 触发器基本功能的 Verilog HDL 模块代码。其功能仿真如图 9.4 所示。

【代码 9.2】 上升沿触发的 D 触发器模块。

```
module BASIC_DFF_UP(D,CP,Q,QN);    //基本功能 D 触发器
    input D,CP;
    output reg Q;
    output QN;

    assign QN=~Q;

    always@(posedge CP)
        begin
            Q<=D;
        end
    endmodule
```

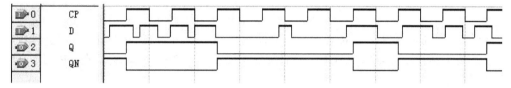

图 9.4 D 触发器的功能仿真结果

从图 9.4 可以看出，在每个 CP 的上升沿时刻，输出 Q 的状态直接受 D 的控制。

2. 带异步置位复位端的 D 触发器

实际应用中的触发器为了便于控制，通常还设置有复位信号 R 和置位信号 S。复位信号和置位信号对电路状态的影响有同步和异步两种控制方式。

异步置位复位信号的变化直接影响着电路的状态，而与时钟信号 CP 无关。表 9.3 是异步复位置位(R 和 S 高电平有效)D 触发器的状态转移真值表。

表 9.3 D 触发器状态转移真值表

R	S	CP	D	Q^{n+1}
0	0	↑	D	D
0	1	X	X	0
1	0	X	X	1

代码 9.3 实现了一个具有异步复位置位功能、上升沿触发的 D 触发器模块。其功能仿真结果如图 9.5 所示。

【代码 9.3】 带异步置位复位端的 D 触发器模块。

```
module ASYNC_RS_D_FF (D，CP，R，S，Q，QN);
    input D，CP，R，S;
    output Q，QN;
    reg Q;
    assign QN=~Q;
```

```
always@(posedge CP or posedge R or posedge S)
    if(R)
        Q<=1'b0;
    else if(S)
        Q<=1'b1;
    else
        Q<=D;
endmodule
```

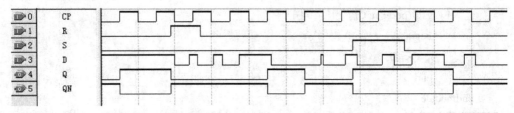

图 9.5　具有异步置位复位功能的 D 触发器的功能仿真结果

分析图 9.5 可以看出，当 R=1 时，Q 立即置 0；当 S=1 时，Q 立即置 1。置位信号 S 和复位信号 R 直接决定着电路的状态，与时钟信号无关。当 R=0、S=0 时，在 CP 的上升沿 Q 接受 D 的控制。

3. 带同步置位复位端的 D 触发器

同步置位和复位控制信号对触发器电路状态的影响受到时钟信号 CP 的控制，只有在时钟信号有效的情况下才会影响触发器的输出状态。表 9.4 是在时钟信号 CP 上升沿实现同步复位和置位功能的 D 触发器的状态转移真值表。

表 9.4　D 触发器状态转移真值表

R	S	CP	D	Q^{n+1}
0	0	↑	D	D
0	1	↑	X	0
1	0	↑	X	1

代码 9.4 是另一个描述 D 触发器模块的 Verilog HDL 程序，与代码 9.3 不同的是其复位和置位功能是同步的。其功能仿真结果如图 9.6 所示。

【代码 9.4】　同步置位复位端 D 触发器模块。

```
module SYNC_RS_D_FF(D，CP，R，S，Q，QN);
    input D，CP，R，S;
    output  Q，QN;
    reg Q;

    assign QN=~Q;
    always@(posedge CP)
        if(R)
            Q<=1'b0;
```

```
        else if(S)
            Q<=1'b1;
        else
            Q<=D;
    endmodule
```

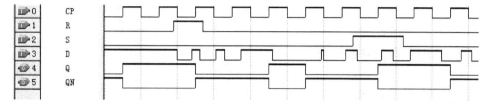

图 9.6 具有同步置位复位功能的 D 触发器的功能仿真结果

分析图 9.6 可以看出，当 R=1 时，只有 CP 的上升沿到来时 Q 才为 0；同样，当 S=1 时，在 CP 的上升沿 Q 才为 1 。因此置位信号 S 和复位信号 R 对电路状态的影响还与时钟信号 CP 有关。

比较代码 9.3 和代码 9.4 可以发现，在实现异步控制时，要将复位、置位控制信号写入到 always 语句的敏感时间列表中，当置位和复位控制信号变化时直接引发相应的处理，而同步控制时，只有时钟信号有效时才对控制信号进行判断。

9.1.3 JK 触发器

JK 触发器既能够解决钟控 R-S 触发器中对输入信号的条件约束问题，同时与 D 触发器相比又具有较强的控制功能，其应用非常广泛。

图 9.7 是下降沿触发的 JK 触发器的逻辑符号。表 9.5 是 JK 触发器的状态转移真值表。从表 9.5 可以看出，与 D 触发器相比，JK 触发器还具有状态翻转功能。

表 9.5 JK 触发器的状态转移真值表

J	K	Q^{n+1}	功能
0	0	Q^n	保持
0	1	0	置0
1	0	1	置1
1	1	$\overline{Q^n}$	翻转

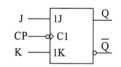

图 9.7 JK 触发器的逻辑符号

代码 9.5 是 JK 触发器模块的 Verilog HDL 程序，该模块具有异步复位和置位控制端，其功能仿真结果如图 9.8 所示。

【代码 9.5】 带异步置位复位端的 JK 触发器模块。

```
module ASYNC_RS_JK_FF(J，K，CP，R，S，Q，QN);
    input J，K，CP，R，S;
    output Q，QN;
    reg Q;
    assign QN=~Q;
```

```
always@(posedge CP or posedge R or posedge S)
    if(R)
        Q<=1'b0;
    else if(S)
        Q<=1'b1;
    else
        begin
        if(J==1&&K==1)
            Q<=~Q;
        else if(J==0&&K==1)
            Q<=1'b0;
        else if(J==1&&K==0)
            Q<=1'b1;
        end
endmodule
```

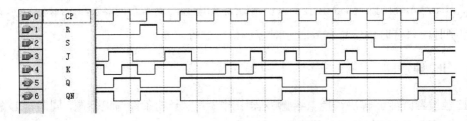

图 9.8　具有异步置位复位功能的 JK 触发器的功能仿真结果

由图 9.8 可以看出，当 R 和 S 为异步控制信号且 R、S 均无效(低电平)时，在 CP 的上升沿到来时，若 JK=10，则 Q=1；若 JK=01，则 Q=0；若 JK=11，则 Q 取反；若 JK=00，则 Q 保持原状态不变。

9.1.4　T 触发器

T 触发器的逻辑功能比较简单，只有保持和翻转功能，其逻辑符号见图 9.9，状态转移真值见表 9.6。

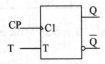

图 9.9　T 触发器的逻辑符号

表 9.6　T 触发器的状态转移真值表

T	Q^{n+1}	功能
0	Q^n	保持
1	$\overline{Q^n}$	翻转

【代码 9.6】　钟控 T 触发器模块。

```
module T_FF(T,CLK,Q,QN);
    input T,CLK;
```

```
    output   Q,QN;
    reg Q;

    assign QN=~Q;

    always@(posedge CLK)
        if(T)
            Q<=~Q;
endmodule
```

其功能仿真结果如图 9.10 所示。

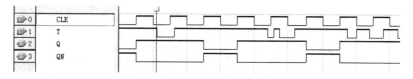

图 9.10　T 触发器的功能仿真结果

图 9.10 中 Q 与 T 的关系请读者自行分析。

9.2　计　数　器

计数器是对输入脉冲个数进行计数的电路，也可用来实现分频、定时以及产生节拍脉冲和进行数字运算等。计数器在硬件上是由门电路和触发器实现的。计数器是数字电路中应用非常广泛的一种电路，本节介绍几种常见计数器的 Verilog HDL 模块。

9.2.1　常用的二进制计数器

1．基本同步计数器

基本计数器是指能够实现简单计数功能的计数器。这里描述的是上升沿触发的基本计数器，即基本同步计数器。其模块实现见代码 9.7。基本同步计数器的端口信号说明如下：

CP——时钟输入信号；

Q——计数器输出信号，计数位数由参数 msb 设定，msb 缺省时值为 3；

CO——进位输出端。

通过设置计数位数参数 msb 可以实现指定 2^n 计数器。若将 msb 设置为 4，则可以实现三十二进制计数器。

【代码 9.7】　基本同步计数器模块。

```
    module COUNTER_BASIC(CP,Q,C0);
        parameter msb=3;
        input CP;
        output reg [msb:0] Q;
```

```
            output reg C0;

            always@(posedge CP)
                begin
                    if(&Q==1)
                            C0<=1;
                    else
                            C0<=0;
                    Q<=Q+1'b1;
                end
        endmodule
```

代码 9.7 的功能仿真结果如图 9.11 所示。

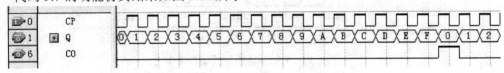

图 9.11　基本同步计数器的功能仿真结果

图 9.11 中，Q 的数据显示为十六进制，从中可以看出，该模块在调用时其参数 msb=3，因此可以实现十六进制计数。在每个时钟脉冲的上升沿，计数器进行加 1 计数，当计数到 15(即输出 Q 各位全 1)时，在下一个时钟信号的上升沿其进位输出信号 CO 为低电平，并持续一个时钟周期。

2．具有复位端口的同步计数器

(1) 同步复位计数器。其模块实现见代码 9.8，它是在代码 9.7 基本同步计数器模块的基础上增加了同步复位功能的计数器。其端口信号说明如下：

　　CP——时钟输入信号；

　　R——同步复位信号；

　　Q——计数器输出信号，计数位数由参数 msb 设定，msb 缺省时值为 3；

　　CO——进位输出端。

【代码 9.8】　同步复位计数器模块。

```
        module COUNTER_SYNC_R(CP,R,Q,C0);
            parameter msb=3;
            input CP,R;
            output reg [msb:0] Q;
            output reg C0;

            always@(posedge CP)
                if(R==1)
                    begin
                        Q<=0;
```

```
            C0<=0;
        end
    else
    begin
        if(&Q==1)
            C0<=1;
        else
            C0<=0;
        Q<=Q+1'b1;
    end
endmodule
```

代码 9.8 的功能仿真波形如图 9.12 所示。

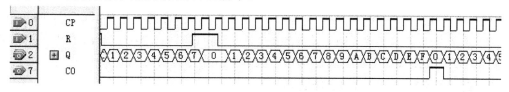

图 9.12　同步复位计数器的功能仿真波形

图 9.12 是 msb=3 时的十六进制计数器，其中计数值 Q 以十六进制数显示。从图中可以看出，当 Q=7 时，R 为高电平后在 CP 的上升沿到来时，Q 才变为 0，因此 R 是同步复位信号。

(2) 异步复位计数器。异步复位计数器模块的实现见代码 9.9，它是在代码 9.7 基本同步计数器模块的基础上实现的。其中 R 是异步复位信号。该模块的端口信号与代码 9.8 相同。

【代码 9.9】　异步复位计数器模块。

```
module counter_async_r(CP,R,Q,C0);
    parameter msb=3;
    input CP,R;
    output reg [msb:0] Q;
    output reg    C0;

    always@(posedge CP or posedge R )
    if(R==1)
        begin
            Q<=0;
            C0<=0;
        end
    else
        begin
            if(&Q==1)
```

```
                        C0<=1;
                else
                        C0<=0;
                Q<=Q+1'b1;
            end
        endmodule
```

代码 9.9 的功能仿真波形如图 9.13 所示。

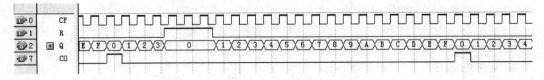

图 9.13 异步复位计数器的功能仿真波形

图 9.13 是 msb=3 的仿真结果，计数值 Q 显示为十六进制数。比较图 9.12 和图 9.13 可以看出，仿真波形均是参数 msb=3 时的情况，所不同的是图 9.12 中，当 R=1 时，必须在时钟 CP 的上升沿到来后才能使计数器清零；在图 9.13 中，当 R=1 时计数器立即清零。

3. 具有同步置数端口的同步计数器

代码 9.10 是在代码 9.8 实现的具有同步复位功能计数器模块的基础上，增加了同步置数功能。该模块的实现见代码 9.10。其端口信号说明如下：

CP——时钟输入信号；

R——同步复位信号；

D——待置入的输入数据；

S——同步置数信号；

Q——计数器输出信号，计数位数由参数 msb 设定，msb 缺省时值为 3；

CO——进位输出端。

【代码 9.10】 具有同步置数功能的计数器模块。

```
module COUNTER_R_DATASET(CP,R,S,D,Q,C0);
    parameter msb=3;
    input CP,R,S;
    input [msb:0] D;
    output reg [msb:0] Q;
    output reg C0;

    always@(posedge CP)
        if(R==1)
            Q<=0;
        else if(S==1)
            Q<=D;
        else
```

```
        begin
        if(&Q==1)
            C0<=1;
        else
            C0<=0;
        Q<=Q+1'b1;
        end
    endmodule
```

代码 9.10 的仿真波形如图 9.14 所示。

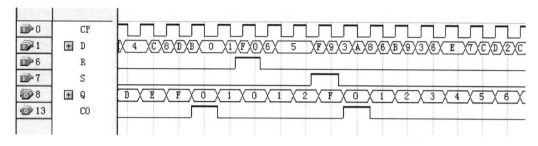

图 9.14   具有同步置数功能的计数器仿真波形

从图 9.14 可以看出，该计数器可以在 R 为高电平时实现同步清零，在 S 为高电平时实现同步置数，置数的功能是使计数器的计数值与数据输入端 D 的数据相同，当 S=1 时，在时钟信号的上升沿，D 端的数据是"F"，因此计数器的计数值也被置为"F"。

4. 具有计数使能端口的同步计数器

代码 9.11 是在具有异步复位、置数功能计数器模块的基础上，增加了计数控制端 E，且只有 E 有效时才对时钟信号加 1 计数，而当 E 无效时停止计数。该模块的端口信号说明如下：

CP——时钟输入信号；

R——异步复位信号；

S——异步置数信号；

D——待置入的输入数据；

E——计数控制信号，用于控制计数器的计数状态，当 E=0 时停止计数，当 E=1 时正常计数；

Q——计数器输出信号，计数位数由参数 msb 设定，msb 缺省时值为 3；

CO——进位输出端。

【代码 9.11】   具有计数控制功能的计数器模块。
```
    module COUNTER_R_ENABLE(CP,R,S,E,D,Q,C0);
        parameter msb=3;
        input CP,R,S,E;
        input [msb:0] D;
        output reg [msb:0] Q;
```

```
output reg C0;

always@(posedge CP or posedge R or posedge S)
    if(R)
      Q<=0;
    else   if(S)
      Q<=D;
    else
      if(E)
        begin
        if(&Q==1)
                C0=1;
        else
                C0=0;
        Q<=Q+1'b1;
      end
  endmodule
```

代码 9.11 的仿真波形如图 9.15 所示。

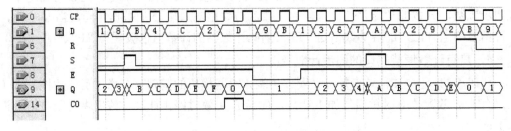

图 9.15　具有计数控制功能的计数器仿真波形

从图 9.15 可以看出，当计数控制端 E=1 时，计数器对时钟信号进行加 1 计数；当计数器的计数值为"1"时，控制信号 E=0，因此计数器停止计数，一直保持计数值"1"；当 E=1 时，计数器继续进行加 1 计数。

9.2.2　加减控制计数器

加减控制计数器可以在控制信号的作用下实现加法计数或减法计数功能。

代码 9.12 是实现了加减控制的计数器模块，同时具有异步复位、置位功能。该模块的端口信号说明如下：

CP——时钟输入信号；

R——异步复位信号；

S——异步置 1 信号，将各触发器置全 1；

ADD——加减计数控制端(当 ADD=0 时，减 1 计数；当 ADD=1 时，加 1 计数)；

Q——计数器输出信号，计数位数由参数 msb 设定，msb 缺省时值为 3；

CO——进位输出端。

【代码 9.12】 加减可控同步计数器模块。

```verilog
module COUNTER_SUB_ADD(CP,R,S,ADD,Q,C0);
    parameter msb=2;
    input CP,R,S,ADD;
    output reg [msb:0] Q;
    output reg C0;

    always@(posedge CP or posedge R or posedge S)
        if(R)
         begin
          C0<=0;
          Q<=0;
         end
        else   if(S)
         begin
          Q<=0-1'b1;
          C0<=0;
         end
        else
          begin
             if(ADD)
                Q<=Q+1'b1;
             else
                Q<=Q-1'b1;
             if(|Q==0)
                C0<=1;
             else
                C0<=0;
          end
endmodule
```

代码 9.12 的仿真波形如图 9.16 所示。

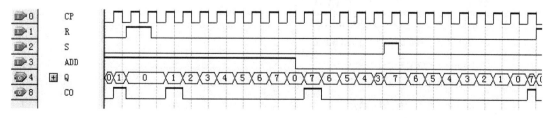

图 9.16 加减可控计数器的仿真波形

从图 9.16 可以看出，当加减控制端 ADD=1 时，计数器实现加 1 计数；当 ADD=0 时，计数器实现减 1 计数。若上一计数状态 Q 为 0，则输出 C0 为 1，即加法计数时当前状态为 1，C0=1；减法计数时当前状态为 7，C0=1。

9.2.3　特殊功能计数器

前面介绍的计数器在计数时都采用的是二进制数，而采用二进制的计数状态有时会出现多个状态位的变化，由于电路的冒险和竞争会反映在输出中，从而输出中会出现毛刺或计数错误的现象。为了解决这个问题，常使用格雷码计数器和扭环计数器。

1．格雷码计数器

格雷码计数器的特点是相邻两个计数状态数之间仅有一个二进制位不同，所以计数过程中不易出现错误。

(1) 从格雷码到二进制码的转换。

设长度为 n 的二进制码为 Bin，其对应的 n 位格雷码为 Gray。其对应关系为：

$Gray[n-1]=Bin[n-1]$

$Gray[i]=Bin[i]\text{\textasciicircum}Bin[i+1]$　　　$(i=0\sim n-2)$

例如 4 位二进制码到格雷码的对应关系是：

$Gray[3]=Bin[3]$

$Gray[2]=Bin[2]\text{ \textasciicircum}Bin[3]$

$Gray[1]=Bin[1]\text{ \textasciicircum}Bin[2]$

$Gray[0]=Bin[0]\text{ \textasciicircum}Bin[1]$

(2) 从二进制码到格雷码的转换。其对应关系为：

$Gray[n-1]=Bin[n-1]$

$Gray[i]=Bin[i]\text{\textasciicircum}Bin[i+1]\text{ \textasciicircum}\cdots\text{\textasciicircum}Bin[n-1]$　　　$(i=0\sim n-2)$

例如 4 位格雷码到二进制码的对应关系是：

$Bin[3]=Gray[3]$

$Bin[2]=Gray[2]\text{ \textasciicircum}Gray[3]$

$Bin[1]=Gray[1]\text{ \textasciicircum}Gray[2]\text{ \textasciicircum}Gray[3]$

$Bin[0]=Gray[0]\text{ \textasciicircum}Gray[1]\text{ \textasciicircum}Gray[2]\text{ \textasciicircum}Gray[3]$

代码 9.13 是格雷码计数器的实现代码，其端口信号说明如下：

clk——时钟输入信号；

Reset——异步复位信号；

Gray——格雷码计数器输出信号。

【代码 9.13】　格雷码计数器模块。

```
module Graycounter(clk,Reset,Gray);
    parameter msb=4;
    input clk,Reset;
    output reg [msb-1:0] Gray;
    reg [msb-1:0] Gtemp,Bin,counter,temp;
```

```
integer i;

always@(posedge clk or posedge Reset)
    if(Reset)
        Gray<=0;
    else
        Gray<=temp;

always@(Gray)
    begin
        for(i=0;i<msb;i=i+1)
            Bin[i]=^(Gray>>i);
        counter=Bin+1'b1;
        temp=(counter>>1)^counter;
    end
endmodule
```

代码 9.13 的仿真波形如图 9.17 所示。

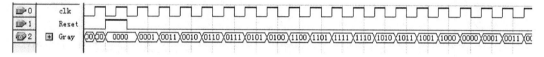

图 9.17 格雷码计数器的仿真波形

图 9.17 显示的是 msb=3 时的 4 位格雷码计数器的计数状态，图中数据 Gray 采用二进制数据显示。从计数输出状态 Gray 中可以看出，任意两个相邻的计数状态中仅有一位不同，例如 Gray=0011，则下一状态为 0010，只有一位发生了变化。

2．扭环计数器

扭环计数器是由 n 位移位寄存器构成的计数器，其特点是将串行输出端取反后送入串行数据输入端。例如，3 位左移扭环计数器的状态变化为 000→001→011→111→110→100→000…

扭环计数器的实现见代码 9.14，其端口中 Jcounter 是输出信号。

【代码 9.14】 扭环计数器模块。

```
module J_COUNTER(clk,Reset,Jcounter);
    parameter msb=3;
    input clk,Reset;
    output reg [msb-1:0] Jcounter;

    always@(posedge clk or posedge Reset)
        if(Reset)
            Jcounter<=0;
```

```
        else
            if(Jcounter[msb-1])
                Jcounter<={Jcounter[msb-2:0],1'b0};
            else
                Jcounter<={Jcounter[msb-2:0],1'b1};

    endmodule
```

代码 9.14 的仿真波形如图 9.18 所示。

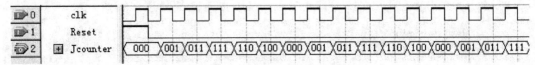

图 9.18　扭环计数器的仿真波形

图 9.18 显示的是 msb=3 时的 3 位扭环计数器的计数状态，其中 Jcounter 采用二进制数据显示，3 位扭环计数器的计数状态循环为 000→001→011→111→110→100。

9.3　寄 存 器

寄存器是指能够将数据进行暂存的电路。寄存器按功能可以分为两大类：基本寄存器和移位寄存器。

基本寄存器的数据只能并行地输入或输出；移位寄存器中的数据可以在移位脉冲作用下依次逐位右移或左移，数据既可以并行输入并行输出，也可以并行输入串行输出、串行输入串行输出、串行输入并行输出，因其数据输入输出方式非常灵活，因此用途非常广泛。

9.3.1　基本寄存器

基本寄存器的功能是在脉冲和控制信号的作用下实现对输入数据的存入。常见的寄存器有输入数据控制端和输出数据控制端。

1．具有锁存控制端的寄存器

具有锁存控制端的寄存器可以在锁存信号的控制下对输入的数据进行存储。代码 9.15实现了一个 8 位锁存器模块，其端口信号说明如下：

D——8 位数据输入端；

CP——时钟输入信号；

G——数据锁存控制信号；

Q——8 位计数器输出信号。

【代码 9.15】　具有锁存控制功能的寄存器模块。

```
module LATCH8(D，CP，G，Q);              //8 位锁存器模块
    input [7:0] D;
    input G，CP;
    output reg [7:0] Q;
```

```
    always@(posedge CP)
        if(G)
            Q<=D;

    endmodule
```

代码 9.15 的功能仿真波形如图 9.19 所示。

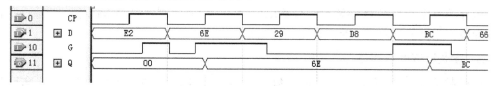

图 9.19 具有锁存控制功能的寄存器的功能仿真波形

图 9.19 中显示的数据均为十六进制数，从图中可以看出，该寄存器只有在锁存控制信号 G=1 时，才在每个时钟信号 CP 的上升沿对输入 D 端的数据进行锁存。

2．具有输出缓冲功能的寄存器

具有输出缓冲功能的寄存器有一个输出使能控制信号，在该信号有效的情况下，寄存器的数据直接输出，否则寄存器输出高阻状态。这类寄存器可以直接连接在总线上与其他设备进行数据传输。代码 9.16 是一个具有输出缓冲功能的 8 位寄存器模块，图 9.20 是其功能仿真波形，它的端口信号说明如下：

D——8 位数据输入端；

CP——时钟输入信号；

OE——输出使能控制信号；

Q——8 位计数器输出信号。

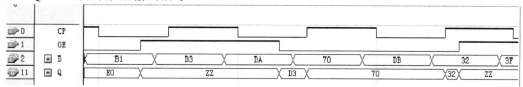

图 9.20 具有输出缓冲功能的 8 位寄存器的功能仿真波形

【代码 9.16】 具有输出缓冲功能的 8 位寄存器模块。

```
    module REGISTER8(D，OE，CP，Q);          //具有输出缓冲功能的寄存器模块
        input [7:0] D;
        input OE，CP;
        output reg [7:0] Q;
        reg [7:0] Qtemp;

        always@(posedge CP)
            Qtemp<=D;

        always@(OE)
            if(!OE)
```

```
            Q=Qtemp;
        else
            Q=8'hzz;
    endmodule
```

从图 9.20 可以看出,该寄存器在每个时钟信号 CP 的上升沿对输入 D 端的数据进行锁存,锁存的数据能否在 Q 端输出受到输出控制端 OE 的控制,当 OE=0 时,输出 Q 的值与锁存的数据相同;当 OE=1 时,输出为高阻状态。

3. 字长可变的通用寄存器

寄存器在使用时,存储的二进制位数(即字长)往往是根据需要来设置的。代码 9.17 实现了一个字长由参数 msb 决定的通用寄存器模块,该寄存器具有输入锁存、输出缓冲的功能。其端口信号说明如下:

D——8 位数据输入端;

CP——时钟输入信号;

LE——输入锁存信号;

OE——输出使能控制信号;

Q——8 位计数器输出信号。

【代码 9.17】 字长可变的通用寄存器模块。

```
module REGISTER_16B(D, CP, LE, OE, Q);          //顶层模块
    input [15:0] D;
    input LE, OE, CP;
    output [15:0] Q;
    general_reg #(15) u1(.D(D), .LE(LE), .CP(CP), .OEn(OE), .Q(Q));
endmodule
module general_reg(D, LE, OEn, CP, Q);          //通用寄存器模块
    parameter msb=7;
    input [msb:0] D;
    input LE, OEn, CP;
    output reg [msb:0] Q;
    reg [msb:0] Qtemp;
    always@(posedge CP)
        if(LE)
            Qtemp<=D;
    always@(OEn)
        if(!OEn)
            Q=Qtemp;
        else
            Q='bz;
endmodule
```

代码 9.17 的功能仿真波形如图 9.21 所示。

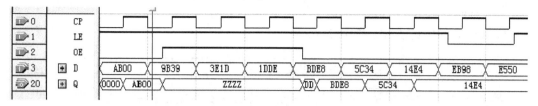

图 9.21 16 位字长可变的通用寄存器的功能仿真波形

图 9.21 显示的是当参数 msb=15 时的 16 位寄存器的功能仿真波形。从图中可以看出，在第一个 CP 上升沿时刻 D=AB00，寄存器将该数据锁存，此时输出控制信号 OE=0(输出有效)，因此寄存器输出其锁存的数据 Q=AB00；随后 OE 变成高电平，输出 Q 是高阻状态。从图中还可以看出，当锁存控制端 LE=0 时，不能对输入数据 D 进行锁存。

9.3.2 移位寄存器

移位寄存器不但可以寄存数据，而且能够在移位脉冲的作用下将寄存的数据向左或向右移动。移位寄存器按照移位的方式可以分为单向移位寄存器和双向移位寄存器。

1. 单向串入串出移位寄存器

单向右移移位寄存器的电路结构特点是，左边触发器的输出端接右邻触发器的输入端。对应的，左移寄存器电路则是右边触发器的输出端接左邻触发器的输入端。

代码 9.18 是一个实现数据位从低位(D_0)到高位(D_3)移位的串入串出移位寄存器模块，其端口信号说明如下：

　　Din——串行数据输入信号；

　　CP——时钟信号；

　　Dout——串行数据输出信号。

【代码 9.18】 4 位单向串入串出的移位寄存器模块。

```verilog
module S_S_SHIFTREG4(Din，CP，Dout);
    input Din，CP;
    output    Dout;
    assign Dout=Q[3];
    reg [3:0] Q;
    initial
        Q=8'hB0;
    always@(posedge CP)
      begin
        Q[3]<=Q[2];
        Q[2]<=Q[1];
        Q[1]<=Q[0];
        Q[0]<=Din;
```

```
        end
    endmodule
```

代码 9.18 的仿真波形如图 9.22 所示。

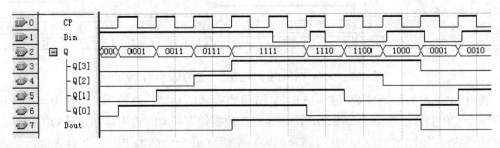

图 9.22　单向串入串出的 4 位移位寄存器仿真波形

在图 9.22 中，为了使读者看到数据在寄存器内部串行传送的关系，显示出了 4 个触发器的状态 Q。在每个时钟信号 CP 的上升沿实现各触发器状态的移位，即 $Q_0=Din$、$Q_1=Q_0$、$Q_2=Q_1$、$Q_3=Q_2$，串行输出端 $Dout=Q_3$。需要注意的是，代码中实现寄存器移位功能的语句必须采用非阻塞赋值语句。

2. 双向串入并出移位寄存器

双向串入并出移位寄存器是指数据寄存器的数据可以在控制信号的作用下实现左右两个方向的移动，寄存器的数据可以作为一个整体输出，即并行输出。代码 9.19 实现了一个具有双向串行输入并行输出的移位寄存器模块，其端口信号说明如下：

Din——串行数据输入信号；

direct——移位方向控制信号；

CP——时钟信号；

Q[3:0]——并行数据输出信号。

【代码 9.19】　4 位双向串入并出的移位寄存器模块。

```
module S_P_SHIFTREG4_LR(Din，direct，CP，Q);
    input Din，CP;
    input direct;
    output reg [3:0] Q;
    always@(posedge CP)
        if(direct)
            begin
                Q[3]<=Q[2];
                Q[2]<=Q[1];
                Q[1]<=Q[0];
                Q[0]<=Din;
            end
        else
            begin
```

```
        Q[2]<=Q[3];
        Q[1]<=Q[2];
        Q[0]<=Q[1];
        Q[3]<=Din;
    end
endmodule
```

代码 9.19 的仿真波形如图 9.23 所示。

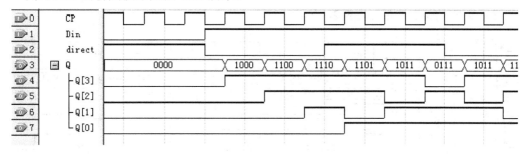

图 9.23　4 位双向串入并出寄存器的仿真波形

图 9.23 中的数据为二进制显示，可以看出，当 direct=0 时，实现 Din→Q_3→Q_2→Q_1→Q_0 移位功能；当 direct=0 时，实现 Q_3←Q_2←Q_1←Q_0←Din 移位功能。每一次移位均是在 CP 的上升沿进行的。

3. 并入串出移位寄存器

并入串出移位寄存器是指寄存器的数据可以一次并行置入，而数据的输出只有一个端口，是一位一位按顺序输出的。

代码 9.20 是一个 4 位并行输入串行输出的移位寄存器模块，其端口信号说明如下：

Din[3:0]——并行数据输入信号；

P——并行置数控制信号；

CP——时钟信号；

Dout——串行数据输出信号。

【代码 9.20】　4 位并入串出移位寄存器模块。

```
module p_s_shiftreg4_r(Din，P，CP，Dout);
    input [3:0] Din;
    input CP，P;
    output Dout;
    reg [3:0] Q;
    assign Dout=Q[0];

    always@(posedge CP)
        if(P)
            Q<=Din;
        else
```

```
            begin
                    Q[2]<=Q[3];
                    Q[1]<=Q[2];
                    Q[0]<=Q[1];
                    Q[3]<=0;
            end
    endmodule
```

代码 9.20 的仿真波形如图 9.24 所示。

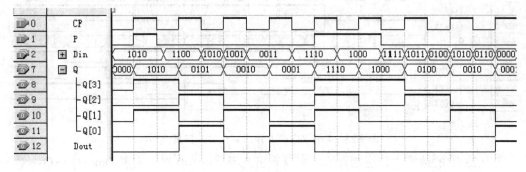

图 9.24　4 位并入串出移位寄存器的仿真波形

为了便于读者理解模块的工作原理，图 9.24 给出了移位寄存器内部 4 个触发器 Q 的状态。从图中可以看出，当 P=1 时，在时钟信号 CP 的上升沿将输入数据锁存到触发器 Q 中；当 P=0 时，在时钟信号 CP 的上升沿实现 $0 \rightarrow Q_3 \rightarrow Q_2 \rightarrow Q_1 \rightarrow Q_0$ 的移位功能。串行输出信号 $Dout= Q_0$。

9.4　分　频　器

分频器在数字系统中的应用非常广泛，它的功能是根据分频系数 N 将频率为 f 的输入信号进行 N 分频后输出，即输出信号的频率为 f/N。

对一个数字系统而言，时钟信号、选通信号、中断信号是很常用的，这些信号往往是由电路中具有频率较高的基本频率源经过分频电路产生的。常见的分频器根据分频系数可以分为偶数分频器和奇数分频器；按照分频信号的占空比则可以将分频器分为方波分频器和非方波分频器。

9.4.1　偶数分频器

偶数分频器是指分频系数是偶数，即分频系数为 N=2n(n=1，2，…)的分频电路。根据分频系数的不同又可分为 2^K 分频器和非 2^K 分频器；根据输出信号的占空比还可分为占空比 50%分频器和非占空比 50%分频器。

1. 2^K 分频器

2^K 分频器可以采用非 2^K 分频器的实现方法，只是计数模值是 2^K，这是计数器中的一种特例。利用这种特殊性其各个计数位也可被用来作为分频输出，且输出为方波。若计数器为 4 位，则计数器的最低位即可以实现二分频，次低位可实现四分频，次高位可实现八分频，最高位可以实现十六分频。

【代码 9.21】 多输出 2^K 分频器。

该分频器分别输出 K 为 1、2、4 时，即分频系数为 2、4、16，占空比为 50%的分频信号。

```verilog
module odd1_division(clk,rst,clk_div2,clk_div4,clk_div16);
    input       clk,rst;
    output      clk_div2,clk_div4,clk_div16;
    reg[15:0]       count;

    assign clk_div2=count[0];           //2¹ 分频信号
    assign clk_div4=count[1];           //2² 分频信号
    assign clk_div16=count[3];          //2⁴ 分频信号

    always @ (posedge clk)
        if(! rst)
            count <= 1'b0;
        else
            count <= count + 1'b1;
endmodule
```

代码 9.21 的功能仿真波形如图 9.25 所示。

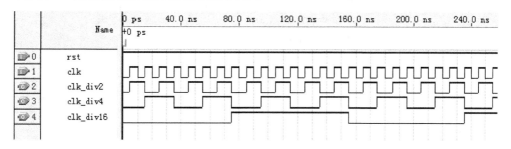

图 9.25　多输出 2^K 分频器的功能仿真波形

图 9.25 可以产生占空比是 50%的多个 2^K 分频信号，从代码中可知，这主要是利用计数器的各二进制位作输出来实现的。

2．非 2^K 分频器

(1) 占空比非 50%分频器的设计方法是首先设计一个模 N 计数器，计数器的计数范围是 0～N−1，当计数值为 N−1 时，输出为 1，否则输出为 0。

【代码 9.22】 偶数分频，输出占空比为 1∶N 的分频器。

```verilog
module samp9_22(clk,rst,clk_odd);               //odd1_division 的顶层调用模块
    input       clk;                            //输入时钟信号
    input       rst;                            //同步复位信号
```

```
    output          clk_odd;                        //输出信号

    odd1_division #(6)   u1(clk,rst, clk_odd);       //分频系数为6
endmodule
//偶数分频，输出占空比为 1:N 分频器的模块定义
module odd2_division(clk,rst,clk_out);
    input           clk,rst;
    output          clk_out;
    reg             clk_out;
    reg[3:0]        count;
    parameter       N = 6;

        always @ (posedge clk)
          if(! rst)
            begin
              count <= 1'b0;
              clk_out <= 1'b0;
            end
          else if(N%2==0)
            begin
                if ( count < N-1)                     //模 N 计数器
                  begin
                    count <= count + 1'b1;
                    clk_out<=1'b0;
                  end
                else
                  begin
                    count <= 1'b0;
                    clk_out <= 1'b1;
                  end
            end
endmodule
```

代码 9.22 的功能仿真波形如图 9.26 所示。

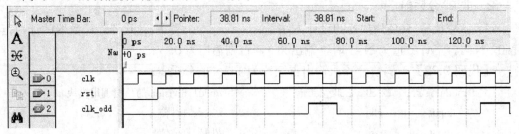

图 9.26　占空比非 50%分频器的功能仿真波形

图 9.26 是参数 N=6 时的仿真情况，从图中可以看出，在复位信号 rst 为高电平时，输出信号 clk_odd 是输入时钟 clk 的 6 分频信号，且占空比为 1∶6。

　　(2) 占空比 50% 分频器的设计方法是设计一个模 N/2 计数器，计数器的计数范围是 0~N/2−1，当计数值为 N/2−1 时，输出信号进行翻转。

　　【代码 9.23】　 输出占空比为 50% 的偶数分频器。

```
module samp9_23(clk,rst,clk_odd);        //odd2_division 的顶层调用模块
    input        clk;                    //输入时钟信号
    input        rst;                    //同步复位信号
    output       clk_odd;                //输出信号

    odd2_division #(6)    u1(clk,rst, clk_odd);
endmodule


//偶数分频，输出占空比为 50% 分频器的模块定义
module odd3_division(clk,rst,clk_out);
    input        clk,rst;                //输入时钟信号
    output       clk_out;
    reg          clk_out;
    reg[3:0]     count;
    parameter    N = 6;

        always @ (posedge clk)
          if(! rst)
            begin
              count <= 1'b0;
              clk_out <= 1'b0;
            end
          else if(N%2==0)
            begin
              if ( count < N/2-1)            //模 N/2 计数器
                begin
                  count <= count + 1'b1;
                end
              else
                begin
                  count <= 1'b0;
                  clk_out <= ~clk_out;   //输出信号翻转
                end
            end
endmodule
```

代码 9.23 的功能仿真波形如图 9.27 所示。

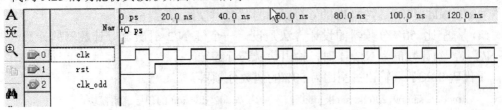

图 9.27 占空比 50%分频器的功能仿真波形

图 9.27 也是在参数 N=6 时的仿真情况，从图中可以看出，在复位信号为高电平时，输出信号 clk_odd 是输入时钟 clk 的 6 分频信号，且占空比为 50%。需要注意的是，这种分频器在使用时必须首先进行复位操作。

9.4.2 奇数分频器

奇数分频器是指分频系数是奇数，即分频系数 N=2n+1(n=1，2，…)的分频电路。奇数分频器也分为占空比 50%和非占空比 50%电路。

占空比非 50%奇数分频的实现方法与占空比 50%偶数分频器的相同，这里不再赘述。下面主要介绍占空比 50%奇数分频器的实现方法(注意占空比 50%奇数分频器要求输入的时钟信号占空比也必须是 50%)。在设计过程中需要同时利用输入时钟信号的上升沿和下降沿来进行触发，比偶数分频器略微复杂。常用的实现方式是采用两个计数器，一个计数器采用输入时钟信号的上升沿触发计数，另一个则用输入时钟信号的下降沿触发计数。这两个计数器的模均为 N ，且各自控制产生一个 N 分频的电平信号，输出的分频信号是对两个计数器产生的电平信号进行逻辑或运算，就可以得到占空比 50%奇数分频器。

例如，一个 5 分频的分频器的实现过程中，两个计数器的工作与输出信号的关系如图 9.28 所示。两个计数器分别是 count1 和 count2，clk_A、clk_B 分别是 count1、count2 控制的模 5 计数器输出端，clk_even 是信号 clk_A 和 clk_B 的逻辑或输出端。需要注意的是，该电路必须在一次复位信号有效后才能正常工作。

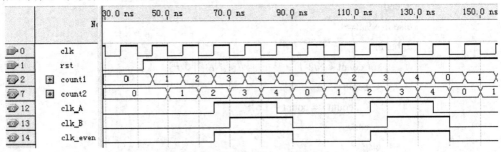

图 9.28 奇数分频器的功能仿真波形

【代码 9.24】 输出占空比为 50%的奇数分频器。

```
//奇数分频，输出占空比 50%分频器的模块定义
module even_division(clk,rst,clk_even);
    input       clk,rst;
    output      clk_even;
```

```verilog
reg[3:0]        count1,count2;
reg             clkA,clkB;
wire            clk_even;
parameter       N = 5;

    assign clk_re   = ~clk;           //生成 clk_re 信号
    assign clk_even = clkA | clkB;    //奇数分频方波输出信号

    always @(posedge clk)             //clk 上升沿触发产生 clkA
      if(! rst)
        begin
          count1 <= 1'b0;
          clkA <= 1'b0;
        end
      else if(N%2==1)
        begin
            if(count1 < (N−1))
              begin
                count1 <= count1 + 1'b1;
                if(count1 == (N−1)/2)
                  begin
                      clkA <= ~clkA;
                  end
              end
            else
              begin
                clkA <= ~clkA;
                count1 <= 1'b0;
              end
        end

    always @ (posedge clk_re)         //clk 下降沿触发产生 clkB
      if(! rst)
        begin
          count2 <= 1'b0;
          clkB <= 1'b0;
        end
      else if(N%2==1)
        begin
```

```
                    if(count2 < (N−1))
                        begin
                            count2 <= count2+1'b1;
                                if(count2 == (N−1)/2)
                                    begin
                                        clkB <= ~clkB;
                                    end
                        end
                    else
                        begin
                            clkB <= ~clkB;
                            count2 <= 1'b0;
                        end
                end
            else
                clkB=1'b0;
        endmodule
```

9.4.3　任意整数分频器

通过上述对奇、偶分频器的分析可以看出，综合前面的方法可以很方便地实现分频系数任意、输出占空比为 50%的分频器。

【代码 9.25】　分频系数任意、输出占空比为 50%的分频器。

```
module N_division(clk,rst,clk_out,N);
    input       clk,rst;
    output      clk_out;
    input [3:0] N;
    reg[3:0]    count1,count2;
    reg         clkA,clkB;
    wire        clk_out;

        assign clk_re = ~clk;
        assign clk_out = clkA | clkB;

        always @(posedge clk)           //时钟信号上升沿
            if(! rst)                    //复位处理
                begin
                    count1 <= 1'b0;
                    clkA <= 1'b0;
```

```
                end
            else if(N%2==1)                                //奇数分频
                begin
                    if(count1 < (N−1))
                        begin
                            count1 <= count1+1'b1;
                            if(count1 == (N−1)/2)
                                begin
                                    clkA <= ~clkA;
                                end
                        end
                    else                                   //偶数分频
                        begin
                            clkA <= ~clkA;
                            count1 <= 1'b0;
                        end
                end
            else
                begin
                    if ( count1 < N/2−1)
                        begin
                            count1 <= count1+1'b1;
                        end
                    else
                        begin
                            clkA <= ~clkA;
                            count1 <= 1'b0;
                        end
                end

    always @ (posedge clk_re)
        if(! rst)
            begin
                count2 <= 1'b0;
                clkB <= 1'b0;
            end
        else if(N%2==1)                                    //奇数分频
            begin
                if(count2 < (N−1))
```

```
                begin
                    count2 <= count2+1'b1;
                        if(count2 == (N-1)/2)
                            begin
                                clkB <= ~clkB;
                            end
                    end
                else
                    begin
                    clkB <= ~clkB;
                    count2 <=1'b0;
                    end
                end
            else                              //偶数分频
                clkB=1'b0;

    endmodule
```

代码 9.25 的功能仿真波形如图 9.29 所示。

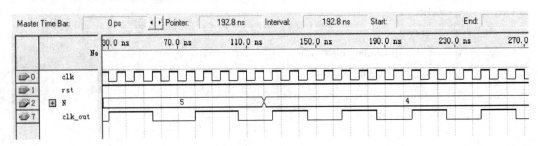

图 9.29   任意整数分频器的功能仿真波形

从图 9.29 可以看出，当输入信号 N=5 时，输出信号 clk_out 是输入时钟 clk 的 5 分频信号；当输入信号 N=4 时，clk_out 是 clk 的 4 分频信号。因此 clk_out 受输入信号 N 控制，其输出占空比是 50%的信号。

第三部分

数字系统设计实例

第 10 章 综合应用实例

前面章节介绍了典型的组合逻辑和时序逻辑功能电路,并给出了 Verilog HDL 描述的方法。本章通过几个综合性的设计实例使读者进一步掌握使用 Verilog HDL 设计和实现较大规模数字系统的方法和过程。

10.1 交通灯控制系统

交通灯控制系统是一个比较简单的数字系统,它是通过控制交通道路的通行和等待时间来实现交通控制的,因此控制系统的主要功能是实现红、绿灯状态控制并显示当前状态持续的时间。这里设计的一个交通控制系统具有紧急状态、测试状态和正常工作三种状态。紧急状态用于处理一些突发的状态,如戒严等,此时双向路口禁止通行;测试状态可用于检测信号灯和数码管的硬件是否正常;正常工作状态则用于双向路口的信号灯控制。

交通灯控制系统通常控制十字路口两个方向的信号灯,两个方向中车流量比较大的道路称为主干道,其绿灯的时间较长,而另一个方向就是次干道。两个路口的工作原理是相同的,主要区别是红、绿灯的时长不同,所以可以先实现一个路口的控制模块,然后再用该模块构成一个十字路口的控制系统。

10.1.1 交通灯控制系统的设计思路

这里先介绍一个路口控制模块的设计思路。该模块包括复位状态、正常工作状态、紧急状态和信号灯测试状态,reset_n(复位信号)、emergency(紧急状态信号)和 test(测试状态信号)是状态控制输入信号。

当 reset_n 是复位信号且为有效时,若 prim_flag(主、次路口标志)输入为 1,表示该路口是主干道,复位信号无效后此路口为绿灯状态;若 prim_flag 输入为 0,表示该路口是次干道,复位信号无效后此路口为红灯状态。引入输入 prim_flag 控制信号的目的是利用该模块构成两路口控制系统时,主、次干道信号灯能够同步。emergency 是紧急状态控制信号,当 emergency=1 时,表示此时进入紧急状态,在此状态下倒计时时间 wait_time(倒计时时间)数据始终为 88,红、黄、绿信号灯输出 ryg_light(红、黄、绿灯状态)=3'b110,即红、黄灯亮,绿灯灭。test 是测试状态控制信号,当 test=1 时,表示对信号灯和七段数码管进行测试,此时 wait_time 数据交替为 88 和 00,当 wait_time 信号连接七段数码管时,出现闪烁显示"88"的状态,以此判断七段数码管各个段的电路是否发生故障,ryg_light 交替为 3'b111 和 3'b000(红、黄、绿灯同时亮或灭),用来检测信号灯的故障。

当 reset_n、emergency 和 test 信号均无效时,此模块处于正常工作模式,ryg_light 依次输出 3'b100→3'b001→3'b010→3'b100,即红、黄、绿信号灯循环输出红→绿→黄→红…的状态，wait_time 则根据输入的红、黄、绿灯时间显示当前信号灯剩余的等待时间。

10.1.2 一个路口控制模块的代码

一个路口控制模块 traffic_con 的各端口信号的说明如下：

输入信号：

clk——1 Hz 时钟信号；

reset_n——复位信号，低电平有效；

prim_flag——主、次干道标志，1 为主干道，0 为次干道；

red_time——红灯时间(秒)；

green_time——绿灯时间(秒)；

yellow_time——黄灯时间(秒)；

emergency——紧急状态控制信号；

test——信号灯测试控制信号。

输出信号：

wait_time——当前状态的倒计时时间输出；

ryg_light[2:0]——红、黄、绿信号灯状态输出。

代码 10.1 是单个路口交通灯控制模块的代码。其中，state 用于控制系统的工作状态，state=2'b10 表示复位状态，state=2'b00 表示紧急状态，state=2'b01 表示测试状态，state=2'b11 表示正常工作状态。为了实现正常工作状态下红、黄、绿信号灯的切换，正常工作状态下又由 s 表示其子状态，s=2'b00 表示绿灯状态，s=2'b01 表示黄灯状态，s=2'b10 表示红灯状态。代码中的 n 和 ticks 分别表示当前状态的时钟信号计数和最终计数值。

【代码 10.1】 单个路口交通灯控制模块。

```
module traffic_con(clk,reset_n,prim_flag,red_time,green_time,yellow_time,wait_time,ryg_light,
            emergency,test);
    parameter on=1'b1,off=1'b0;
    input clk,reset_n;
    input prim_flag;
    input[7:0] red_time,green_time,yellow_time;
    input emergency,test;
    output reg [7:0] wait_time;
    output reg [2:0] ryg_light;

    reg cnt;
    reg [7:0] ticks,n;
    reg [1:0] s,state;

    initial
        begin
```

```
            ryg_light<={on,off,off};
            cnt<=1'b0;
            s<=2'b00;
            ticks<=8'b0;
            n<=0;

        end

    always@(posedge clk)
    begin
      if(~reset_n)                              //复位处理
        begin
            state<=2'b10;
            ryg_light<={off,off,off};
            cnt<=1'b0;
            if(prim_flag)
                s<=2'b00;
            else
                s<=2'b10;
                ticks<=8'b0;
                n<=1;
          end
      else if(emergency)                        //紧急状态处理
          begin
            state<=2'b00;
            ryg_light<={on,on,off};
          end
      else if(test)                             //测试状态处理
          begin
            state<=2'b01;
            if(~cnt)
                ryg_light<={on,on,on};
            else
                ryg_light<={off,off,off};
          end
      else
        begin                                   //正常工作状态处理
            state<=2'b11;
            case(s)                             //当前子状态信号灯处理
                2'b00:
```

```
                    ryg_light<={off,off,on};
        2'b01:
                    ryg_light<={off,on,off};
        2'b10:
                    ryg_light<={on,off,off};
            endcase
    end

    wait_time<=(state==2'b11)?ticks-n+1:8'h88;        //计算倒计时时间
end

always@(s or state)                           //子状态发生变化时计时时间处理
    if(state==2'b11)
        case(s)
            2'b00:
                    ticks=green_time;
            2'b01:
                    ticks=yellow_time;
            2'b10:
                    ticks=red_time;
        endcase

always@(posedge clk)                          //cnt 是为了实现闪烁处理功能
    cnt<=~cnt;

always@(posedge clk)
    if (state==2'b11)
        begin
        if(n==ticks)
            begin                             //子状态切换处理
            if(s==2'b10)
                s<=2'b00;
            else
                s<=s+1;
                n<=1;
            end
        else
            n<=n+1;                           //当前时钟计时
        end
endmodule
```

下面对单个路口模块工作时各工作状态的仿真结果进行分析。图中除 red_time、yellow_time、green_time 和 wait_time 为有符号十进制显示外，其他信号均为二进制显示。

主干道和次干道的初始化状态截图如图 10.1 和图 10.2 所示，图 10.1 中 prim_flog=1，表示该路口是主干道。因此，在复位信号无效后，红、黄、绿灯的输出信号 ryg_light 立即为 3'b001，即绿灯亮，由于 green_time=6，所以绿灯持续时间应为 6 秒钟，在 wait_time 输出分别为 6、5、4、3、2、1 后，ryg_light 为 3'b010，绿灯亮，绿灯持续 2 秒后，ryg_light=3'b100，红灯亮，红灯持续 9 秒钟后，ryg_light=3'b001，绿灯再次亮。

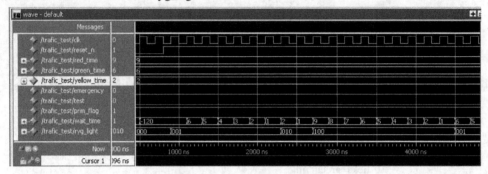

图 10.1　主干道复位仿真波形

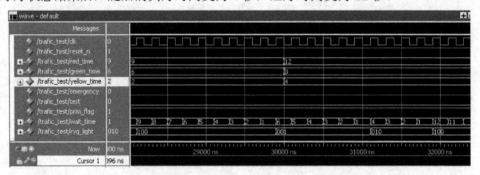

图 10.2　次干道复位仿真波形

图 10.2 中，prim_flag=0，表示该路口是次干道。在复位信号无效后，红、黄、绿灯的输出信号 ryg_light=3'b100，即红灯先亮。红灯持续 9 秒后依次是绿灯亮 6 秒、黄灯亮 2 秒。

图 10.3 所示是通行时间重新设置后的仿真波形。图中可以看出，红、绿、黄灯的通行时间分别由 9 秒、6 秒、2 秒变为 12 秒、8 秒和 4 秒后，新的灯时按照新输入时间运行；当前的绿灯状态结束后，随后的黄灯时间变为 4 秒，红灯时间变为 12 秒。

图 10.3　通行时间更新后的仿真波形

图 10.4 所示是紧急状态控制信号 emergency 变化为 1 后电路的工作状态，wait_time=8'h88(图中显示的符号是十进制数，为–120)，信号灯 ryg_light=110，即红、黄灯同时亮的状态。当 emergency 无效后，输出信号又继续之前的工作状态。

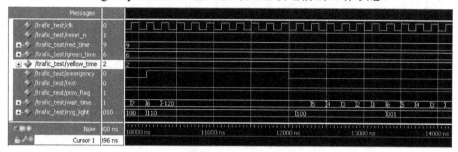

图 10.4　紧急工作状态截图

图 10.5 所示是测试状态控制信号 test 变化为 1 后的工作状态，wait_time=8'h88(图中有符号十进制数为–120)，信号灯 ryg_light 交替为 3'b000 和 3'b111，即红、黄、绿信号灯交替同时亮或同时灭，用于测试信号灯的故障。当 test 信号无效后，输出信号又继续之前的工作状态。

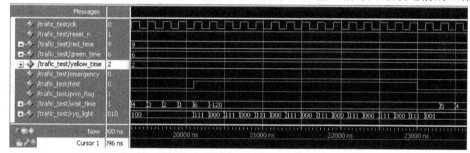

图 10.5　测试工作状态截图

10.1.3　双向路口控制模块的代码

用前面实现的单个路口控制模块 traffic_con 就可以构成双向路口的控制模块 traffic_top，具体实现见代码 10.2。该模块在实例化 traffic_con 模块时主要是设置主、次干道标志 prim_flag 以及主、次干道的信号灯时间。为了保证双向信号灯的同步，即主干道绿灯亮时次干道应为红灯，主干道绿灯结束后黄灯亮时，次干道仍为红灯，因此次干道的红灯时间应为主干道绿灯与主干道黄灯之和。同理，主干道的红灯时间应为次干道绿灯与次干道黄灯之和，即次干道绿灯时间为主干道红灯时间减去主干道黄灯时间(主、次干道的黄灯亮灯时间相同)。该模块的输入和输出信号说明如下：

输入信号：

clk——1 Hz 时钟信号；

reset_n——复位信号，低电平有效；

prim_flag——主、次干道标志，1 为主干道，0 为次干道；

prim_red_time——主干道红灯时间(秒)；

prim_green_time——主干道绿灯时间(秒)；

prim_yellow_time——主干道黄灯时间(秒)；

emergency——紧急状态控制信号；

test——信号灯测试控制信号。

输出信号：

prim_wait_time——主干道倒计时时间；

seco_wait_time——次干道倒计时时间；

prim_ryg_light——主干道红、黄、绿信号灯；

seco_ryg_light——次干道红、黄、绿信号灯。

【代码10.2】 双向路口控制模块。

```verilog
module traffic_top(clk,reset_n,prim_red_time,prim_green_time,prim_yellow_time,prim_wait_time,
                  seco_wait_time,prim_ryg_light,seco_ryg_light,emergency,test);

    input clk,reset_n;

    input[7:0] prim_red_time,prim_green_time,prim_yellow_time;

    input emergency,test;

    output [7:0] prim_wait_time,seco_wait_time;

    output [2:0] prim_ryg_light,seco_ryg_light;


    wire [7:0] seco_red_time,seco_green_time;


    assign  seco_red_time=prim_green_time+prim_yellow_time;    //计算次干道红灯时间
    assign  seco_green_time=prim_red_time-prim_yellow_time;    //计算次干道绿灯时间
    traffic_con primary_light(clk,reset_n,1'b1,prim_red_time,prim_green_time,prim_yellow_time,
                  prim_wait_time,prim_ryg_light,emergency,test);    //主干道
    traffic_con secondary_light(clk,reset_n,1'b0,seco_red_time,seco_green_time,prim_yellow_time,
                  seco_wait_time,seco_ryg_light,emergency,test);    //次干道

endmodule
```

图 10.6 是双向路口控制模块的功能仿真波形，从图中可以看出输入信号中主干道的红、绿、黄灯时间分别为 6 秒、9 秒和 2 秒，因此次干道的红、绿、黄灯时间应分别为 11 秒、4 秒、2 秒，从图中可以看出复位信号由低变高后，主干道信号灯 prim_ryg_light=3'b001，即绿灯状态，次干道信号灯 seco_ryg_light=3'b100，即红灯状态。次干道的红灯时间(11 秒)是主干道的绿灯(9 秒)和黄灯(2 秒)时间之和，主干道的红灯时间(6 秒)是次干道的绿灯(4 秒)和黄灯(2 秒)时间之和。

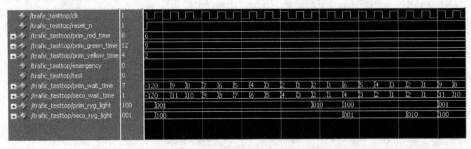

图 10.6 双向路口控制模块的仿真波形

这里需要说明的是，主、次干道的倒计时信号 prim_wait_time 和 seco_wait_time 是二进制信号，需要经过译码电路后才能连接七段数码管。

10.2 多功能数字钟

数字钟是一个最常用的数字系统，其主要功能是计时和显示时间。这里通过一个数字钟表的模块化设计方法，说明自顶向下的模块化设计方法和实现一个项目的设计步骤。这里实现的电子表具有显示和调时的基本功能，可以显示时、分、秒和毫秒，并通过按键进行工作模式选择，工作模式有 4 种，分别是正常计时模式、调时模式、调分模式、调秒模式。

构成电子表的基本模块有四个，分别是时钟调校及计时模块 myclock、整数分频模块 int_div、时钟信号选择模块 clkgen 和七段显示模块 disp_dec。

下面分别对这四个模块的功能和实现过程进行说明。

10.2.1 时钟调校及计时模块

时钟调校及计时模块 myclock 实现的功能是根据当前的工作状态进行时、分、秒的调整或正常的计时。代码 10.3 是时钟调校及计时模块的 Verilog HDL 程序。其端口信号说明如下：

输入信号：

RSTn——复位信号；

CLK——100 Hz 时钟信号；

FLAG[1:0]——工作模式控制信号，模式定义为：00 表示正常显示，01 表示调时，10 表示调分，11 表示调秒；

UP——调校模式时以加 1 方式调节信号；

DN——调校模式时以减 1 方式调节信号。

输出信号：

H [7:0]——"时"数据(十六进制)；

M [7:0]——"分"数据(十六进制)；

S [7:0]——"秒"数据(十六进制)；

MS [7:0]——"百分秒"数据(十六进制)。

该模块的设计思路是，当复位信号 RSTn 有效时，时、分、秒信号清零，否则根据工作模式控制信号 FLAG 的值决定当前的工作状态。当 FLAG=2'b00 时，电子表工作在正常计时状态，对输入的 100 Hz 时钟信号 CLK 进行计数，修改当前的百分秒(MS)、秒(S)、分(M)和时(H)的计数值；当 FLAG=2'b01 时，电子表工作在"时"校正状态，若此时 UP 信号有效则 H 加 1，若此时 DN 信号有效则 H 减 1；当 FLAG=2'b10 时，电子表工作在"分"校正状态，若此时 UP 信号有效则 M 加 1，若此时 DN 信号有效则 M 减 1；当 FLAG=2'b11 时，电子表工作在"秒"校正状态，受 UP 和 DN 信号的控制过程与"时"、"分"类似。

【代码10.3】 时钟调校及计时模块。

```verilog
module myclock(RSTn,CLK,FLAG,UP,DN,H,M,S,MS);
  input RSTn,CLK,UP,DN;
  output [7:0] H,M,S;
  output [7:0] MS;
  input    [1:0] FLAG;

  reg [5:0] m_H,m_M,m_S;
  reg [6:0] m_MS;

  assign   H=m_H;
  assign   M=m_M;
  assign   S=m_S;
  assign   MS=m_MS;

  always@(posedge CLK)
    if(~RSTn)                         //复位状态
      begin
        m_H<=8'd23;
        m_M<=8'd52;
        m_S<=8'b0;
        m_MS<=8'b0;
      end
    else if(FLAG==2'b01)              //调时状态
      begin
      if(UP)
        begin
            if(m_H==8'd23 )
                m_H<=8'd0;
            else
                m_H<=m_H+1'b1;
        end
      else if(DN)
        begin
            if(m_H==8'h00 )
                m_H<=8'd23;
            else
                m_H<=m_H-1'b1;
        end
      end
```

```verilog
    else if(FLAG==2'b10)                    //调分状态
        begin
          if(UP)
              if(m_M==8'd59 )
                  m_M<=8'd0;
              else
                  m_M<=m_M+1'b1;
          else if(DN)
              if(m_M==8'h00 )
                  m_M<=8'd59;
              else
                  m_M<=m_M-1;
        end
    else if(FLAG==2'b11)                    //调秒状态
      begin
          if(UP)
              if(m_S==8'd59 )
                  m_S<=8'b0;
              else
                  m_S<=m_S+1'b1;
          else if(DN)
              if(m_S==8'h00 )
                  m_S<=8'd59;
              else
                  m_S<=m_S-1'b1;
      end
    else
        begin                               //正常计时状态
          if(m_MS==8'd99)
                begin
                  m_MS<=8'd0;
                  if(m_S==8'd59)
                      begin
                        m_S<=8'd0;
                        if(m_M==8'd59)
                            begin
                              m_M<=8'd0;
                              if(m_H==8'd23)
                                  m_H<=0;
                              else
```

```
                          m_H<=m_H+1'b1;
                      end
                  else
                      m_M<=m_M+8'd1;
                  end
              else
                  m_S<=m_S+1'b1;
              end
          else
              m_MS<=m_MS+1'b1;
      end
  endmodule
```

10.2.2 整数分频模块

由于数字系统提供的基准时钟信号的频率往往比较高，因此需要分频模块产生所需频率的时钟信号，例如上面时钟调校及计时模块所需的 100 Hz 的时钟信号。整数分频模块 int_div 可以实现对输入时钟 clock 进行 F_DIV 分频后输出 clk_out。F_DIV 分频系数范围为 $1 \sim 2^n$ (n=F_DIV_WIDTH)，若要改变分频系数，改变参数 F_DIV 或 F_DIV_WIDTH 到相应范围即可。若分频系数为偶数，则输出的时钟占空比为 50%；若分频系数为奇数，则输出的时钟占空比取决于输入的时钟占空比和分频系数(当输入为 50%时，输出也是 50%)。int_div 模块的实现见代码 10.4。

【代码 10.4】 整数分频模块。

```
module    int_div(clock,clk_out);
    parameter F_DIV = 48000000;              //分频系数
    parameter F_DIV_WIDTH = 32;              //分频计数器宽度

    input    clock;                          //输入时钟
    output   clk_out;                        //输出时钟

    reg      clk_p_r;
    reg clk_n_r;
    reg[F_DIV_WIDTH - 1:0] count_p;
    reg[F_DIV_WIDTH - 1:0] count_n;

    wire full_div_p;                         //上升沿计数满标志
    wire half_div_p;                         //上升沿计数半满标志
    wire full_div_n;                         //下降沿计数满标志
    wire half_div_n;                         //下降沿计数半满标志
```

//判断计数标志位置位与否

assign full_div_p = (count_p < F_DIV - 1);

assign half_div_p = (count_p < (F_DIV>>1) - 1);

assign full_div_n = (count_n < F_DIV - 1);

assign half_div_n = (count_n < (F_DIV>>1) - 1);

//时钟输出

```verilog
    assign        clk_out = (F_DIV == 1) ? clock: (F_DIV[0] ? (clk_p_r & clk_n_r): clk_p_r);

    always @(posedge clock)                //上升沿脉冲计数
      begin
        if(full_div_p)
            begin
                count_p <= count_p + 1'b1;
                if(half_div_p)
                    clk_p_r <= 1'b0;
                else
                    clk_p_r <= 1'b1;
            end
        else
            begin
                count_p <= 0;
                clk_p_r <= 1'b0;
            end
      end

    always @(negedge clock)                //下降沿脉冲计数
      begin
        if(full_div_n)
            begin
                count_n <= count_n + 1'b1;
                if(half_div_n)
                    clk_n_r <= 1'b0;
                else
                    clk_n_r <= 1'b1;
            end
        else
            begin
                count_n <= 0;
                clk_n_r <= 1'b0;
```

```
                    end
            end
        endmodule
```

10.2.3　时钟信号选择模块

时钟信号选择模块 clkgen 实际上是一个二选一电路，用于提供时钟调校及计时模块所需的时钟脉冲。当电子表工作在正常计时状态时选择 100 Hz 时钟信号；当电子表工作在调时、调分、调秒三种设置模式时，如果采用 100 Hz 时钟信号，那么手动按键一次可能引起设置数据的一串跳变，因此为了方便按键动作对时间的设置，这里采用 2 Hz 的时钟信号。代码 10.5 是 clkgen 模块的代码，其端口信号说明如下：

flag——时钟选择输入信号；

clk_100 Hz——输入 100 Hz 时钟信号；

clk_2 Hz——输入 2 Hz 时钟信号；

Clkout——输出时钟信号。

【代码 10.5】　时钟信号选择模块。

```
module clkgen(flag,clk_100hz,clk_2hz,clkout);
    input [1:0] flag;                    //若 falg=0 则 clkout=100 Hz，否则 clkout=2 Hz
    input clk_100hz,clk_2hz;
    output clkout;

    assign clkout=(flag==2'b00)?clk_100hz:clk_2hz;
endmodule
```

10.2.4　七段显示模块

为了对时钟时、分、秒和毫秒数据输出显示，需要将时、分、秒和毫秒的二进制数转换为十进制数。由于时、分、秒最大到 60，毫秒最大到 99，所以十进制数选择 2 位就能满足要求。为了在七段数码管输出时间数据，还需要将显示的十进制数转换为七段段码。以上功能分别由 BCD 码显示模块和七段译码两个模块来实现。

1. BCD 码显示模块

BCD 码显示模块的功能是将 8 位二进制数转换为 2 位十进制数后，进行七段译码显示。为了实现显示功能，在其内部调用了 dual_hex 2 位七段显示模块。BCD 码显示模块的实现见代码 10.6，其端口信号说明如下：

输入信号：

hex——2 位 8421BCD 码输入。

输出信号：

dispout——2 位 8421BCD 码对应的七段数码管段码。

【代码 10.6】　BCD 码显示模块。

```verilog
module disp_dec(hex,dispout);
    input [7:0] hex;                    //8 位二进制输入数据
    output [15:0] dispout;              //2 位十进制数的七段段码显示数据
    reg [7:0] dec;

    always@(hex)
      begin                            //8 位二进制数转换为 2 位 BCD 码
        dec[7:4]=hex/4'd10;
        dec[3:0]=hex%4'd10;
      end
    dual_hex u1(1'b0,dec,dispout);     //调用 2 位共阳极七段显示模块
endmodule
```

2．2 位七段显示模块

2 位七段显示模块的功能是将 2 位十进制或十六进制数转换为对应的七段段码，内部调用了一位七段译码模块 seg_decoder。

【代码 10.7】　2 位七段显示模块。

```verilog
module dual_hex(iflag,datain,dispout);
    input iflag;                       //共阴或共阳输出选择
    input [7:0] datain;                //2 位的十进制或十六进制数据
    output [15:0] dispout;             //2 个七段段码数据

    seg_decoder u1 (iflag,datain[7:4],dispout[15:8]);
    seg_decoder u2 (iflag,datain[3:0],dispout[7:0]);
endmodule
```

3．1 位七段译码模块

1 位七段译码模块的功能是将 4 位二进制数转换为对应的共阴或共阳七段段码。

【代码 10.8】　1 位七段译码模块。

```verilog
module seg_decoder (iflag,iA,oY);
    input iflag;                       //共阴或共阳输出选择
    input[3:0] iA;                     //4 位二进制数据
    output reg [7:0] oY;               //七段段码显示数据

    always@(iflag,iA)
      begin
        case(iA)                       //共阴极七段输出
          4'b0000:oY=8'h3f;
          4'b0001:oY=8'h06;
          4'b0010:oY=8'h5b;
```

```
            4'b0011:oY=8'h4f;
            4'b0100:oY=8'h66;
            4'b0101:oY=8'h6d;
            4'b0110:oY=8'h7d;
            4'b0111:oY=8'h27;
            4'b1000:oY=8'h7f;
            4'b1001:oY=8'h6f;
            4'b1010:oY=8'h77;
            4'b1011:oY=8'h7c;
            4'b1100:oY=8'h58;
            4'b1101:oY=8'h5e;
            4'b1110:oY=8'h79;
            4'b1111:oY=8'h71;
        endcase
        if(!iflag)
            oY=~oY;                 //共阳极七段输出
    end
endmodule
```

10.2.5 顶层模块的实现

顶层模块是将各功能模块连接起来，实现电子表的完整功能。电子表顶层模块 clock 的 Verilog HDL 实现见代码 10.9，其端口信号说明如下：

输入信号：

iCLK_50——50 MHz 时钟信号；

RSTn——复位信号；

FLAG——工作模式控制信号，模式定义为：00 表示正常显示，01 表示调时，10 表示调分，11 表示调秒；

UP——调校模式时以加 1 方式调节信号；

DN——调校模式时以减 1 方式调节信号。

输出信号：

H_dis——"小时"数据的七段数码管段码数据；

M_dis——"分钟"数据的七段数码管段码数据；

S_dis——"秒"数据的七段数码管段码数据；

MS_dis——"百分秒"数据的七段数码管段码数据；

Mode——工作模式输出；

H——"时"数据(十六进制)；

M——"分"数据(十六进制)；

S——"秒"数据(十六进制)。

【代码10.9】 电子表顶层模块。

```
module clock(iCLK_50,RSTn,FLAG,UP,DN,H_dis,M_dis,S_dis,MS_dis,Mode,H,M,S);
    input iCLK_50;
    input RSTn, UP,DN;
    input   [1:0] FLAG;
    output [1:0] Mode;
    output [15:0]   H_dis,M_dis,S_dis,MS_dis;
    output [7:0] H,M,S;

    wire [7:0] MS;
    wire   clk_100hz,clk_2hz;
    wire clk ;

    assign Mode=FLAG;

    int_div #(500000,32) nclk100(iCLK_50,clk_100hz);
    int_div #(50000000,32) nclk2(iCLK_50,clk_2hz);
    clkgen u0(FLAG,clk_100hz,clk_2hz,clk);
    myclock u1(RSTn,clk,FLAG,UP,DN,H,M,S,MS);
    disp_dec Hour(H,H_dis);
    disp_dec Minute(M,M_dis);
    disp_dec Second(S,S_dis);
    disp_dec hour(MS,MS_dis);

endmodule
```

图 10.7 所示是电子表在正常计时工作方式的功能仿真波形。图中，FLAG=2'b00，H、M、S 分别是时、分、秒的十进制计数值，图中的显示时间从 23：59：49 计数到 0：0：7 秒。信号 H_dis、M_dis、S_dis 以及 MS_dis 分别是当前时、分、秒和百分秒十进制数据的共阳极七段码的输出信号，例如当时间为 23：59：49 时，其七段段码数据分别为 16'ha4b0、16'h9290、16'h9990，在共阳极数码管上显示 "23：59：49"。

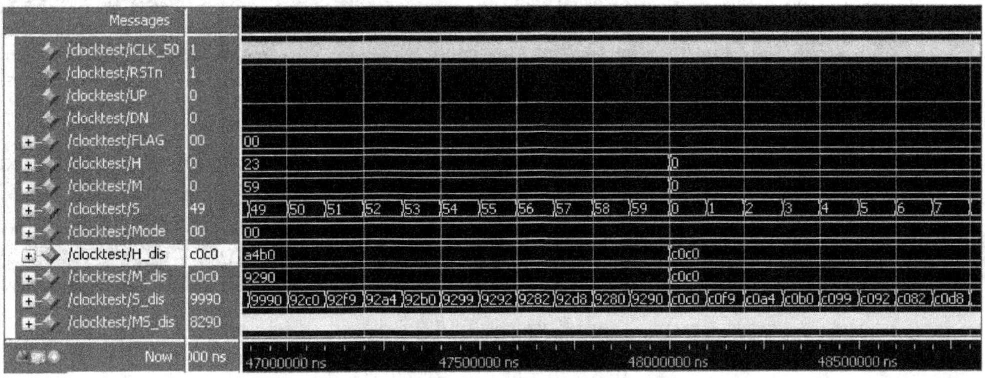

图 10.7 计时状态仿真波形

电子表模块工作在时、分、秒的调整状态时的功能仿真波形如图 10.8(a)、(b)、(c)所示。图(a)中，当 FLAG=2'b01 时，即进入"时"调整状态，若 UP=1、DN=0，则小时数据 H 进行加 1 调整，见图中小时数据 H 从 0 变化到 5 的调整过程；若 UP=0、DN=1，则小时数据 H 进行减 1 调整，见图中小时数据 H 从 4 变化到 20 的调整过程。分和秒的调整过程也类似，见图(b)、(c)，这里不再赘述。

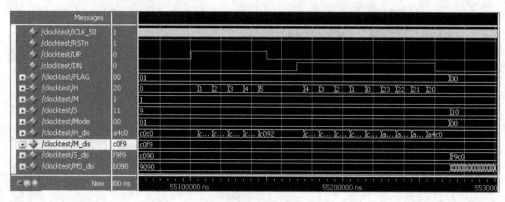

(a) 时调整功能仿真波形

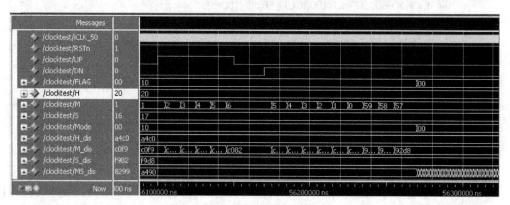

(b) 分调整功能仿真波形

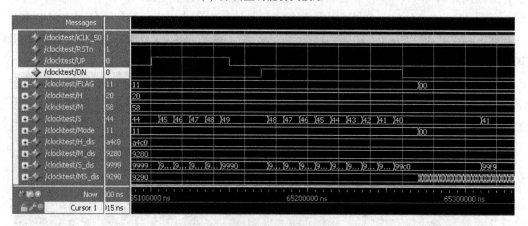

(c) 秒调整功能仿真波形

图 10.8　电子表校正功能仿真波形

10.3 乐曲播放器

乐曲是由具有一定高低、长短和强弱关系的音符组成的。在一首乐曲中，每个音符的音高、音长分别与频率和节拍有关，因此组成乐曲的每个音符的频率和节拍是两个主要数据。表 10.1 列出了国际标准音符的频率。

表 10.1 国际标准音符的频率

低音	标准频率	中音	标准频率	高音	标准频率
1	261.63	1	523.25	1	1046.5
2	293.67	2	587.33	2	1174.66
3	329.63	3	659.25	3	1317.5
4	349.23	4	697.46	4	1396.92
5	391.99	5	783.99	5	1567.98
6	440	6	880	6	1760
7	493.88	7	987.76	7	1975.52

音符的持续时间可以根据乐曲的速度及每个音符的节拍来确定。在 4/4 拍中，以四分音符为 1 拍，每小节 4 拍，全音符持续 4 拍，二分音符持续 2 拍，四分音符持续 1 拍，八分音符持续半拍等。若以 1 秒作为全音符的持续时间，则二分音符的持续时间为 0.5 秒，四分音符的持续时间为 0.25 秒，八分音符的持续时间为 0.125 秒。

了解了乐曲中音符的频率和持续时间的关系，就可以先按照乐谱将每个音符的频率和节拍转换成频率和持续时间数据，并定义成一个数据表将其进行存储，然后依次取出数据表中的频率值和节拍值，控制蜂鸣器进行发声即可。

蜂鸣器是可以根据输入不同频率的信号发出不同声音的电路，其控制电路如图 10.9 所示。图中，蜂鸣器使用 PNP 三极管 8550 驱动，SP 是蜂鸣器的控制信号，SP 的不同频率可以控制蜂鸣器发出不同的声音。

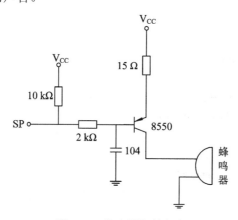

图 10.9 蜂鸣器控制电路

这里设计的乐曲播放器是由时钟信号发生器模块、音频产生器模块、乐曲存储模块、乐曲控制模块四个模块组成的。下面分别介绍各模块的功能和实现过程。

10.3.1 时钟信号发生器模块

时钟信号发生器模块 clk_gen 是利用 50 MHz 的基准时钟产生 5 MHz 和 4 Hz 的时钟信号,这两个信号分别作为音频发生器和节拍发生器的时钟信号。时钟信号发生器模块 clk_gen 的具体实现见代码 10.10,其端口信号说明如下:

输入信号:

reset_n——同步复位输入信号;

clk50M——50 MHz 输入信号。

输出信号:

clk_4 hz——4 Hz 输出信号(用于节拍控制);

clk_5 Mhz——5 MHz 输出信号。

【代码 10.10】 时钟信号发生器模块。

```verilog
module clk_gen(reset_n,clk50M,clk_4hz,clk_5Mhz);
    input reset_n;                              //同步复位信号(低电平有效)
    input clk50M;                               //输入时钟信号
    output reg clk_4hz;                         //输出时钟信号
    output reg clk_5Mhz;

    reg [20:0] count;
    reg [2:0] cnt;

    always@(posedge clk_5Mhz or negedge reset_n)     //生成 4 Hz 时钟信号
        if(!reset_n)
            begin
                count<=0;
                clk_4hz<=0;
            end
        else
            begin
                if(count==21'h98968)
                    begin
                        count<=0;
                        clk_4hz<=~clk_4hz;
                    end
                else
                    count<=count+1'b1;
            end

    always@(posedge clk50M or negedge reset_n)       //生成 5 MHz 时钟信号
        if(!reset_n)
```

```
    begin
        cnt<=0;
        clk_5Mhz<=0;
    end
else
    if(cnt==3'b100)
        begin
            cnt<=0;
            clk_5 Mhz<=~clk_5 Mhz;
        end
    else
        cnt<=cnt+1'b1;
endmodule
```

图 10.10(a)和(b)分别是时钟信号发生器的 clk50M 信号为 50 MHz 时产生的 5 MHz 和 4 Hz 信号的功能仿真波形。

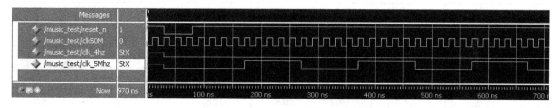

(a) 5 MHz 信号的功能仿真波形

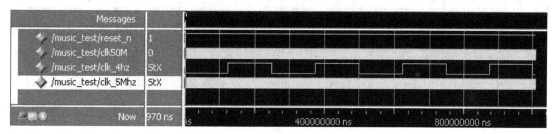

(b) 4 Hz 信号的功能仿真波形

图 10.10 时钟信号发生器模块的功能仿真波形

10.3.2 音频产生器模块

音频产生器模块的功能是产生如表 10.1 所示的从低音 1 到高音 7 的所有频率。各种音频通过对该模块的 5 MHz 输入时钟信号进行 N_x 分频后，产生频率为 f_x 的音符频率。

N_x 是根据各音符的频率得到的，计算公式如下：

$$\frac{1}{5\times10^6}\times N_x = \frac{1}{2f_x}$$

$$N_x = \frac{5\times10^6}{2f_x} \tag{10.3-1}$$

其中，N_x 是加 1 计数器终值，f_x 为待生成信号的频率，5×10^6 是 5 MHz 输入时钟信号频率。如中音"1"的频率 $f_{中音1} = 523.25$，则

$$N_{中音1} = 5 \times 10^6 \div (2 \times f_{中音1}) = (4778)_{10} = (12AA)_{16}$$

为了有效驱动扬声器，还需要对产生的信号进行整形，使其输出为方波。分频的方法是对 5 MHz 时钟信号进行加 1 计数，当计数值与待产生音符的计数值 N_x 相同时，对输出的信号取反，因此计数值应为标准音符频率的 2 倍频。计数器可以采用一个 14 位(由最大 N_x 位数决定)的计数器。各音符的 2 倍频信号计数值和对应的索引值如表 10.2 所示。

表 10.2 各音符的 2 倍频信号计数值和对应的索引值

音符	1·	2·	3·	4·	5·	6·	7·
频率	261.63	293.67	329.63	349.23	391.99	440	493.88
计数值 N_x(十进制)	9555	8513	7584	7159	6378	5682	5062
十六进制	2553	2141	1DA0	1BF7	18EA	1632	13C6
音符索引值	0	1	2	3	4	5	6
音符	1	2	3	4	5	6	7
频率	523.25	587.33	659.25	697.46	783.99	880	987.76
计数值 N_x(十进制)	4778	4257	3792	3579	3189	2841	2531
十六进制	12AA	10A1	ED0	DFB	C75	B19	9E3
音符索引值	7	8	9	10	11	12	13
音符	1̇	2̇	3̇	4̇	5̇	6̇	7̇
频率	1046.5	1174.66	1317.5	1396.92	1567.98	1760	1975.5
计数值 N_x(十进制)	2389	2128	1896	1790	1594	1420	1265
十六进制	955	850	768	6FE	63A	58C	4F1
音符索引值	14	15	16	17	18	19	20

音频产生器模块 tone_gen 的功能是根据输入音符(表 10.2 中)的索引值输出相应的音频信号，其具体实现见代码 10.11，tome_gen 模块的端口信号说明如下：

输入信号：

reset_n——输入同步复位信号；

code——输入音符索引值；

clk——5 MHz 时钟信号。

输出信号：

freq_out——code 对应的音频输出信号。

【代码 10.11】 音频产生器模块。

```verilog
module tone_gen(reset_n,clk,code,freq_out);
    input reset_n,clk ;
    input [4:0] code;
```

```verilog
output reg freq_out;

reg[16:0] count,delay;
reg[13:0]    buffer[20:0];              //用于存放各音符的计数终值

initial                                 //初始化音符计数终止值
    begin
        buffer[0]=14'H2553;
        buffer[1]=14'H2141;
        buffer[2]=14'H1DA0;
        buffer[3]=14'H1BF7;
        buffer[4]=14'H18EA;
        buffer[5]=14'H1632;
        buffer[6]=14'H13C6;
        buffer[7]=14'H12AA;
        buffer[8]=14'H10A1;
        buffer[9]=14'HED0;
        buffer[10]=14'HDFB;
        buffer[11]=14'HC75;
        buffer[12]=14'HB19;
        buffer[13]=14'H9E3;
        buffer[14]=14'H955;
        buffer[15]=14'H850;
        buffer[16]=14'H768;
        buffer[17]=14'H6FE;
        buffer[18]=14'H63A;
        buffer[19]=14'H58C;
        buffer[20]=14'H4F1;
    end

always@(posedge clk)
    if(!reset_n)
            count<=0;
    else
            begin
                count<=count+1'b1;
                if(count==delay&&delay!=1)
                    begin
                        count<=1'b0;
```

```
                    freq_out<=~freq_out;
                end
            else if(delay==1)
                freq_out<=0;
        end

    always@(code)
        if(code>=0&&code<=20)                      //有效音符索引值
            delay=buffer[code];
        else                                       //无效音符索引值
            delay=1;
    endmodule
```

此模块要求输入的时钟信号 clk 为 5 MHz，当输入的音符索引值 code 在 0～20 之间时，输出对应音符的频率信号，否则输出低电平。此模块的功能仿真结果可参见 10.3.5 节顶层模块的功能仿真结果。

10.3.3 乐曲存储模块

演奏乐曲时需要频率和节拍数据，因此首先需要预存待演奏的歌曲，将歌曲的音符和节拍数据存储在存储器中。本设计中采用了 Quartus II 的内置存储器。为了使生成的存储器满足设计要求，在生成的过程中还需要设置存储器的参数。下面介绍在 Quartus II 环境下生成存储器模块和乐曲数据文件的过程。

(1) 选择菜单"tool"→"Mega Wizard Plug-In Manager…"，打开如图 10.11 所示的功能模块添加向导，进入向导页第一页，然后选择"Create a new custom megafunction variation"。

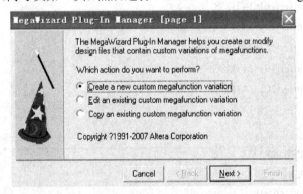

图 10.11　添加存储器功能模块向导对话框(1)

(2) 按"Next"按钮进入向导页第二页，如图 10.12 所示。在窗口左侧"Select a megafunction from the list below"列表的"Memory Compiler"中选择"ROM:1-PORT"，表示要建立一个单端口的 ROM 存储器。在右侧选择器件系列、生成的输出文件描述类型以及输出文件的名称，这里设置的输出文件的类型是 Verilog HDL，文件名是"demo_music"，存放路径是"E:\song"。

图 10.12　添加存储器功能模块向导对话框(2)

(3) 按"Next"按钮进入图 10.13 所示的单端口存储器设置向导第一页。在里可以设置存储器的位宽、存储单元数量、存储器所占资源类型以及时钟控制方式等，按照图中所示设置各参数，生成一个 256×8 的存储器。

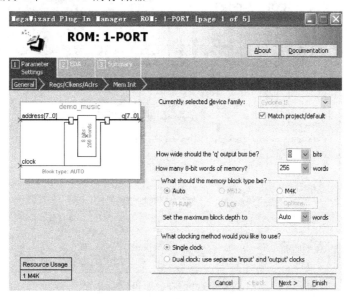

图 10.13　单端口存储器设置向导(1)

(4) 按"Next"按钮进入图 10.14 所示的单端口存储器设置向导第二页。在这里可以根据需要确定存储器端口是否具有寄存功能、是否设置使能控制端口和异步清零端口，按图中所示进行设置。

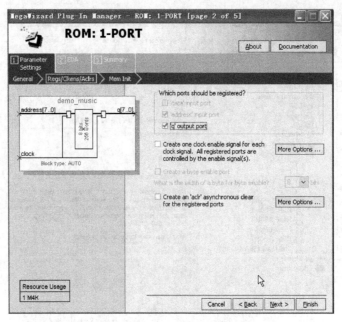

图 10.14　单端口存储器设置向导(2)

(5) 按"Next"按钮进入图 10.15 所示的单端口存储器设置向导第三页。在该页面可设置存储器数据的初始化文件。这里设置初始化文件名为 music_file.mif，该文件用于存放乐谱中每个音符的频率和节拍数据。

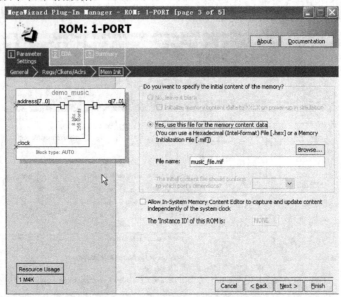

图 10.15　单端口存储器设置向导(3)

(6) 按"Next"按钮进入存储器设置向导第四页，该页将显示生成的存储器端口，并列出使用的资源和仿真时需要的库文件，此处未显示该页。在该页中按"Next"按钮进入存储器设置向导第五页，如图 10.16 所示。该页显示生成器件所产生的文件，并对文件进行简要的说明。

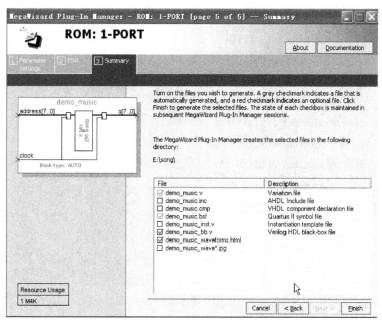

图 10.16 单端口存储器设置向导(5)

完成上述操作后,生成 ROM 的模块定义文件 demo_music.v 和符号文件 demo_music.bsf,供用户使用。代码 10.12 是 Quartus Ⅱ 生成的 demo_music.v 文件的主要内容。

【代码 10.12】 Quartus Ⅱ 生成的 ROM 模块对应的 Verilog 文件。

```verilog
//synopsys translate_off
`timescale 1 ps / 1 ps
//synopsys translate_on
module demo_music (address, clock, q);

    input [7:0]   address;
    input    clock;
    output    [7:0]   q;

    wire [7:0] sub_wire0;
    wire [7:0] q = sub_wire0[7:0];

    altsyncram altsyncram_component (
            .clock0 (clock),
            .address_a (address),
            .q_a (sub_wire0),
            .aclr0 (1'b0),
            .aclr1 (1'b0),
            .address_b (1'b1),
```

```
        .addressstall_a (1'b0),
        .addressstall_b (1'b0),
        .byteena_a (1'b1),
        .byteena_b (1'b1),
        .clock1 (1'b1),
        .clocken0 (1'b1),
        .clocken1 (1'b1),
        .clocken2 (1'b1),
        .clocken3 (1'b1),
        .data_a ({8{1'b1}}),
        .data_b (1'b1),
        .eccstatus (),
        .q_b (),
        .rden_a (1'b1),
        .rden_b (1'b1),
        .wren_a (1'b0),
        .wren_b (1'b0));
    defparam
        altsyncram_component.clock_enable_input_a = "BYPASS",
        altsyncram_component.clock_enable_output_a = "BYPASS",
        altsyncram_component.init_file = "music_file.mif",
        altsyncram_component.intended_device_family = "Cyclone II",
        altsyncram_component.lpm_hint = "ENABLE_RUNTIME_MOD=NO",
        altsyncram_component.lpm_type = "altsyncram",
        altsyncram_component.numwords_a = 256,
        altsyncram_component.operation_mode = "ROM",
        altsyncram_component.outdata_aclr_a = "NONE",
        altsyncram_component.outdata_reg_a = "CLOCK0",
        altsyncram_component.widthad_a = 8,
        altsyncram_component.width_a = 8,
        altsyncram_component.width_byteena_a = 1;
endmodule
```

乐曲的演奏就是按照乐谱中的每个音符和节拍进行发声，因此首先需要将乐谱转换为演奏所需要的音符和节拍数据。由于从低音到高音共有 21 个音符，每个音符用其索引值表示，表示音符索引值需要 5 位二进制数，

节拍	音符
3 位	5 位(0～20)

图 10.17　音符和节拍的数据表示

且节拍是以 1/4 秒为基本单位，即以四分音符为 1 拍，二分音符为 2 拍，节拍用 3 位二进制数表示，因此音符和节拍合起来可以用 8 位二进制数表示，如图 10.17 所示。如 3 是 4 分音符，1 拍，音符的索引号是 9，其二进制数据是 001 01001，对应的十进制数是 41。

这里我们以图 10.18 所示的"北京欢迎你"的乐曲为例，说明乐谱音符和节拍数据的生成过程。

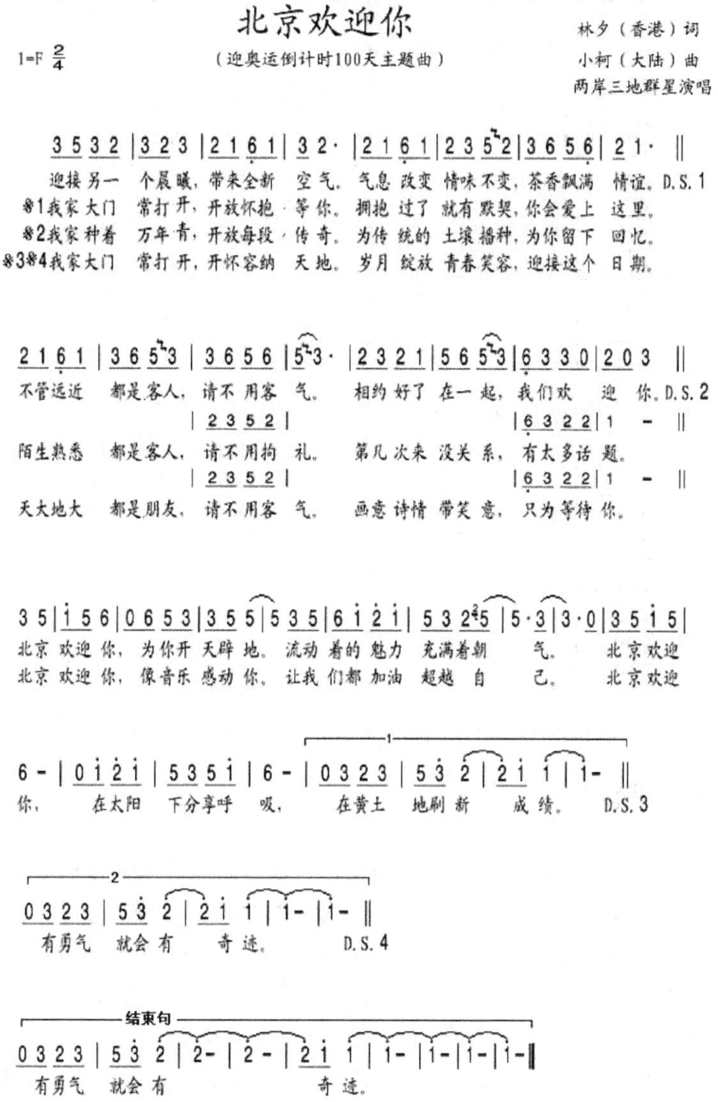

北京欢迎你

1=F 2/4

（迎奥运倒计时100天主题曲）

林夕（香港）词
小柯（大陆）曲
两岸三地群星演唱

3 5 3 2 | 3 2 3 | 2 1 6 1 | 3 2· | 2 1 6 1 | 2 3 5̇ 2̇ | 3 6 5 6 | 2 1· ‖
迎接另一 个晨曦，带来全新 空气。气息 改变 情味不变，茶香飘满 情谊。D.S.1
§1我家大门 常打开，开放怀抱 等你。拥抱 过了 就有默契，你会爱上 这里。
§2我家种着 万年青，开放每段 传奇。为传统的 土壤播种，为你留下 回忆。
§3§4我家大门 常打开，开怀容纳 天地。岁月 绽放 青春笑容，迎接这个 日期。

2 1 6 1 | 3 6 5̇ 3̇ | 3 6 5 6 | 5̇ 3·‖ 2 3 2 1 | 5 6 5̇ 3̇ | 6 3 3 0 | 2 0 3 ‖
不管远近 都是客人，请不用客 气。相约 好了 在一起，我们欢 迎你。D.S.2
　　　　　2 3 5 2　　　　　　　　　6 3 2 2 | 1 — ‖
陌生熟悉 都是客人，请不用拘 礼。第凡次来 没关系，有太多话 题。
　　　　　2 3 5 2　　　　　　　　　6 3 2 2 | 1 — ‖
天大地大 都是朋友，请不用客 气。画意诗情 带笑意，只为等待你。

3 5 | 1̇ 5 6 | 0 6 5 3 | 3 5 5 | 5 3 5 6 1̇ 2̇ | 5 3 2̇ 5̇ | 5· 3̇ 0·| 0 3 5 1̇ |
北京 欢迎你，为你开 天辟 地。流动 着的 魅力 充满着朝 气。 北京欢迎
北京 欢迎你，像音乐 感动 你。让我们都加油 超越自 己。 北京欢迎

6 — | 0 1̇ 2̇ | 5 3 5 1̇ | 6 — | 0 3 2 3 | 5 3̇ 2̇ | 2̇ 1̇ 1 | 1 — ‖
你， 在太阳 下分享呼 吸， 在黄土 地刷新 成绩。 D.S.3

0 3 2 3 | 5 3̇ 2̇ | 2̇ 1̇ 1 1 | 1 — | 1 — ‖
有勇气 就会有 奇迹。 D.S.4

结束句
0 3 2 3 | 5 3̇ 2̇ | 2̇ — | 2̇ — | 2̇ 1̇ 1 | 1 — | 1 — | 1 — | 1 — ‖
有勇气 就会有 奇迹。

图 10.18 "北京欢迎你"乐谱

"北京欢迎你"的第一小节是 3 5　3 2，每个音符都是 4 分音符，节拍数据都是 1 拍，即 001，音符对应的索引值分别是 9、11、9、8，这一小节依次对应的节拍和音符数据是 001_01001、001_01011、001_01001、001_01000，对应的十进制数据是 41、43、41、40；第八小节是 2 1·，第一个音符是 1 拍，第二个音符是 3 拍，节拍数据是 001 和 011，音符对应的索引值是 8 和 7，因此这一小节的节拍和音符数据是 001_01000、011_00111，对应的十进制数据是 40、103；用此方法可将乐谱的所有小节转换成频率和节拍数据，然后将其存储在 ROM 的初始化文件 music_file.mif 中，在 Quatus Ⅱ 环境下生成 music_file.mif 数据文件的截图，如图 10.19 所示。这里需要注意的是：一，乐曲中的休止符"0"在数据表中用索引值 21 表示，因为音频控制器在设计时只对索引值为 0～20 时有信号输出，其余输出均为

0 电平，即不发声；二，乐曲用 255 作为结束标志。

Addr	+0	+1	+2	+3	+4	+5	+6	+7
0	41	43	41	40	41	40	73	40
8	39	37	39	41	104	40	39	37
16	39	40	41	43	40	41	44	43
24	37	40	103	40	39	37	39	41
32	44	43	41	41	44	43	44	43
40	105	40	41	40	39	43	44	43
48	41	37	41	41	53	40	53	73
56	73	75	46	43	76	53	44	43
64	41	41	43	75	75	41	43	44
72	46	47	46	43	41	40	43	107
80	41	105	32	41	43	46	43	140
88	32	46	47	46	43	41	43	46
96	140	53	41	40	41	43	48	79
104	47	46	76	142	53	41	40	41
112	43	48	79	47	46	88	142	142
120	53	41	40	41	43	48	79	143
128	143	47	46	78	142	142	142	142
136	255	0	0	0	0	0	0	0
144	0	0	0	0	0	0	0	0
152	0	0	0	0	0	0	0	0
160	0	0	0	0	0	0	0	0
168	0	0	0	0	0	0	0	0

图 10.19　乐曲存储器的初始化数据文件截图

10.3.4　乐曲控制模块

乐曲控制模块的功能是逐个从乐曲存储器中取得每一个音符的索引值和节拍数据，在乐曲节拍持续时间内输出该音符对应的频率信号，直到乐曲结束。

代码 10.13 中的 read_rom 模块用于读取 ROM 存储器中的乐曲数据，根据每一个数据中的节拍数据和音符进行输出控制。具体方法是，利用一个计数器生成存储器的地址，依次读取 ROM 中的每一个数据。该数据的低 5 位是音符的索引值，高 3 位是该音符持续的节拍，在此节拍对应的时间输出其音符索引值，直到节拍持续时间结束时地址计数器加 1，读取下一个存储单元数据。read_rom 模块的时钟信号采用时钟信号发生模块输出的 4 Hz 信号，这就使得控制每个音符数据持续时间的基本单位是 0.25 秒，在时钟的上升沿对节拍数据减 1，若节拍数据减到 0，则存储地址加 1 计数来取得下一个音符的数据，若存储器中的数据为 255，则表示乐曲演奏结束。

read_rom 模块端口信号说明如下：

输入信号：

reset_n——异步复位输入信号；

clk_4hz——输入时钟信号。

输出信号：

code_out——音符的索引值输出信号。

【代码 10.13】　　read_rom 模块。

```verilog
module read_rom(reset_n,clk_4hz,code_out);
    input reset_n;                          //复位信号
    input clk_4hz;                          //时钟信号，四分音符为一拍
    output reg [4:0] code_out;              //音符索引值

    reg [2:0] delay;                        //节拍数据
    reg rdflag;                             //乐曲存储器读标志
    wire [7:0] play_data;                   //音符和节拍数据
    reg [7:0]   address;                    //存储器地址计数器
    reg [2:0]   count;                      //节拍计数器
    wire rdclk;                             //乐曲存储器读数据控制信号

    always@(posedge clk_4hz or negedge reset_n)  //存储器地址和数据读取标志控制
      if(!reset_n)                          //复位
        begin
          address<=8'h00;
          count<=0;
          rdflag<=1'b1;
        end
      else
        begin
            if(play_data!=8'd255)           //持续节拍时间到
              if(count==delay)
                begin
                    count<=1'b1;
                    address<=address+1'b1;
                    rdflag<=1'b1;
                end
              else
                begin
                    rdflag<=1'b0;
                    count<=count+1'b1;
                end
            else
                rdflag<=1'b0;
        end

    always@(play_data or reset_n)           //音符数据和节拍数据控制
      if(!reset_n)
        begin
```

```
                delay<=3'b0;
                code_out<=5'b0;
            end
        else
            begin
                delay<=play_data[7:5] ;              //读取节拍数据
                code_out<=play_data[4:0];            //读取音符数据
            end

    assign rdclk=~clk_4hz&rdflag;         //根据节拍控制存储器的读时钟信号
    //在时钟下降沿从乐曲存储器中读取乐曲数据
    demo_music   u1(.address(address),.clock(rdclk),.q(play_data));
endmodule
```

图 10.20(a)是 read_rom 模块复位后的功能仿真波形，其中所有数据显示均为十进制。图中，输入信号 clk_4hz 是 4 Hz 的时钟信号，在 reset_n 信号低电平有效后，内部地址计数器 address 依次产生乐曲存储器的地址，初始化后 address=0，因此从地址[0]中读出的数据 play_data=41(二进制数为 00101001)，其音符索引值 code_out=9(play_data 低 5 位二进制)，节拍 delay=1(play_data 高 3 位二进制数)。由于节拍数据为 1，因此地址计数器加 1，address=1 继续读取下一单元的数据。当 address=7 时，play_data=73，此时 code_out=9，delay=2，节拍数据为 2，因此节拍计数器减 1 操作，当其为 1 时地址计数器 address=8，这样 code_out=9 输出持续两个节拍。从图(a)中可以看出，从存储器读出的预存数据控制输出音符的索引值和其持续的节拍。图(b)是乐曲结束时的截图，可以看出，当 play_data=255 时，存储器的地址计数器不再发生变化，由于此时的音符索引值输出为 31(255 的低 5 位数据)是无效的，因此扬声器不会发声。

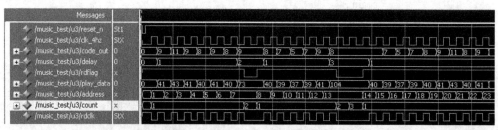

(a) read_rom 模块复位后的功能仿真波形

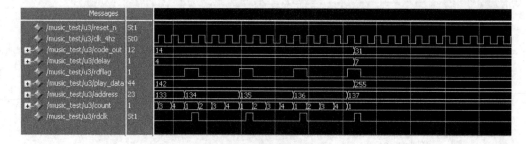

(b) 乐曲结束时的截图

图 10.20   read_rom 模块读取数据过程的功能仿真波形

10.3.5 乐曲播放器顶层模块

前面介绍了乐曲演奏模块中各子模块的功能和实现代码，这些子模块可以构成乐曲播放器的顶层模块。乐曲播放器顶层模块 music_top 的实现见代码 10.14，端口信号说明如下：

输入信号：

reset_n——复位信号；

clk50M——50 MHz 时钟信号。

输出信号：

freq_out——音符对应的频率信号；

code——音符索引值。

【代码 10.14】 乐曲播放器顶层模块。

```verilog
module music_top(reset_n,clk50M,freq_out,code);
    input    reset_n,clk50M;
    output   freq_out;
    output   [4:0] code;

    wire clk_4hz,clk_5Mhz;

    clk_gen u1(reset_n,clk50M,clk_4hz,clk_5Mhz);
    tone_gen u2(reset_n,clk_5Mhz,code,freq_out);
    read_rom u3(reset_n,clk_4hz,code);

endmodule
```

可以看到，顶层模块是由 clk_gen、tone_gen 和 read_rom 三个模块的实例 u1、u2 和 u3 构成的，clk_gen 的 u1 对 50 MHz 的时钟信号分频后产生 5 MHz 和 4 Hz 的输出信号，这两个信号分别作为 tone_gen 实例 u2 和 read_rom 实例 u3 的时钟输入信号。其工作过程是 u3 依次读取 ROM 中存储的乐曲数据，并对其音符索引值和节拍数据进行分解，然后根据节拍数据输出音频索引值 code，由索引值 code 控制 u2 输出其对应音符的频率信号 freq_cout，从而控制扬声器发声。

图 10.21 是顶层文件各信号的仿真结果，可以看到，在每个 clk_4hz 信号的上升沿，code 依次读出乐曲存储器的音频数据索引值 5'b01001、5'b01011 和 5'b01001…

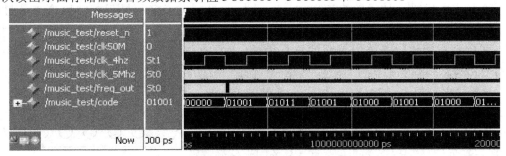

图 10.21 乐曲播放器顶层模块的功能仿真波形

图 10.22(a)、(b)分别是音频数据索引值 5'b01001(中音 3)、5'b01011(中音 5)下 freq_out 信号仿真的周期测量结果。图(a)中，freq_out 的周期为 1517200000 ps，其频率为 1/1517200000 ps = 659 Hz，与表 10.1 中中音 3 频率一致。同理，图(b)中，freq_out 的周期为 1276000000 ps，其对应的频率为 783.6 Hz，是中音 5 的频率。

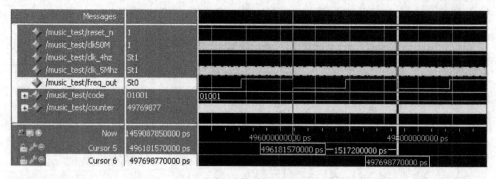

(a) 中音 3

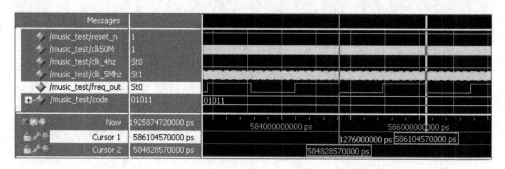

(b) 中音 5

图 10.22　音频信号输出的仿真结果

10.4　VGA 控制器

10.4.1　VGA 显示原理

随着计算机显示技术的快速发展，计算机业界制定了多种显示接口协议，从最初的 MDA 接口协议到目前主流的 VGA 接口协议。在 VGA 接口协议框架中，根据不同的分辨率和刷新频率，又分为不同的显示模式，如 VGA(640×480)、SVGA(800×600)和 SVGA(1024×768)等。

计算机主机端的 VGA 输出是一个 15 针的 D-sub 接口，如图 10.23 所示。接口中各信号引脚的定义如表 10.3 所示。其引出线中有 5 个常用的模拟信号，即 R、G、B 三基色信号、HS 行同步信号和 VS 场同步信号，其电压范围为(0～0.7)V。

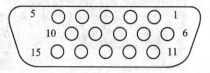

图 10.23　计算机端的 VGA 接口

表 10.3　VGA 接口信号的引脚定义

引脚序号	1	2	3	6	7	8	10	13	14
信号	RED	GREEN	BLUE	RGND	GGND	BGND	SGND	HS	VS
说明	红	绿	蓝	红地	绿地	蓝地	同步地	行同步	场同步
方向	输入	输入	输入					输入	输入

　　VGA 显示器的彩色是由 R、G、B(绿(Green)、红(Red)、蓝(Blue))三基色组成的，控制信号即表 10.3 中的行同步信号和场同步信号。工业标准中的 VGA 显示器分辨率是 640×480，每秒显示 60 帧，行频为 31 469 Hz，场频为 59.94 Hz，像素时钟频率为 25.175 MHz。VGA 显示器进行显示时采用逐行扫描方式，是从屏幕的左上方开始逐点扫描，每行(640 个点)扫描完成后，产生行同步负脉冲，并进行行消隐，然后回到下一行的最左边，开始新一行的扫描，直到屏幕的最右下方，即扫描完一帧图像(共 480 行)，然后产生场同步负脉冲，并进行场消隐，最后又回到屏幕的最左上方，开始下一帧的扫描。在设计 VGA 驱动时要注意行、场同步信号的时序和电位关系。对 VGA 颜色的控制是通过对红(R)、绿(G)、蓝(B)三个颜色通道的变化以及它们相互之间的叠加来得到各种颜色。

　　VGA 显示模式(640×480)的行、场扫描时序如图 10.24 所示。图 10.24(a)所示是行扫描时序，单位是像素，即输出一个像素(pixel)的时间间隔。图中各时间段的像素时间分别是：T_a(行同步头)＝96，T_b＝40，T_c＝8，T_d(行图像)＝640，T_e＝8，T_f＝8，T_g(行周期)＝800。

　　图 10.24(b)所示是场扫描时序，单位是行，即输出一行图像(Line)的时间间隔。图中各时间段为：T_a(场同步头)＝2，T_b＝25，T_c＝8，T_d(场图像)＝480，T_e＝8，T_f＝2，T_g(场周期)＝525。

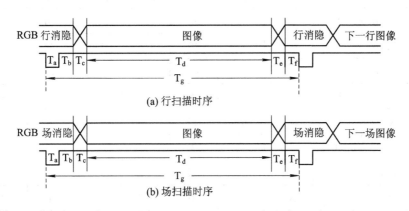

图 10.24　VGA 显示模式(640×480)的行、场扫描时序

　　图 10.25 所示为 VGA 图像显示扫描示意图，在设计时可用两个计数器分别作为行和场扫描计数器。行计数器的计数时钟可以采用 25.2 MHz，行计数器的溢出信号可作为场计数器的计数时钟。由行场计数器控制行、场同步信号的产生，并在图像显示区域输出对应像素点的 RGB 数据，就能显示出相应的图像。需要注意的是，在行、场消隐期间输出的数据应为 0。

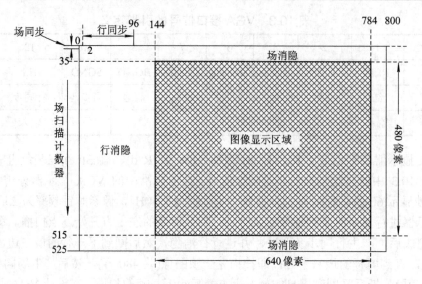

图 10.25　VGA 图像显示扫描示意图

　　在 VGA 接口协议中，不同的显示模式因为有不同的分辨率或不同的刷新频率，所以其时序也不相同。对于每种显示模式的时序，VGA 都有严格的工业标准。表 10.4 所示为 Xilinx公司制定的 VGA 时序标准。

表 10.4　VGA 时序工业标准(Xilinx Inc.)

显示模式	时钟信号/MHz	水平参数(单位：像素)				垂直参数(单位：行)			
		有效区域	前肩脉冲	同步脉冲	后肩脉冲	有效区域	前肩脉冲	同步脉冲	后肩脉冲
640 × 480，60 Hz	25	640	16	96	48	480	10	2	33
640 × 480，72 Hz	31	640	24	40	128	480	9	3	28
640 × 480，75 Hz	31	640	16	96	48	480	11	2	32
640 × 480，85 Hz	36	640	42	48	112	480	1	3	25
800 × 600，56 Hz	38	800	42	128	128	600	1	4	14
800 × 600，60 Hz	40	800	40	128	88	600	1	4	23
800 × 600，72 Hz	50	800	56	120	64	600	37	6	23
800 × 600，75 Hz	49	800	16	80	160	600	1	2	21
800 × 600，85 Hz	56	800	32	64	152	600	1	3	27
1024 × 768，60 Hz	65	1024	24	136	160	768	3	6	29
1024 × 768，70 Hz	75	1024	24	136	144	768	3	6	29
1024 × 768，75 Hz	78	1024	16	96	176	768	1	3	28
1024 × 768，85 Hz	94	1024	48	96	208	768	1	3	36

10.4.2　VGA 控制信号发生器

根据 VGA 的显示原理，VGA 控制器需要产生 VGA 的驱动信号有红基色、绿基色、蓝基色、水平同步信号、垂直同步信号。

1．设计时的几个主要问题

VGA 控制器在设计的过程中需要解决以下几个方面的问题。

1) 时钟信号的产生

当显示模式为 VGA(640×480)时，像素时钟频率应为 25.175 MHz。由于时钟精度要求较高，用前面讲的分频方法不能满足其精度要求，因此这里采用 27 MHz 的时钟信号经过 Quartus II 内部提供的 PLL 锁相环产生 25.2 MHz 的时钟信号。

下面介绍利用锁相环 PLL 产生 25.175 MHz 像素时钟的过程。

Altera 公司的中高档 FPGA 中一般都带有 PLL，数量为一个或多个。PLL 的设计方法灵活，能有效地实现信号分频、倍频处理。这里详细介绍 PLL 实现分频的设置步骤。

(1) 在 Quartus II 环境下，创建一个工程，并新建一个原理图文件。

(2) 选择 Tools 菜单中的"MegaWizard Plug-In Manager⋯"，出现如图 10.26 所示的界面。

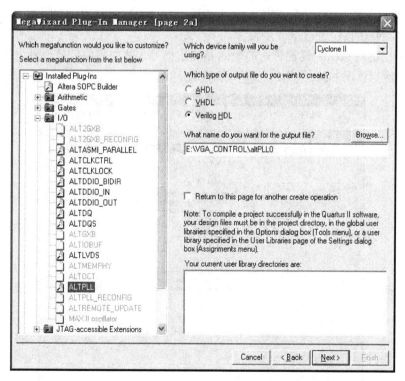

图 10.26　选择 ALTPLL 模块

在左边模块列表的 I/O 中选择 ALTPLL，并选择输出的 HDL 语言为 Verilog HDL，设置输出文件为 altPLL0，然后单击 Next 按钮进行下一步设置，如图 10.27 所示。

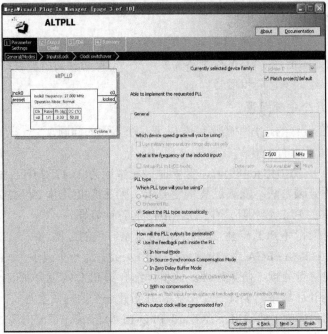

图 10.27　PLL 参数设置界面(1)

(3) 在弹出的对话框中进行 FPGA 速率和输入时钟频率的设置，按照图 10.27 所示设置完毕后，单击 Next 按钮进行下一步设置。

(4) 在弹出的对话框中设置可选的输入和输出信号，例如使能信号、复位信号等，如图 10.28 所示，然后单击 Next 按钮进行下一步设置。

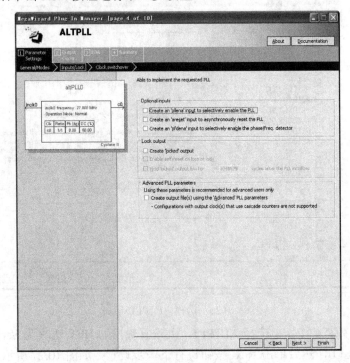

图 10.28　PLL 参数设置界面(2)

(5) 在弹出的对话框中设置输出信号 c0 的分频系数、延时和占空比参数，如图 10.29 所示，PLL 的分频系数采用输出频率设置，输出频率为 25.175 MHz，从图中可以看到实际产生的时钟频率为 25.2 MHz，这也可以满足 VGA 工作时钟的要求。设置完毕后，单击 Next 按钮进行下一步设置。

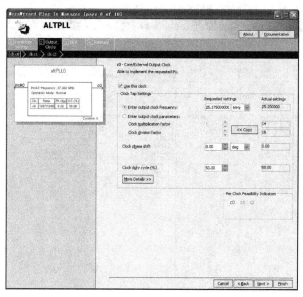

图 10.29　PLL 参数设置界面(3)

　　(6) 在弹出的对话框中可以设置时钟信号 c1 的分频系数、延时和占空比参数，如图 10.30 所示。由于本例中只需要产生一个时钟信号，所以不选中"Use this clock"。单击 Next 按钮还会出现 c2 和 c3 时钟信号的设置界面，与图 10.30 相似。

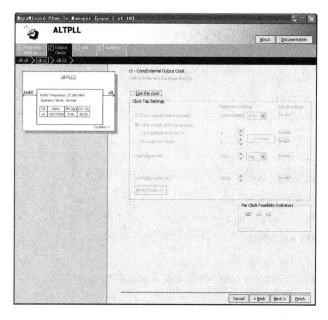

图 10.30　PLL 参数设置界面(4)

(7) 设置完所有参数后，系统会根据设置的参数生成满足要求的模块文件。各文件的名称及功能见图 10.31 所示，其中 altPLL0.v 文件中有 altPLL0 的模块定义。

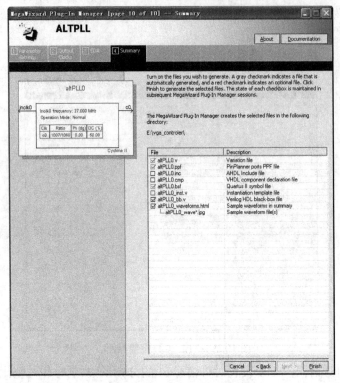

图 10.31　PLL 参数设置界面(5)

altPLL0 模块的完整代码如代码 10.15 所示，代码的主要内容是对模块 altpll_component 的端口定义和参数设置。

【代码 10.15】 生成的 altPLL0.v 文件内容。

```verilog
`timescale 1 ps / 1 ps
//synopsys translate_on
module altPLL0 (inclk0, c0);
    input    inclk0;
    output        c0;

    wire [5:0] sub_wire0;
    wire [0:0] sub_wire4 = 1'h0;
    wire [0:0] sub_wire1 = sub_wire0[0:0];
    wire    c0 = sub_wire1;
    wire    sub_wire2 = inclk0;
    wire [1:0] sub_wire3 = {sub_wire4, sub_wire2};

    altpll altpll_component (
                    .inclk (sub_wire3),
```

```
            .clk (sub_wire0),
            .activeclock (),
            .areset (1'b0),
            .clkbad (),
            .clkena ({6{1'b1}}),
            .clkloss (),
            .clkswitch (1'b0),
            .configupdate (1'b0),
            .enable0 (),
            .enable1 (),
            .extclk (),
            .extclkena ({4{1'b1}}),
            .fbin (1'b1),
            .fbmimicbidir (),
            .fbout (),
            .locked (),
            .pfdena (1'b1),
            .phasecounterselect ({4{1'b1}}),
            .phasedone (),
            .phasestep (1'b1),
            .phaseupdown (1'b1),
            .pllena (1'b1),
            .scanaclr (1'b0),
            .scanclk (1'b0),
            .scanclkena (1'b1),
            .scandata (1'b0),
            .scandataout (),
            .scandone (),
            .scanread (1'b0),
            .scanwrite (1'b0),
            .sclkout0 (),
            .sclkout1 (),
            .vcooverrange (),
            .vcounderrange ());
    defparam
        altpll_component.clk0_divide_by = 1080,
        altpll_component.clk0_duty_cycle = 50,
        altpll_component.clk0_multiply_by = 1007,
        altpll_component.clk0_phase_shift = "0",
        altpll_component.compensate_clock = "CLK0",
```

altpll_component.inclk0_input_frequency = 37037,

altpll_component.intended_device_family = "Cyclone II",

altpll_component.lpm_hint = "CBX_MODULE_PREFIX=altPLL0",

altpll_component.lpm_type = "altpll",

altpll_component.operation_mode = "NORMAL",

altpll_component.port_activeclock = "PORT_UNUSED",

altpll_component.port_areset = "PORT_UNUSED",

altpll_component.port_clkbad0 = "PORT_UNUSED",

altpll_component.port_clkbad1 = "PORT_UNUSED",

altpll_component.port_clkloss = "PORT_UNUSED",

altpll_component.port_clkswitch = "PORT_UNUSED",

altpll_component.port_configupdate = "PORT_UNUSED",

altpll_component.port_fbin = "PORT_UNUSED",

altpll_component.port_inclk0 = "PORT_USED",

altpll_component.port_inclk1 = "PORT_UNUSED",

altpll_component.port_locked = "PORT_UNUSED",

altpll_component.port_pfdena = "PORT_UNUSED",

altpll_component.port_phasecounterselect = "PORT_UNUSED",

altpll_component.port_phasedone = "PORT_UNUSED",

altpll_component.port_phasestep = "PORT_UNUSED",

altpll_component.port_phaseupdown = "PORT_UNUSED",

altpll_component.port_pllena = "PORT_UNUSED",

altpll_component.port_scanaclr = "PORT_UNUSED",

altpll_component.port_scanclk = "PORT_UNUSED",

altpll_component.port_scanclkena = "PORT_UNUSED",

altpll_component.port_scandata = "PORT_UNUSED",

altpll_component.port_scandataout = "PORT_UNUSED",

altpll_component.port_scandone = "PORT_UNUSED",

altpll_component.port_scanread = "PORT_UNUSED",

altpll_component.port_scanwrite = "PORT_UNUSED",

altpll_component.port_clk0 = "PORT_USED",

altpll_component.port_clk1 = "PORT_UNUSED",

altpll_component.port_clk2 = "PORT_UNUSED",

altpll_component.port_clk3 = "PORT_UNUSED",

altpll_component.port_clk4 = "PORT_UNUSED",

altpll_component.port_clk5 = "PORT_UNUSED",

altpll_component.port_clkena0 = "PORT_UNUSED",

altpll_component.port_clkena1 = "PORT_UNUSED",

altpll_component.port_clkena2 = "PORT_UNUSED",

```
altpll_component.port_clkena3 = "PORT_UNUSED",
altpll_component.port_clkena4 = "PORT_UNUSED",
altpll_component.port_clkena5 = "PORT_UNUSED",
altpll_component.port_extclk0 = "PORT_UNUSED",
altpll_component.port_extclk1 = "PORT_UNUSED",
altpll_component.port_extclk2 = "PORT_UNUSED",
altpll_component.port_extclk3 = "PORT_UNUSED";
```

endmodule

2) VGA 显示参数的设置

不同的分辨率有不同的时序,根据表 10.4 编写 VGA_Param.h 文件,将要用到的数据定义成为常量,可以由宏定义语句调用`include "VGA_Param.h"。控制模块根据 VGA 的参数控制时序并产生所需信号。这样操作的好处是可以在采用不同的显示模式时只修改该包含文件的数据,并为控制模块提供该模式的时钟信号即可。这里的 VGA_Param.h 文件按照 VGA(640×480)模式对各参数进行设置,表 10.5 和表 10.6 分别是 VGA(640×480)(75 Hz) 显示模式为行、场控制信号时的情况。VGA_Param.h 文件具体内容见代码 10.16。

表 10.5 行控制信号

信 号 名 称	像 素 数	功 能 描 述
H_SYNC_CYC	96	行同步信号
H_SYNC_BACK	48	行消隐后肩
H_SYNC_ACT	640	有效显示区域
H_SYNC_FRONT	16	行消隐前肩
H_SYNC_TOTAL	800	总像素数

表 10.6 场控制信号

信 号 名 称	行 数	功 能 描 述
V_SYNC_CYC	2	场同步信号
V_SYNC_BACK	33	场消隐后肩
V_SYNC_ACT	480	有效显示区域
V_SYNC_FRONT	10	场消隐前肩
V_SYNC_TOTAL	525	总行数

【代码 10.16】 VGA_Param.h 文件内容。

```
//Horizontal Parameter (Pixel)
parameter   H_SYNC_CYC=96;          //水平同步脉冲数
parameter   H_SYNC_BACK=48;         //水平后肩脉冲数
parameter   H_SYNC_ACT=640;         //水平像素数
parameter   H_SYNC_FRONT=16;        //水平前肩脉冲数
parameter   H_SYNC_TOTAL=800;       //水平脉冲总数
```

```
//Virtical Parameter(Line)
parameter    V_SYNC_CYC=2;          //垂直同步脉冲数
parameter    V_SYNC_BACK=33;        //垂直后肩脉冲数
parameter    V_SYNC_ACT=480;        //垂直像素数
parameter    V_SYNC_FRONT=10;       //垂直后肩脉冲数
parameter    V_SYNC_TOTAL=525;      //垂直脉冲总数
//Start Offset
//显示区域水平起始坐标
parameter    X_START=H_SYNC_CYC+H_SYNC_BACK ;
//显示区域垂直起始坐标
parameter    Y_START=V_SYNC_CYC+V_SYNC_BACK;
```

3) 水平和垂直计数器及行、场同步信号

在设计时采用两个计数器分别作为水平扫描计数器和垂直扫描计数器，行计数器的计数时钟采用 PLL 生成的 25.2 MHz 信号，行计数器的溢出信号作为场计数器的计数时钟。水平计数器计数值 H_Cont 和垂直信号计数器计数值 V_Cont 分别表示屏幕扫描过程中的位置，由这两个计数器的值确定当前扫描屏幕的位置、当前像素点的颜色等。

水平计数器对时钟信号 iCLK(25.2 MHz)计数，是一个 H_SYNC_TOTAL 进制计数器，当 H_Cont 小于 H_SYNC_TOTAL 常量时进行加 1 计数，否则清零。垂直计数器只有当 H_Cont 等于 0 时才进行加 1 计数，是一个 V_SYNC_TOTAL 进制计数器。当 H_Cont 大于 H_SYNC_CYC 常量时产生一个行同步信号；当 V_Cont 大于 V_SYNC_CYC 常量时产生一个场同步信号。其具体实现见代码 10.17 和代码 10.18。

【代码 10.17】 水平计数器和行同步信号产生代码。

```
if(H_Cont < H_SYNC_TOTAL)
    H_Cont <= H_Cont+1;
else
    H_Cont <=     0;
//H_Sync Generator
if(H_Cont < H_SYNC_CYC)
    oVGA_H_SYNC <= 0;
else
    oVGA_H_SYNC <= 1;
```

注：oVGA_H_SYNC 是行同步信号。

【代码 10.18】 垂直计数器和场同步信号产生代码。

```
if(H_Cont==0)
    begin
        if(V_Cont < V_SYNC_TOTAL)
            V_Cont <= V_Cont+1;
        else
```

```
                    V_Cont <= 0;
              if(V_Cont < V_SYNC_CYC)
                    oVGA_V_SYNC <= 0;
              else
                    oVGA_V_SYNC <= 1;
        end
```

注：oVGA_V_SYNC 是场同步信号。

4) 当前屏幕坐标的确定

当水平和垂直计数器的值都在图像显示有效区域时，则产生输出地址信号。其具体实现见代码 10.19。

【代码 10.19】　有效像素坐标的产生。

```
  if(H_Cont>=X_START && H_Cont<X_START+H_SYNC_ACT &&
        V_Cont>=Y_START && V_Cont<Y_START+V_SYNC_ACT)
      begin
          oCoord_X  <=   H_Cont-X_START;
          oCoord_Y  <=   V_Cont-Y_START;
          oAddress  <=   oCoord_Y*H_SYNC_ACT+oCoord_X-3;
      end
```

其中，oCoord_X 和 oCoord_Y 是水平和垂直坐标；oAddress 是输出地址，可用于存储器数据访问。

2．VGA 控制信号发生器模块的实现

VGA 控制器主控模块的具体实现见代码 10.20，其输入输出端口信号的功能说明如下：

输入端口：

iCLK——输入时钟信号；

iRST_N——复位信号，低电平有效；

RGB_EN——红、绿、蓝三基色控制使能信号；

iRed、iGreen、iBlue——红、绿、蓝三基色输入数据。

输出端口：

oAddress——像素绝对地址(按行排列顺序)；

oCoord_X——像素水平图像坐标；

oCoord_Y——像素垂直图像坐标；

oVGA_R、oVGA_G、oVGA_B——红、绿、蓝三基色输出数字量数据；

oVGA_H_SYNC、oVGA_V_SYNC——行、场同步输出信号；

oVGA_BLANK——行或场同步输出有效信号；

oVGA_CLOCK——视频时钟输出信号。

VGA 控制器主控模块的功能是在图像显示区域内输出指定的像素颜色，这就需要输入的三基色数据 iRed、iGreen、iBlue 与当前的像素坐标 oCoord_X、oCoord_Y 具有严格的同步关系。

【代码 10.20】 VGA 控制信号发生器模块。

```verilog
module   VGA_Controller(RGB_EN,
                        iRed,
                        iGreen,
                        iBlue,
                        oAddress,
                        oCoord_X,
                        oCoord_Y,
                        oVGA_R,
                        oVGA_G,
                        oVGA_B,
                        oVGA_H_SYNC,
                        oVGA_V_SYNC,
                        oVGA_BLANK,
                        oVGA_CLOCK,
                        iCLK,
                        iRST_N);


`include "VGA_Param.h"
//主控制端信号
output    reg    [19:0]    oAddress;
output    reg    [9:0]     oCoord_X;
output    reg    [9:0]     oCoord_Y;
input            [2:0]     RGB_EN;
input            [9:0]     iRed;
input            [9:0]     iGreen;
input            [9:0]     iBlue;
//VGA 端信号
output           [9:0]     oVGA_R;
output           [9:0]     oVGA_G;
output           [9:0]     oVGA_B;
output    reg              oVGA_H_SYNC;
output    reg              oVGA_V_SYNC;
output                     oVGA_BLANK;
output                     oVGA_CLOCK;
//时钟和复位信号
input                      iCLK;
input                      iRST_N;
//内部信号
```

```
reg        [9:0]       H_Cont;
reg        [9:0]       V_Cont;
reg        [9:0]       Cur_Color_R;
reg        [9:0]       Cur_Color_G;
reg        [9:0]       Cur_Color_B;
wire                   mCursor_EN;
wire                   mRed_EN;
wire                   mGreen_EN;
wire                   mBlue_EN;


assign     oVGA_BLANK =oVGA_H_SYNC & oVGA_V_SYNC;
assign     oVGA_CLOCK =iCLK;
assign     mRed_EN    =      RGB_EN[2];
assign     mGreen_EN  =      RGB_EN[1];
assign     mBlue_EN   =      RGB_EN[0];
assign     oVGA_R     =      (H_Cont>=X_START+9&&H_Cont<X_START
                             +H_SYNC_ACT + 9 &&
                             V_Cont>=Y_START  && V_Cont<Y_START+V_SYNC_ACT )
                             ?(mRed_EN    ?   Cur_Color_R   :   0)  :   0;
assign     oVGA_G     =      (H_Cont>=X_START+9 &&
                             +H_Cont<X_START+H_SYNC_ACT+9 &&
                             V_Cont>=Y_START  && V_Cont<Y_START+V_SYNC_ACT )
                             ?(mGreen_EN   ?   Cur_Color_G   :   0)  :   0;
assign     oVGA_B     =      (H_Cont>=X_START+9 &&
                             H_Cont<X_START+H_SYNC_ACT+9 &&
                             V_Cont>=Y_START && V_Cont<Y_START+V_SYNC_ACT )
                             ? (mBlue_EN   ?   Cur_Color_B   :   0)  :   0;

//产生像素地址
always@(posedge iCLK or negedge iRST_N)
    begin
        if(!iRST_N)
        begin
            oCoord_X  <=   0;
            oCoord_Y  <=   0;
            oAddress  <=   0;
        end
        else
        begin
```

```verilog
                if(H_Cont>=X_START && H_Cont<X_START+H_SYNC_ACT &&
                    V_Cont>=Y_START && V_Cont<Y_START+V_SYNC_ACT )
                    begin
                        oCoord_X<=H_Cont-X_START;
                        oCoord_Y<=V_Cont-Y_START;
                        oAddress<=oCoord_Y*H_SYNC_ACT+oCoord_X-3;
                    end
            end
        end


//颜色控制
always@(posedge iCLK or negedge iRST_N)
    begin
        if(!iRST_N)
            begin
                Cur_Color_R<=0;
                Cur_Color_G<=0;
                Cur_Color_B<=0;
            end
        else
            begin
                if (H_Cont>=X_START+8 && H_Cont<X_START+H_SYNC_ACT+8 &&
                    V_Cont>=Y_START && V_Cont<Y_START+V_SYNC_ACT )
                    begin
                        Cur_Color_R<=iRed;
                        Cur_Color_G<=iGreen;
                        Cur_Color_B<=iBlue;
                    end
            end
        end


//水平扫描控制，相对于时钟频率 25.175 MHz  时钟信号
always@(posedge iCLK or negedge iRST_N)
        begin
            if(!iRST_N)
                begin
                    H_Cont<=0;
                    oVGA_H_SYNC<=0;
                end
```

```verilog
        else
            begin
                if(H_Cont < H_SYNC_TOTAL )
                    H_Cont<=H_Cont+1;
                else
                    H_Cont<=0;
                if(H_Cont < H_SYNC_CYC )
                    oVGA_H_SYNC<=0;
                else
                    oVGA_H_SYNC<=1;
            end
    end


//垂直扫描控制，相对于行扫描
always@(posedge iCLK or negedge iRST_N)
    begin
        if(!iRST_N)
            begin
                V_Cont<= 0;
                oVGA_V_SYNC<=0;
            end
        else
            begin
                //When H_Sync Re-start
                if(H_Cont==0)
                begin
                    if(V_Cont < V_SYNC_TOTAL )
                        V_Cont<=V_Cont+1;
                    else
                        V_Cont<=0;
                    if(V_Cont < V_SYNC_CYC )
                        oVGA_V_SYNC <= 0;
                    else
                        oVGA_V_SYNC <= 1;
                end
            end
    end
endmodule
```

模块中的输出信号 oVGA_BLANK、oVGA_CLOCK 是为了方便采用集成视频数模转换芯片而产生的。

10.4.3 像素点 RGB 数据输出模块

前面提到，图像显示时的三基色数据 iRed、iGreen、iBlue 与当前的像素坐标 oCoord_X、oCoord_Y 应当具有严格的同步关系。通常情况下，三基色的数据是取自显示缓冲存储器的，这里为了说明其中的关系，显示一个色彩渐变的马赛克图形。

模块 VGA_Pattern 的功能是根据输入的坐标位置确定输出像素的三基色数据，具体实现见代码 10.21，其端口信号说明如下：

输入端口：

iVGA_X、iVGA_Y——像素坐标；

iVGA_CLK——时钟信号；

iRST_N——复位信号。

输出端口：

oRed、oGreen、oBlue——红、绿、蓝三基色数据。

【代码 10.21】 输出色彩渐变的马赛克图片数据。

```verilog
module      VGA_Pattern      (oRed, oGreen,  oBlue,
                             iVGA_X,iVGA_Y,
                             iVGA_CLK,
                             iRST_N);
    output   reg   [9:0]     oRed;
    output   reg   [9:0]     oGreen;
    output   reg   [9:0]     oBlue;
    input          [9:0]     iVGA_X;
    input          [9:0]     iVGA_Y;
    input                    iVGA_CLK;
    input                    iRST_N;


    always@(posedge iVGA_CLK or negedge iRST_N)
    begin
      if(!iRST_N)
          begin
              oRed<=0;
              oGreen<=0;
              oBlue<=0;
          end
      else
          begin
```

```
        oRed <=   (iVGA_Y<120)                              ?    256:
                  (iVGA_Y>=120 && iVGA_Y<240)               ?    512:
                  (iVGA_Y>=240 && iVGA_Y<360)               ?    768:
                                                                 1023;
        oGreen   <=   (iVGA_X<80)                           ?    128:
                      (iVGA_X>=80 && iVGA_X<160)            ?    256:
                      (iVGA_X>=160 && iVGA_X<240)           ?    384:
                      (iVGA_X>=240 && iVGA_X<320)           ?    512:
                      (iVGA_X>=320 && iVGA_X<400)           ?    640:
                      (iVGA_X>=400 && iVGA_X<480)           ?    768:
                      (iVGA_X>=480 && iVGA_X<560)           ?    896:
                                                                 1023;
        oBlue    <=   (iVGA_Y<60)                           ?    1023:
                      (iVGA_Y>=60 && iVGA_Y<120)           ?    896:
                      (iVGA_Y>=120 && iVGA_Y<180)          ?    768:
                      (iVGA_Y>=180 && iVGA_Y<240)          ?    640:
                      (iVGA_Y>=240 && iVGA_Y<300)          ?    512:
                      (iVGA_Y>=300 && iVGA_Y<360)          ?    384:
                      (iVGA_Y>=360 && iVGA_Y<420)          ?    256:
                                                                 128;
        end
    end
endmodule
```

10.4.4 顶层模块的设计与实现

顶层模块是将 altPLL0、VGA_Controller 和 VGA_Pattern 进行连接，具体实现见代码
10.22。

【代码 10.22】 VGA 控制器的 VGA_TOP 顶层模块。

```
module VGA_TOP
    (
    Reset_n,
    CLOCK_50,                    //50 MHz
    VGA_HS,                      //VGA H_SYNC
    VGA_VS,                      //VGA V_SYNC
    VGA_R,                       //VGA Red[3:0]
    VGA_G,                       //VGA Green[3:0]
    VGA_B,                       //VGA Blue[3:0]
    );
```

```verilog
input                  Reset_n;              //reset
input                  CLOCK_50;             //50 MHz
output                 VGA_HS;               //VGA H_SYNC
output                 VGA_VS;               //VGA V_SYNC
output       [3:0]     VGA_R;                //VGA Red[3:0]
output       [3:0]     VGA_G;                //VGA Green[3:0]
output       [3:0]     VGA_B;                //VGA Blue[3:0]

wire                   VGA_CTRL_CLK;
wire         [9:0]     mVGA_X;
wire         [9:0]     mVGA_Y;
wire         [9:0]     mVGA_R;
wire         [9:0]     mVGA_G;
wire         [9:0]     mVGA_B;
wire         [9:0]     mPAR_R;
wire         [9:0]     mPAR_G;
wire         [9:0]     mPAR_B;
wire         [9:0]     oVGA_R;
wire         [9:0]     oVGA_G;
wire         [9:0]     oVGA_B;
wire         [19:0]    mVGA_ADDR;
assign       mVGA_R    =      mPAR_R;
assign       mVGA_G    =      mPAR_G;
assign       mVGA_B    =      mPAR_B;
altPLL0 u0(.inclk0(CLOCK_50),.c0(VGA_CTRL_CLK));
VGA_Controller    u1    (.RGB_EN(3'h7),
                         .oAddress(mVGA_ADDR),
                         .oCoord_X(mVGA_X),
                         .oCoord_Y(mVGA_Y),
                         .iRed(mVGA_R),
                         .iGreen(mVGA_G),
                         .iBlue(mVGA_B),
                         .oVGA_R(VGA_R),
                         .oVGA_G(VGA_G),
                         .oVGA_B(VGA_B),
                         .oVGA_H_SYNC(VGA_HS),
                         .oVGA_V_SYNC(VGA_VS),
                         .iCLK(VGA_CTRL_CLK),
                         .iRST_N(Reset_n));
```

```
VGA_Pattern         u2      (.oRed(mPAR_R),
                            .oGreen(mPAR_G),
                            .oBlue(mPAR_B),
                            .iVGA_X(mVGA_X),
                            .iVGA_Y(mVGA_Y),
                            .iVGA_CLK(VGA_CTRL_CLK),
                            .iRST_N(Reset_n));
endmodule
```

10.4.5　RGB 模拟信号的产生

　　VGA_TOP 输出的 RGB 三基色数字信号需要转换为模拟信号后才能与 VGA 接口相连，图 10.32 所示是将 VGA_TOP 模块输出的红色数字信号 VGA_R[3:0]利用排阻转换为红色模拟信号的电路图。绿色和蓝色转换电路类似。也可以采用专用的视频转换芯片如 ADV7123 等实现数模转换。

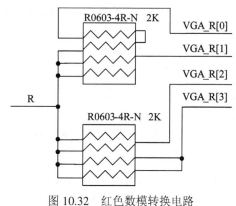

图 10.32　红色数模转换电路

第11章 模型机设计

前面介绍了许多用 Verilog HDL 实现常用数字系统的方法和过程。本章介绍一个较复杂的数字系统——计算机系统的实现过程，主要介绍计算机中的主要部件(控制器、存储器、运算器)的设计原理和方法，最后实现一个基于 RISC CPU 的模型机。

11.1 模型机概述

CPU 是计算机系统中最为重要的组成部分，它在计算机系统中负责信息的处理和控制，因而被人们称为计算机的大脑。CPU 和外围设备构成计算机。模型机是一个简单的计算机硬件系统，可以实现计算机的基本功能。

计算机的体系结构可分为两种类型：冯·诺依曼结构和哈佛结构。大多数 CPU 采用冯·诺依曼结构。

冯·诺依曼结构的处理器使用同一个存储器，经由同一个总线传输，具有以下特点：

(1) 结构上由运算器、控制器、存储器和输入/输出设备组成。

(2) 存储器是按地址访问的，每个地址是唯一的。

(3) 指令和数据都是以二进制形式存储的。

(4) 指令按顺序执行，即一般按照指令在存储器存放的顺序执行，程序的分支由转移指令实现。

(5) 以运算器为中心，在输入输出设备与存储器之间的数据传送都途经运算器。运算器、存储器、输入输出设备的操作以及它们之间的联系都由控制器集中控制。

哈佛结构使用两个独立的存储器模块，分别存储指令和数据，并具有一条独立的地址总线和一条独立的数据总线，具有以下特点：

(1) 每个存储模块都不允许指令和数据并存，以便实现并行处理。

(2) 利用公用地址总线访问两个存储模块(程序存储模块和数据存储模块)，公用数据总线则被用来完成程序存储模块或数据存储模块与 CPU 之间的数据传输。

(3) 地址总线和数据总线由程序存储器和数据存储器分时共用。

数字信号处理一般需要较大的运算量和较高的运算速度，为了提高数据吞吐量，在数字信号处理器中大多采用哈佛结构。本章的模型机在设计时采用哈佛结构。

11.2 RISC CPU 简介

11.2.1 RISC CPU 的基本特征

与 RISC CPU(Reduced Instruction Set Computer CPU，精简指令系统计算机中央处理器)

对应的是 CISC CPU(Complex Instruction Set Computer CPU，复杂指令系统计算机中央处理器)，RISC CPU 主要具有以下特点：

(1) 选取一些使用频度较高的简单指令，并用这些简单指令的有效组合来实现较复杂指令的功能。

(2) 指令长度固定，指令格式、寻址方式类型相比 CISC CPU 要少。

(3) 一般只有取数、存数指令访问存储器，其余类型指令的操作都是在寄存器之间完成的。

(4) CPU 中设计有多个通用的寄存器，指令执行过程中所需要的数据一般暂时存放于寄存器中，这样有利于提高指令的执行速度。

(5) RISC CPU 常采用流水线技术，这样大部分指令可在一个时钟周期内完成。若采用超标量和超流水线技术，可使每条指令的平均执行时间小于一个时钟周期。

(6) 控制器采用组合逻辑控制方式，不用微程序控制方式。

(7) 一般采用优化的译码程序。

CPU(Central Processing Unit，中央处理单元)是计算机的核心部件。计算机进行信息处理可分为两个步骤：

(1) 将数据和程序(即指令序列)输入到计算机的存储器中。

(2) 从第一条指令地址开始执行该程序，得到所需结果，结束运行。

CPU 的作用是协调并控制计算机的各个部件执行程序的指令序列，使其有条不紊地进行，因此它必须具有以下基本功能：

(1) 取指令。当程序已在存储器中时，首先根据程序入口地址取出一条程序，为此要发出指令地址及控制信号。

(2) 分析指令。分析指令即指令译码，是对当前取得的指令进行分析，指出它要做何种操作，并产生相应的操作控制命令。

(3) 执行指令。根据分析指令产生"操作命令"形成相应的操作控制信号序列，控制运算器、存储器及输入输出设备的动作，实现每条指令的功能，其中包括对运算结果的处理以及下一条指令地址的形成。

将 CPU 的功能进一步细化，可概括为能取指令并对指令进行译码后执行规定的动作，可以进行算术和逻辑运算、能与存储器及外设交换数据、提供整个系统所需的控制信号。

11.2.2 RISC CPU 的基本构成

RISC CPU 主要包括三部分功能：数据存储、数据运算、时序控制。与此对应的硬件也有三大部分：各种寄存器、运算器及控制器。其基本结构如图 11.1 所示。

寄存器用于存放指令和数据，在此 CPU 中设计了较多的寄存器，这也符合 RISC CPU 的特点。因为 RISC CPU 追求高处理速度所采取的方式之一就是把指令执行过程中所需的各种数据存入到相应的寄存器中，而不是存储器中。寄存器的访问速度一般远高于存储器，这样就达到了提高 CPU 处理速度的目的。

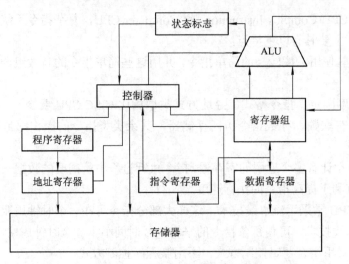

图 11.1 RISC CPU 的基本结构

11.3 RISC CPU 指令系统设计

这里设计的是指令字长固定为 16 位的 RISC CPU。该指令系统由 32 条指令组成，包含了常用各种类型的简单指令，如表 11.1 所示。

表 11.1 16 位 RISC CPU 的指令系统

汇编指令格式	操作码	功 能 描 述	指令类型
ADC DR,SR	00000	CF+DR+SR→DR	算术逻辑指令
SBB DR,SR	00001	DR−SR−CF→DR	
MUL DR,SR	00010	DR*SR→(SR，DR)(无符号)	
DIV DR,SR	00011	DR/SR→DR(无符号)	
ADDI DR,IMM	00100	DR+IMM→DR(立即数和寄存器相加)	
CMP DR,SR	00101	DR−SR(比较置位，若 ZF=1，则 DR=SR)	
AND DR,SR	00110	DR & SR→DR(按位与)	
OR DR,SR	00111	DR SR→DR(按位或)	
NOT DR	01000	$\overline{DR}$ →DR(按位非)	
XOR DR,SR	01001	DR xor SR→DR(按位异或)	
TEST DR,SR	01010	DR and SR(测试置 ZF)	
SHL DR	01011	逻辑左移 1 位，最低位补 0，最高位移入 C	
SHR DR	01100	逻辑右移 1 位，最高位补 0，最低位移入 C	
SAR DR	01101	算术右移，最高位右移，同时再用自身的值填入	
IN DR, PORT	10001	[PORT]→DR, I/O 指令	I/O 指令
OUT SR, PORT	10010	SR→PORT	
MOV DR,SR	01110	SR→DR	数据传送指令
MOVIL DR, IMM	01111	IMM→DR(0~7)	
MOVIH DR, IMM	10000	IMM→DR(8~15)	
LOAD DR, SR	10011	[SR]→DR	访存指令
STORE DR, SR	10100	SR→[DR]	

续表

汇编指令格式	操作码	功 能 描 述	指令类型
PUSH　SR	10101	SR 入栈，堆栈栈顶指针固定(0x0200) SP 为堆栈指针寄存器	堆栈操作 指令
POP　DR	10110	出栈[SP]→DR	
JR　ADR	10111	无条件跳转到地址 ADR，即 ADR = PC 值 + OFFSET	控制转移 指令
JRC　ADR	11000	当 CF = 1 时，跳转到地址 ADR，即 ADR = PC 值 + OFFSET	
JRNC　ADR	11001	当 CF = 0 时，跳转到地址 ADR，即 ADR = PC 值 + OFFSET	
JRZ　ADR	11010	当 ZF = 1 时，跳转到地址 ADR，即 ADR = PC 值 + OFFSET	
JRNZ　ADR	11011	当 ZF=0 时，跳转到地址 ADR，即 ADR = PC 值 + OFFSET	
CLC	11100	进位位清 0，0→CF	标志位 处理指令
STC	11101	进位位置 1，1→CF	
NOP	11110	空操作	处理器控制 指令
HALT	11111	停机	

该模型机的数据存储字长也为 16 位。指令格式固定，操作数寻址方式仅为三种，即大部分指令采用寄存器寻址，仅有访存指令(LOAD/STORE)是采用存储器寻址，另有三条指令涉及到立即数寻址。指令格式类型如图 11.2 所示。其中 OP 表示操作码，DR 表示目的寄存器地址，SR 表示源寄存器地址，IMM 表示立即数，OFFSET 表示偏移地址。下面分别介绍各类指令的主要功能。

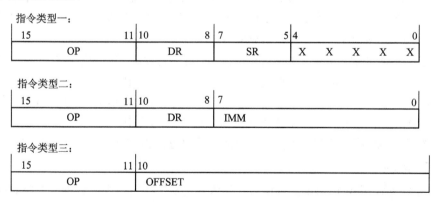

图 11.2　指令格式类型

1. 算术逻辑类指令

(1) 带进位加法指令(ADC DR, SR)。它的功能是将取自数据寄存器组的两个数据[DR]和[SR]相加后再加上进位标志位，将计算结果写回目的寄存器 DR 中，并根据计算结果设置标志位 CF、ZF、OF 和 SF。

(2) 带进位减法指令(SBB DR, SR)。此指令与带进位的加法指令类似，它是将目的寄存器 DR 的值减去源寄存器 SR 的值，然后再减去进位标志位，将结果写回目的寄存器 DR 中，并根据计算结果设置标志位。

(3) 无符号定点乘法指令(MUL DR, SR)。此指令是将目的寄存器 DR 的值乘以源寄存器 SR 的值，将结果的高 16 位写回目的寄存器 DR 中，低 16 位写回源寄存器 SR 中，并根据计算结果设置标志位。

(4) 无符号定点除法指令(DIV DR, SR)。此指令是将目的寄存器 DR 的值除以源寄存器 SR 的值，将结果写回目的寄存器 DR 中，并根据计算结果设置标志位。

(5) 立即数加法指令(ADDI DR,IMM)。此指令是将目的寄存器 DR 的值加上指令字中的 8 位立即数 IMM，再加上进位标志位，将计算结果写回目的寄存器 DR 中，并根据计算结果设置标志位 CF、ZF、OF 和 SF。

(6) 比较指令(CMP DR, SR)。此指令是将目的寄存器 DR 的值与源寄存器 SR 的值进行比较，然后根据比较结果设置标志位。若两数相等，则置零标志位为 1；若目的寄存器 DR 的值比源寄存器 SR 的值大，则置符号位 SF 为 1；若目的寄存器 DR 的值比源寄存器 SR 的值小，则置符号位 SF 为 0。

(7) 逻辑与指令(AND DR, SR)。此指令是将目的寄存器 DR 的值与源寄存器 SR 的值进行与运算，将结果写回目的寄存器 DR 中，并不影响标志位。

(8) 逻辑或指令(OR DR, SR)。此指令是将目的寄存器 DR 的值与源寄存器 SR 的值进行或运算，将结果写回目的寄存器 DR 中，并不影响标志位。

(9) 逻辑非指令(NOT DR)。此指令是将目的寄存器 DR 的值进行逻辑非运算，将结果写回目的寄存器 DR 中，并不影响标志位。

(10) 逻辑异或指令(XOR DR, SR)。此指令是将目的寄存器 DR 的值与源寄存器 SR 的值进行异或运算，将结果写回目的寄存器 DR 中，并不影响标志位。

(11) 位测试指令(TEST DR, SR)。此指令是将目的寄存器 DR 的值与源寄存器 SR 的值进行与运算，结果不写回目的寄存器 DR，只根据运算结果设置标志位。若与运算的结果为 0XFFFF，则设置零标志位 ZF 为 0，否则置为 1。

(12) 逻辑左移位指令(SHL DR)。此指令是将目的寄存器 DR 的值进行左移一位运算，将结果写回目的寄存器 DR 中，将移出的位写入进位标志位中。

(13) 逻辑右移位指令(SHR DR)。此指令是将目的寄存器 DR 的值进行右移一位运算，将结果写回目的寄存器 DR 中，将移出的位写入进位标志位中。

(14) 算术右移位指令(SAR DR)。此指令是将目的寄存器 DR 的值进行算术右移一位运算。

2. I/O 类指令

(1) 读 I/O 端口指令(IN DR，PORT)。此指令是从 I/O 端口读取数据，并将数据写入寄存器中。

(2) 写 I/O 端口指令(OUT SR，PORT)。此指令是将源寄存器 SR 中的数据写入 I/O 端口 PORT。

3. 数据传送类指令

(1) 寄存器间数据传送指令(MOV DR, SR)。此指令是将源寄存器 SR 的值传送至目的寄存器 DR 中。

(2) 寄存器低位加载指令(MOVIL DR, IMM)。此指令是将指令字中的立即数 IMM(8 位)传入目的寄存器 DR 的低字节中。

(3) 寄存器高位加载指令(MOVIH DR, IMM)。此指令是将指令字中的立即数 IMM(8 位)传入目的寄存器 DR 的高字节中。

4．访存类指令

(1) 取数指令(LOAD DR, SR)。该指令的功能是将源寄存器 SR 的值作为地址所指的存储器中的数据读出，并存入目的寄存器 DR 中。

(2) 存数指令(STORE DR, SR)。该指令的功能是将源寄存器 SR 中的数据存入到以目的寄存器 DR 的值为地址所指的存储器单元中。

5．堆栈操作指令

(1) 出栈指令(POP DR)。该指令的功能是将堆栈栈顶指针 SP 所指的数据读出并存入目的寄存器 DR 中。

(2) 入栈指令(PUSH SR)。该指令的功能是将源寄存器 SR 中的数据存入堆栈栈顶指针 SP 所指的存储单元中。

6．控制转移类指令

(1) 无条件转移指令(JR ADR)。此指令无条件跳转至当前 PC 值+ADR 处。

(2) 条件跳转指令(JRC ADR)。此指令在进位标志位为 1 的情况下跳转至当前 PC 值 + ADR 处，否则不跳转。

(3) 条件跳转指令(JRNC ADR)。此指令在进位标志位为 0 的情况下跳转至当前 PC 值 + ADR 处，否则不跳转。

(4) 条件跳转指令(JRZ ADR)。此指令在零标志位为 1 的情况下跳转至当前 PC 值 + ADR 处，否则不跳转。

(5) 条件跳转指令(JRNZ ADR)。此指令在零标志位为 0 的情况下跳转至当前 PC 值 + ADR 处，否则不跳转。

7．标志位处理类指令

(1) 进位位清 0 指令(CLC)。该指令的功能是将进位标志位清 0。

(2) 进位位置 1 指令(STC)。该指令的功能是将进位标志位置 1。

8．处理器控制类指令

(1) 空操作指令(NOP)。此指令执行时，不进行任何具体功能，也不影响标志位，只占用一个指令周期的时间。

(2) 停机指令(HLT)。该指令使 CPU 进入停机状态，除非有复位信号出现，CPU 才会解除此状态。

11.4　RISC CPU 的数据通路图

RISC CPU 的数据通路图如图 11.3 所示。

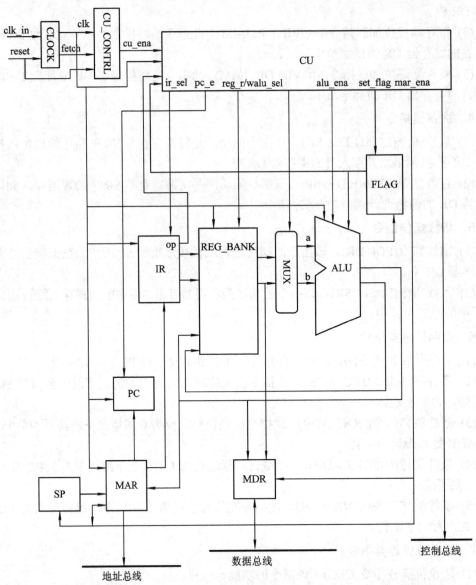

图 11.3 RISC CPU 的数据通路图

该 CPU 中有 8 个 16 位的可按字双端口读写的通用数据寄存器组(REG_BANK)，此外还涉及指令寄存器(IR)、地址寄存器(MAR)、数据寄存器(MDR)、堆栈指针寄存器(SP)以及标志寄存器(FLAG)、算术逻辑运算单元(ALU)、程序计数器等。算术逻辑运算单元的主要功能是对操作数进行运算。时序发生和控制部分主要由时钟发生器(CLOCK)、控制器(CU)组成。按功能可将整个 CPU 划分为以下 11 个功能模块。

(1) 时钟发生器(CLOCK)。时钟发生器的功能是使用外来时钟信号生成一系列的时钟信号并送往 CPU 的其他部件。

(2) 控制器(CU)。控制器是 CPU 中的核心部件，CPU 通过它来产生控制时序和控制信号，用以控制 CPU 中各个功能部件按一定的时序关系工作。此次设计的控制器由两部分组成，即状态机(CU)和状态机控制器(CU_CONTRL)。

(3) 指令寄存器(IR)。指令寄存器用于寄存当前执行的指令。

(4) 通用数据寄存器组(REG_BANK)。数据寄存器组由 8 个 16 位的通用寄存器组成。它是一个双端口读出、双端口写入的部件。此数据寄存器组用于存储指令执行过程中需要的数据以及指令执行结果，且只允许按字访问，即一次性读取 16 位数据。

(5) 程序计数器(PC)。程序计数器用于存储程序的下一条指令在存储器中的地址，CPU根据它来取指令。

(6) 算术逻辑运算器(ALU)。算术逻辑运算器是一个 16 位的定点运算器，共支持 14 种逻辑、算术运算。

(7) 运算器输入控制部件。该部件用于控制运算器的输入数据。送往运算器的数据有两类：来自寄存器组的 16 位数据和来自指令字中的立即数。

(8) 标志位寄存器(FLAG)。标志位寄存器是一个 8 位的寄存器，用于寄存程序执行产生的标志位。其高 4 位没有使用，低 4 位从低位到高位依次表示符号标志位、溢出标志位、零标志位和进位标志位。

(9) 地址寄存器(MAR)。地址寄存器是用于存储向地址总线输出访存地址的器件。访存时的地址来自于它。

(10) 数据寄存器(MDR)。数据寄存器是用于存储要向地址总线输出数据，或者存放从数据总线上读取到的数据的部件。它是双向输入输出的。

(11) 堆栈指针寄存器(SP)。堆栈指针寄存器用于存储堆栈段当前的栈顶地址(16 位)。每次出栈或进栈后都要更新它的值。各模块的实现在 11.6 节中介绍。

11.5 指令流程设计

要实现各指令，必须清楚每条指令的执行过程，以及在此过程中涉及的各个部件及其动作控制信号的先后关系，因此首先需要分析指令系统中所有指令的流程。

(1) 算术、逻辑运算类指令都是先把数据从寄存器中取出，然后经运算器处理后再将结果写回寄存器或者置标志位。以带进位加法指令 ADC 为例，此指令执行的流程如图 11.4所示。与 ADC 指令执行流程基本一样的还有 SBB、DIV、MUL、AND、NOT、OR、XOR、SHL、SHR、SAR、CMP、TEST 和 ADDI 等指令。

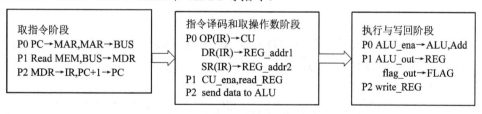

图 11.4 加法指令 ADC 的执行流程

(2) 数据传送类指令包括寄存器间的数据传送指令(MOV DR, SR)、寄存器低位加载指令(MOVIL DR, IMM)和寄存器高位加载指令(MOVIH DR, IMM)。以寄存器间的数据传送指令为例，该类指令的执行流程如图 11.5 所示。

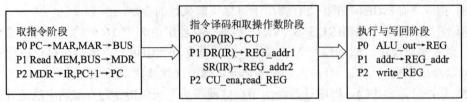

图 11.5 寄存器间数据传送指令 MOV 的执行流程

(3) I/O 类指令包含写 I/O 端口指令(OUT SR，PORT)和读 I/O 端口指令(IN DR，PORT)。写 I/O 端口指令(OUT SR，PORT)的执行流程如图 11.6 所示。

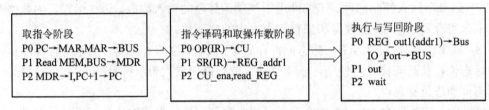

图 11.6 写 I/O 端口指令(OUT SR，PORT)的执行流程

(4) 控制转移类指令可以分为无条件转移指令和条件跳转指令两大类。现以条件转移类指令 JRC 为例，其具体执行流程如图 11.7 所示。

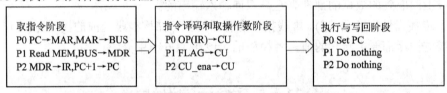

图 11.7 条件转移类指令 JRC 的执行流程

(5) 堆栈操作指令包括入栈指令和出栈指令。现以出栈指令 POP 为例说明其具体执行流程，如图 11.8 所示。

图 11.8 出栈指令 POP 的执行流程

(6) 访存类指令包括取数指令 LOAD 和存数指令 STORE。取数指令 LOAD 的功能是将源寄存器 SR 的值作为地址所指的存储器中的数据读出并存入目的寄存器 DR 中，其执行流程如图 11.9 所示。

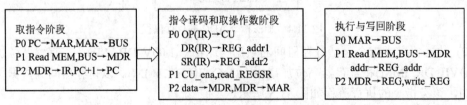

图 11.9 取数指令 LOAD 的执行流程

(7) 存数指令 STORE 的功能是将源寄存器 SR 中的数据存入到以目的寄存器 DR 的值为地址所指的存储器单元中，其执行流程如图 11.10 所示。

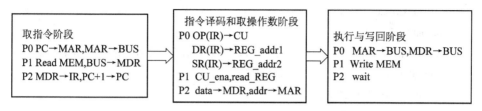

图 11.10　存数指令 STORE 的执行流程

(8) 空操作指令 NOP 的执行流程如图 11.11 所示。

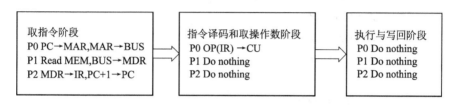

图 11.11　空操作指令 NOP 的执行流程

(9) 停机指令(HLT)的执行流程如图 11.12 所示。

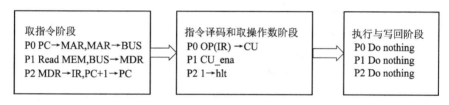

图 11.12　停机指令 HLT 的执行流程

11.6　CPU 内部各功能模块的设计与实现

本节介绍图 11.3 中各功能模块的设计、实现和仿真结果。

11.6.1　时钟发生器

时钟发生器(CLOCK)利用外来时钟信号 clk 来生成一系列时钟信号 clk1、fetch 送往 CPU 的其他部件，其实现见代码 11.1。输出 fetch 是输入时钟信号 clk 的八分频信号，利用 fetch 的上升沿来触发 CPU 控制器开始执行一条指令。其各端口信号说明如下：

输入信号：

clk——时钟信号；

reset——复位信号。

输出信号：

clk1——clk的反相信号；

fetch——clk 的八分频信号。

【代码 11.1】 时钟发生器模块。

```verilog
module clock(clk,clk1,reset,fetch);
    input clk,reset;
    output fetch,clk1;
    reg fetch;                      //state 用于控制时钟发生器产生输入时钟信号 clk 的八分频
    reg[7:0] state;                 //输出时钟信号 clk1
    parameter  s1=8'b00000001,
               s2=8'b00000010,
               s3=8'b00000100,
               s4=8'b00001000,
               s5=8'b00010000,
               s6=8'b00100000,
               s7=8'b01000000,
               s8=8'b10000000,
               idle=8'b00000000;
    assign clk1=~clk;
    always @(negedge clk)
        if(reset)
            begin
                fetch<=0;
                state<=idle;
            end
        else
            begin
                case(state)
                  s1:state<=s2;
                  s2:state<=s3;
                  s3:
                      begin
                          fetch<=1;
                          state<=s4;
                      end
                  s4: state<=s5;
                  s5:state<=s6;
                  s6:state<=s7;
                  s7:
                      begin
                          fetch<=0;
                          state<=s8;
```

```
                        end
              s8:state<=s1;
              idle:state<=s1;
              default:state<=idle;
          endcase
      end
  endmodule
```

图 11.13 是时钟发生器的模块符号，图 11.14 是其模块的功能仿真结果。其中，reset 为复位信号；clk 为输入时钟信号；clk1 为输入时钟信号的反相输出时钟信号；fetch 为输出信号，是输入时钟信号 clk 的八分频信号。在构成模型机时，clk 采用 50 MHz 的时钟信号。

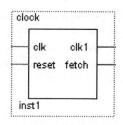

图 11.13　时钟发生器的模块符号

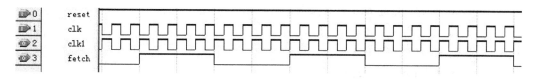

图 11.14　时钟发生器的功能仿真结果

11.6.2　程序计数器

程序计数器(PC)用于提供执行指令的地址。指令是按地址顺序存放在存储器中的，在控制器的控制下按顺序读取指令并执行指令。CPU 中有两种途径形成指令地址：其一是顺序执行的情况，这时 PC 的值根据当前指令的长度自动进行加法运算；其二是当遇到需要改变顺序的指令时根据需要改变 PC 的值，例如执行跳转指令时，需要形成新的指令地址。

程序计数器模块的实现见代码 11.2，其各端口信号的说明如下：

输入信号：

clk——时钟信号；

rst——复位信号；

offset——转移时的偏移量；

pc_inc——自加 1 控制信号(低电平加 1)；

pc_ena——PC 更新使能控制信号。

输出信号：

pc_value——PC 当前值。

复位后，PC=0x0000，即每次 CPU 重新启动时将从存储器的零地址开始读取指令并执行。在指令的执行过程中于指令译码之后对程序计数器进行更新，这样可根据当前执行指令的操作码及状态位来决定 PC 的更新值。如果正在执行的指令是跳转指令，则根据程序状态寄存器(FLAG)中的相关状态位来判断是否发生跳转，具体操作如表 11.2 所示。如果应发生跳转的条件满足，状态控制器(CU)会将 pc_ena、pc_inc 信号输出为高电位，PC 的值更新为原 PC 值加上指令字中的 OFFSET 的值；如果不发生跳转，状态控制器(CU)会将 pc_ena 信号为高电位，pc_inc 信号为低电位，此时 PC 值自加 1。

表 11.2　指令操作码与指令寄存器更新逻辑关系

指　　令	操作码	零标志位 ZF	进位标志位 CF	是否跳转	应更新的 PC 值
JR	10111	X	X	是	PC+OFFSET
JRC　OFFSET	11000	X	1	是	PC+OFFSET
		X	0	否	PC+1
JRNC　OFFSET	11001	X	0	是	PC+OFFSET
		X	1	否	PC+1
JRZ　OFFSET	11010	1	X	是	PC+OFFSET
		0	X	否	PC+1
JRNZ　OFFSET	11011	0	X	是	PC+OFFSET
		1	X	否	PC+1
其他		X	X	否	PC+1

【代码 11.2】　程序计数器模块。

```
module pc(clk,rst,pc_value,offset,pc_inc, pc_ena);
    output[15:0] pc_value;
    input[10:0]   offset;
    input pc_inc,clk,rst,pc_ena;
    reg[15:0] pc_value;
    always @(posedge clk or posedge rst)
        begin
        if(rst)                //复位后程序寄存器的值设置为 0
            pc_value<=16'b0000_0000_0000_0000;
        else
            if(pc_ena&&pc_inc&&offset[10])
            pc_value<=pc_value-offset[9:0];
        else
            if(pc_ena&&pc_inc&&(!offset[10]))
            pc_value<=pc_value+offset[9:0];
        else if(pc_ena)
            pc_value<=pc_value+1'b1;
        end
    endmodule
```

程序计数器的模块符号如图 11.15 所示，其功能仿真结果如图 11.16 所示。

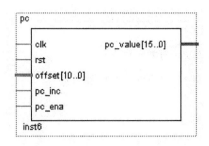

图 11.15 程序计数器的模块符号

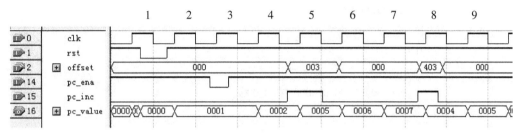

图 11.16 程序计数器的功能仿真结果

图 11.16 中，信号 offset 和 pc_value 显示的均为十六进制数。可以看出，在 rst=0 时，pc_value 实现清零功能；在 pc_ena=1 时，pc_value 实现更新功能。更新的方式有两种：① 若 pc_inc=0，则 pc_value 实现加 1 功能，对应图中的第 2、4、6、7 和 9 个 clk 信号上升沿。② 若 pc_inc=1，则 pc_value 对当前值进行加减运算，若 offset 最高位为 0 则加 offset 低 9 位，这种情况对应图中第 5 个时钟信号，此时 offset=16'h003(最高位为 0，低 9 位为 3)，pc_value=2，因此 pc_value 运算后的值为 5；若 offset 最高位为 1 则 pc_value 做减 offset 低 9 位运算，这种情况对应图中第 8 个时钟信号，此时 offset=16'h403(最高位为 1，低 9 位为 3)，pc_value=7，因此 pc_value 运算后的值为 4。

11.6.3 指令寄存器

指令寄存器(IR)用于暂存当前正在执行的指令。指令寄存器的时钟信号是 clk，在 clk 的上升沿触发。指令寄存器将数据总线送来的指令存入 16 位的寄存器中，但并不是每次数据总线上的数据都需要寄存，因为数据总线上有时传输指令，有时传输数据。由 CPU 状态控制器的 ir_ena 信号控制数据是否需要寄存。复位时，指令寄存器被清零。

由于每条指令为 2 个字节，即 16 位，高 5 位是操作码，低 11 位是偏移地址或者是目的寄存器和源寄存器(CPU 的地址总线为 16 位，寻址空间为 64 K 字)，因此设计中采用的数据总线为 16 位，每取出一条指令便要访存一次。指令寄存器模块的实现见代码 11.3，其各端口信号的说明如下：

输入信号：

clk——时钟信号；

rst——复位信号；

data——数据总线输入；

ir_ena——IR 更新使能控制。

输出信号：

ir_out——IR 当前值。

【代码 11.3】 指令寄存器模块。

```
module instuction_register(ir_out,data,ir_ena,clk,rst);
    output[15:0] ir_out;
    input[15:0] data;
    input ir_ena,clk,rst;
    reg[15:0] ir_out;
    always @(posedge clk)
        begin
            if(rst)
                begin
                    ir_out<=16'b0000_0000_0000_0000;
                end
            else
                if(ir_ena)
                    begin
                        ir_out<=data;
                    end
        end
endmodule
```

指令寄存器的模块符号如图 11.17 所示。

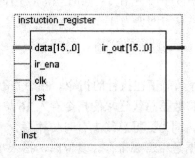

图 11.17 指令寄存器的模块符号

指令寄存器的功能仿真结果如图 11.18 所示。从图中可以看出，在 rst 无效的情况下，在时钟信号 clk 的上升沿若 ir_ena=1，则 IR 的数据 ir_out 会锁存 data 此时的数据。

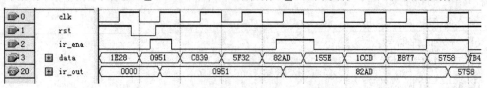

图 11.18 指令寄存器 IR 的功能仿真结果

11.6.4　地址寄存器

地址寄存器(MAR)是 CPU 与存储器的一个接口,用于存放待访问的存储器单元的地址。其输入、输出逻辑关系如表 11.3 所示。

表 11.3　地址寄存器的输入、输出逻辑关系

输　　入				输　　出
clk	rst	mar_ena	mar_sel[1:0]	mar_addr
1	1	X	XX	0x0000
1	0	1	00	pc_addr
1	0	1	01	ir_addr1
1	0	1	10	ir_addr2
1	0	1	11	sp
0	X	X	XX	0xXXXX

地址寄存器模块的实现见代码 11.4,其各端口信号的说明如下:

输入信号:

clk——时钟信号;

rst——复位信号;

mar_ena——锁存使能信号;

mar_sel[1:0] ——mar 输入选择信号,用来选择地址输入源;

ir_addr1、ir_addr2——来自寄存器的地址;

pc_addr——pc 数据;

sp_addr——sp 数据。

输出信号:

mar_addr——地址寄存器的输出。

【代码 11.4】　地址寄存器模块。

```
module mar(clk,rst,mar_ena,mar_sel,ir_addr1,ir_addr2,pc_addr,sp_addr,mar_addr);
    output [15:0] mar_addr;
    input clk,rst,mar_ena;
    input [1:0]mar_sel;
    input[15:0] ir_addr1,ir_addr2,pc_addr,sp_addr;
    reg [15:0] mar_addr;
    always @(posedge clk)
      begin
        if(rst)
            mar_addr<=16'b0000_0000_0000_0000;
        else if(mar_ena)
          begin
            case(mar_sel)
              3'b00:mar_addr<=pc_addr;    //addr come from pc
```

```
                    3'b01:mar_addr<=ir_addr1;//addr come from   reg_out1[DR]
                    3'b10:mar_addr<=ir_addr2;//addr come from   reg_out2[SR]
                    3'b11:mar_addr<=sp_addr;//addr come from    sp
            endcase
        end
    end
endmodule
```

地址寄存器的模块符号如图 11.19 所示。

图 11.19 地址寄存器的模块符号

地址寄存器的功能仿真结果如图 11.20 所示，图中的数据均为十六进制数据显示。从图中可以看出，MAR 实际上是一个四路选择器，在 rst=1、mar_ena=1 时，根据 mar_sel 信号的状态从四个输入数据(pc_addr、ir_addr1、ir_addr2 和 sp_addr)中选择一路数据在 clk 上升沿对其锁存。

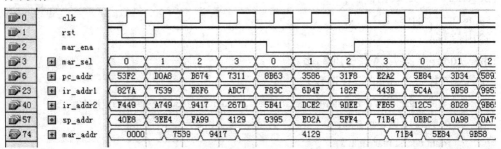

图 11.20 地址寄存器的功能仿真结果

11.6.5 数据寄存器

数据寄存器(MDR)用于寄存将要被输出到数据总线或送往运算器的数据。数据寄存器模块的实现见代码 11.5，其各端口的信号说明如下：

输入信号：

clk——时钟信号；

rst——复位信号；

mdr_ena——mdr 输入使能信号；

mdr_sel[1:0] ——数据寄存器输入选择信号，用来选择输入的数据；

reg_in1、reg_in2——来自寄存器的输入信号；

mem_in——来自存储器的输入信号。

输出信号：

mem_out——向数据总线的数据输出；

reg_out——向指令寄存器(IR)的输出。

数据寄存器输入与输出之间的逻辑关系如表 11.4 所示。

表 11.4　数据寄存器输入与输出之间的逻辑关系

clk	rst	mdr_ena	mdr_sel[1:0]	reg_out	mem_out
1	1	X	XX	0xXXXX	0xXXXX
1	0	1	00	0xXXXX	0xXXXX
1	0	1	01	Reg_in1	0xXXXX
1	0	1	10	Reg_in2	0xXXXX
1	0	1	11	0xXXXX	mem_in
0	X	X	XX	0xXXXX	0xXXXX

【代码 11.5】　数据寄存器模块。

```
module mdr(clk,rst,mdr_ena,mdr_sel,reg_in1,reg_in2,reg_out,mem_in,mem_out);
    input clk,rst,mdr_ena;
    input[1:0] mdr_sel;                        //mdr_sel 选择数据源
    input [15:0] reg_in1,reg_in2,mem_in;
    output   [15:0] reg_out,mem_out;
    reg [15:0] reg_out,mem_out;


    always @(posedge clk or negedge rst)
        begin
          if(!rst)                             //初始化
          begin
            reg_out<=16'b0000_0000_0000_0000;
            mem_out<=16'b0000_0000_0000_0000;
          end
        else if(mdr_ena)
          begin
            case(mdr_sel)
            2'b01:                             //选择 reg_in1 数据
                begin
                    reg_out<=reg_in1;//data[DR]
                    mem_out<=16'bz;
                end
            2'b10:                             //选择 reg_in2 数据
                begin
```

```
                reg_out<=reg_in2;//data[SR]
                mem_out<=16'bz;
            end
        2'b11:                              //选择存储器数据
            begin
                reg_out<=16'bz;//data[SR]
                mem_out<=mem_in;
            end
        default:
            begin
                reg_out<=16'bz;
                mem_out<=16'bz;
            end
        endcase
    end
end
endmodule
```

数据寄存器的模块符号如图 11.21 所示。

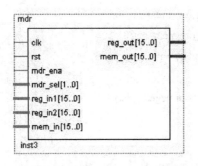

图 11.21　数据寄存器的模块符号

数据寄存器的功能仿真结果如图 11.22 所示，图中数据均为十六进制显示。数据选择器可以看做一个具有两个输出的三路数据选择器。由 mdr_ena 和 clk 控制锁存操作的时间，由 mdr_sel 控制输出端口 reg_out 和 mem_out 的输出结果。在第三个 clk 信号的上升沿，mdr_ena=1，mdr_sel=2，完成将 reg_in2 的数据锁存到 reg_out 端口、mem_out 为高阻状态的功能。其他情况请读者自己分析。

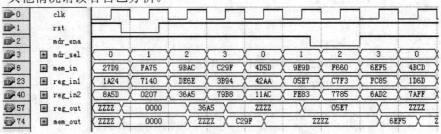

图 11.22　数据寄存器的功能仿真结果

11.6.6　寄存器组

寄存器组(Register Array)用于存储指令执行过程中需要的数据以及指令的执行结果。这里设计的寄存器组由 8 个 16 位的通用寄存器组成，它是一个双端口读出、双端口写入的部件，只能按字访问，即一次性读取 16 位数据。寄存器组模块的实现见代码 11.6，其各端口信号的说明如下：

输入信号：

clk——时钟信号；

rst——复位信号；

reg_read1——读端口 1 读控制信号(高有效)；

reg_read2——读端口 2 读控制信号(高有效)；

addr1——端口 1 地址信号；

addr2——端口 2 地址信号；

reg_write1、reg_write2——写端口控制标志；

data_in1——输入数据 1；

data_in2——输入数据 2；

data_in3——输入数据 3。

输出信号：

reg_out1——读端口 1 输出数据；

reg_out2——读端口 2 输出数据。

寄存器组的三路 16 位输入数据分别为 data_in1、data_in2 和 data_in3。两路 16 位的读出数据分别为 reg_out1 和 reg_out2。两个端口的读控制信号分别为 reg_read1 和 reg_read2，写控制信号分别为 reg_write1 和 reg_write2。从寄存器组读出的数据可以送到 ALU 的 A、B 输入端的多路选择器，也可以用作访存指令的地址。数据寄存器组从原理上只允许按字读写，但是由于所设计的指令系统中有对数据寄存器组的半字(8 位)操作指令(如 MOVIL DR，IMM 和 MOVIH DR, IMM，MOVIL 指令实现将 8 位 IMM 存入数据寄存器组的 DR 的低 8 位中，MOVIH 指令实现将 8 位的数据 IMM 存入数据寄存器组的 DR 的高 8 位中)。因此，在设计中采用了一种灵活的方式来支持半字(8 位)的读写。当进行半字数据的写操作时，首先在读数据寄存器阶段将目的寄存器(DR)的数据读出，然后在指令运算阶段将指令字中的 8 位要写入寄存器的数据(IMM)拼接到目的寄存器(DR)的相应半字位置上，最后再将拼接后的结果写回到目的寄存器中。这样设计的目的是简化寄存器组的读写控制逻辑和结构。寄存器组的实现见代码 11.6。

【代码 11.6】　寄存器组模块。

```
module register_array(clk,rst,reg_read1,reg_read2,addr1,addr2,
    reg_write1,reg_write2,data_in1,data_in2,data_in3,reg_out1,reg_out2);
    output[15:0] reg_out1,reg_out2;
    input clk,rst,reg_read1,reg_read2,reg_write1,reg_write2;
    input[2:0] addr1,addr2;
    input[15:0] data_in1,data_in2,data_in3;
```

```verilog
reg[15:0] reg_out1,reg_out2;
reg[15:0] register[7:0];
integer i;
always @(posedge clk)
begin
    if(rst)                                 //复位
        begin
            for(i=0;i<8;i=i+1)
            register[i]<=16'b0000_0000_0000_0000;
        end
    else
        if(reg_read1&&reg_read2)            //同时读两个端口
            begin
                reg_out1<=register[addr1];
                reg_out2<=register[addr2];
            end
        else
        if(reg_read1)                       //只读端口 1
            begin
                reg_out1<=register[addr1];
                reg_out2<=16'bz;
            end
        else
        if(reg_read2)                       //只读端口 2
            begin
                reg_out2<=register[addr2];
                reg_out1<=16'bz;
            end
        else
            begin
                case({reg_write1,reg_write2})       //写端口处理
                    2'b11:
                        begin                       //同时写两个端口
                            register[addr1]<=data_in1;
                            register[addr2]<=data_in2;
                        end
                    2'b01:register[addr1]<=data_in3;    //将 data_in3 写入端口 1
                    2'b10:register[addr1]<=data_in1;    //将 data_in1 写入端口 1
                endcase
            end
```

end

　　　endmodule

寄存器组的模块符号如图 11.23 所示。

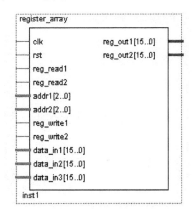

图 11.23　寄存器组的模块符号

　　寄存器组的功能仿真结果如图 11.24 所示，在信号 reg_write1 和 reg_write2 的控制下先将数据分别写入 1、2、3、4 寄存器，然后在信号 reg_read1 和 reg_read2 的控制下读出数据。

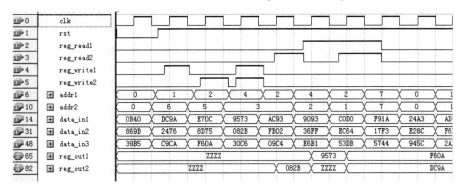

图 11.24　寄存器组的功能仿真结果

11.6.7　堆栈指针寄存器

　　堆栈指针寄存器(SP)是用于存储堆栈栈顶地址的。入栈(PUSH)和出栈(POP)指令访问的存储单元地址是由 SP 指出的。这里设计的 CPU 采用默认的堆栈起始地址(0x0200)，初始化时 SP 的值为 0x0200。当执行入栈(PUSH)指令时，控制信号 sp_push 有效，则 SP 的值加 1；执行出栈(POP)指令时，控制信号 sp_pop 有效，则 SP 的值减 1。堆栈寄存器模块的实现见代码 11.7，其各端口信号的说明如下：

　　输入信号：

　　clk——时钟信号；

　　rst——复位信号；

　　sp_pop——出栈控制信号；

　　sp_push——进栈控制信号。

输出信号:

sp_value——栈顶指针。

【代码 11.7】 堆栈指针寄存器模块。

```
module sp(clk,rst,sp_pop,sp_push,sp_value);
    output [15:0] sp_value;
    input clk,rst,sp_pop,sp_push;
    reg[15:0] sp_value;
    always @(posedge clk)
        begin                         //堆栈指针初始化
            if(rst)
                sp_value<=16'b0000_0010_0000_0000;
            else if(sp_push)
                sp_value<=sp_value+1'b1;
            else if(sp_pop)
                sp_value<=sp_value-1'b1;
        end
    endmodule
```

堆栈指针寄存器的模块符号如图 11.25 所示,其功能仿真结果如图 11.26 所示。图 11.26 示出了在 sp_pop 和 sp_push 信号的控制下栈顶指针 sp_value 的变化过程。

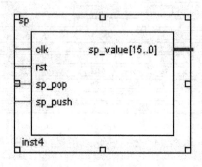

图 11.25 堆栈指针寄存器的模块符号

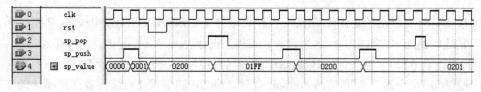

图 11.26 堆栈指针寄存器的功能仿真结果

11.6.8 控制器

控制器(CU)是 CPU 的核心部件,CPU 通过它来产生控制时序和控制信号,并以此来控制 CPU 中各个功能部件按一定的时序关系相互配合完成指令规定的动作。这里设计的控制器由两部分组成,即状态机控制器(cu_contrl)和状态机(cu)。

1) 状态机控制器

状态机控制器(cu_contrl)用于控制状态机(cu)的启停，复位信号有效后如果在 clk 上升沿检测到 fetch 信号为高电平，则设置 cu_ena 为有效(高电平)，标志一条新指令又从取指开始了。状态机控制器模块的实现见代码 11.8，其各端信号的说明如下：

输入信号：

clk——来自时钟发生器的时钟信号；

rst——复位信号；

fetch——来自时钟发生器的工作控制信号。

输出信号：

cu_ena——用于控制状态机工作的信号。

【代码 11.8】　状态机控制器模块。

```
module cu_contrl (clk, cu_ena, fetch, rst);
    output cu_ena;
    input clk,fetch, rst;
    reg cu_ena;
    always @(posedge clk or negedge rst)
        begin
            if(!rst)
                cu_ena<=0;
            else if(fetch)
                cu_ena<=1;
        end
endmodule
```

2) 状态机

状态机(cu)是控制器的核心部件，它通过分析指令的操作码(来自指令寄存器 IR 的 op)和状态位(来自状态位寄存器 FLAG)产生一系列按一定时序关系排列的控制信号，通过这些控制信号来控制整个 CPU 中各功能部件的运行。状态机的具体工作过程是：在 cu_ena 信号高电平有效的情况下状态机开始工作。每一个指令周期由 9 个时钟周期组成，前 4 个时钟周期对于所有的指令来说执行的操作都一样，即取指令，并将指令的操作码送往控制器，指令字中的寄存器地址或立即数送往寄存器组或运算器数据输入端；后 5 个时钟周期则根据指令的不同而产生不同的操作时序控制信号。其各状态的具体操作功能分析如下：

第一个状态：指令寄存器 PC 与地址寄存器之间的通路打开，将 PC 中的数据送入地址寄存器。

第二个状态：给出读存储器信号，用于读取存储器中的指令。

第三个状态：将存储器中读出的数据(此时为指令)送往数据寄存器中。

第四个状态：将数据寄存器中的数据(即指令)送到指令寄存器中。

第五个状态：将指令的操作码从指令寄存器送至控制器中进行指令译码，依次产生当前指令在执行时所必需的所有的控制信号。指令字中的源寄存器地址、目标寄存器地址送至寄存器组。立即数送至算术逻辑运算器的输入控制端。

第六个状态：不管当前是哪种指令都会根据控制器产生的控制信号更新程序计数器 PC 的值，这主要看当前指令是否要发生跳转。除此以外，若当前指令是逻辑算术类指令，则根据指令类型选择相应的数据传给算术逻辑运算器；若当前指令是非逻辑算术类指令，则再根据指令类型分为访存类、堆栈操作类、转移类、程序控制类指令等类型，从而做出相应的动作；若为访存类或者堆栈操作类指令，则将访存地址、数据分别送至地址寄存器和数据寄存器；若为转移类或者程序控制类指令，则保持原来的状态。

第七个状态：若当前指令是逻辑算术类指令，则执行相应的逻辑或者算术运算；若当前指令是访存类指令，则执行访存操作。

第八个状态：若当前指令需要将上一状态执行的结果写回寄存器组，则在此时完成这一操作；若当前指令是取数指令(LOAD)或者出栈指令(POP)，则将从存储器的数据区或者堆栈区取出的数据送入数据寄存器中。

第九个状态：若当前指令是取数指令(LOAD)或者出栈指令(POP)，则将数据写入通用数据寄存器组中。其他指令在此状态下无动作。

状态机模块的实现见代码 11.9，其各端口信号的说明如下：

输入信号：

clk——输入时钟信号；

cu_ena——控制器工作使能信号；

flag_in——标志寄存器 8 位输入信号；

op——指令的操作码(5 位)。

输出信号：

ir_ena——指令寄存器更新控制信号；

alu_data_sel——运算器数据选择信号；

alu_en——运算器工作使能信号；

pc_ena——程序计数器工作使能信号；

flag_set——标志寄存器写信号；

pc_inc——程序计数器更新控制信号；

hlt——停机信号；

rd_m——存储器读信号；

io——两位 I/O 控制信号；

wr_m——存储器写信号；

mar_ena——地址寄存器工作使能信号；

sp_pop——出栈控制信号；

mar_sel——地址寄存器输入数据选择控制信号；

sp_push——进栈控制信号；

mdr_ena——数据寄存器工作使能信号；

reg_read1、reg_read2——寄存器组读控制信号；

mar_sel——地址寄存器输入数据选择控制信号；

reg_write1、reg_write2——寄存器组写控制信号；

io——输入输出控制信号。

【代码 11.9】　控制器模块。

```verilog
module cu(clk,cu_ena,flag_in,op,
          pc_inc,pc_ena,ir_ena,reg_read1,reg_read2,
          reg_write1,reg_write2,
          alu_data_sel,flag_set,
          wr_m,rd_m,
          sp_pop,sp_push,
          mar_sel,mar_ena,
          mdr_ena, mdr_sel,
          alu_ena, hlt, io);
  input clk,cu_ena;
  input[7:0] flag_in;
  input[4:0] op;
  output pc_inc,pc_ena,ir_ena,reg_read1,reg_read2,reg_write1,reg_write2,alu_data_sel;
  output flag_set,wr_m,rd_m,sp_pop,sp_push;
  output [1:0] mar_sel,mdr_sel,io;
  output mar_ena,mdr_ena,alu_ena,hlt;

  reg pc_inc,pc_ena,ir_ena,reg_read1,reg_read2,reg_write1,reg_write2,alu_data_sel;
  reg flag_set,wr_m,rd_m,sp_pop,sp_push;
  reg [1:0] mar_sel,mdr_sel,io;
  reg mar_ena,mdr_ena,alu_ena,hlt;
  reg[3:0] state;

  //各指令操作码参数
  parameter adc=5'b00000,
            sbb=5'b00001,
            mul=5'b00010,
            div=5'b00011,
            addi=5'b00100,
            cmp=5'b00101,
            andd=5'b00110,
            orr=5'b00111,
            nott=5'b01000,
            xorr=5'b01001,
            test=5'b01010,
            shl=5'b01011,
            shr=5'b01100,
            sar=5'b01101,
```

```
                    mov=5'b01110,
                    movil=5'b01111,
                    movih=5'b10000,
                    in=5'b10001,
                    out=5'b10010,
                    load=5'b10011,
                    store=5'b10100,
                    push=5'b10101,
                    pop=5'b10110,
                    jr=5'b10111,
                    jrc=5'b11000,
                    jrnc=5'b11001,
                    jrz=5'b11010,
                    jrnz=5'b11011,
                    clc=5'b11100,
                    stc=5'b11101,
                    nop=5'b11110,
                    halt=5'b11111;

    always @(negedge clk)
      begin
        if(!cu_ena)
          begin
            state<=3'b0000;
            {pc_inc,pc_ena,ir_ena,reg_read1,
            reg_read2,reg_write1,reg_write2,alu_data_sel}<=8'b0000_0000;
            {alu_ena,hlt,io,flag_set,wr_m,rd_m}<=7'b000_0000;
            {sp_pop,sp_push,mar_sel,mar_ena,mdr_ena,mdr_sel}<=8'b0000_0000;
          end
        else
            contrl_cycle;
      end
    task contrl_cycle;                      //指令流程控制
    begin
      casex(state)
        4'b0000:      //pc->mar
          begin
            {pc_inc,pc_ena,ir_ena,reg_read1,
                reg_read2,reg_write1,reg_write2,alu_data_sel}<=8'b0000_0000;
```

```
            {alu_ena,hlt,io,flag_set,wr_m,rd_m}<=7'b000_0000;
            {sp_pop,sp_push,mar_sel,mar_ena,mdr_ena,mdr_sel}<=8'b0000_1000;
                state<=4'b0001;
        end
    4'b0001:                        //读指令控制信号有效
        begin
            {pc_inc,pc_ena,ir_ena,reg_read1,
                reg_read2,reg_write1,reg_write2,alu_data_sel}<=8'b0000_0000;
            {alu_ena,hlt,io,flag_set,wr_m,rd_m}<=7'b000_0001;
            {sp_pop,sp_push,mar_sel,mar_ena,mdr_ena,mdr_sel}<=8'b0000_0000;
                state<=4'b0010;
        end
    3'b0010:                        //指令读入 MDR
        begin
            {pc_inc,pc_ena,ir_ena,reg_read1,
                reg_read2,reg_write1,reg_write2,alu_data_sel}<=8'b0000_0000;
            {alu_ena,hlt,io,flag_set,wr_m,rd_m}<=7'b000_0001;
            {sp_pop,sp_push,mar_sel,mar_ena,mdr_ena,mdr_sel}<=8'b0000_0111;
                state<=4'b0011;
        end
    3'b0011:                        //MDR→IR
        begin
            {pc_inc,pc_ena,ir_ena,reg_read1,
                reg_read2,reg_write1,reg_write2,alu_data_sel}<=8'b0010_0000;
            {alu_ena,hlt,io,flag_set,wr_m,rd_m}<=7'b000_0000;
            {sp_pop,sp_push,mar_sel,mar_ena,mdr_ena,mdr_sel}<=8'b0000_0000;
                state<=4'b0100;
        end
    4'b0100:                        //分析指令
        begin
        {pc_inc,pc_ena,ir_ena,reg_read1,
            reg_read2,reg_write1,reg_write2,alu_data_sel}<=8'b0001_1000;
        {alu_ena,hlt,io,flag_set,wr_m,rd_m}<=7'b000_0000;
        {sp_pop,sp_push,mar_sel,mar_ena,mdr_ena,mdr_sel}<=8'b0000_0000;
            state<=4'b0101;
        end
    4'b0101:                        //update pc and select the right data to ALU
        begin
```

```
if(op==adc||op==sbb||op==mul||op==div||op==orr||op==andd||op==xorr||op==test||op==cmp||op==nott||
op==shl||op==shr||op==sar||op==mov)
            begin
                {pc_inc,pc_ena,ir_ena,reg_read1,
                   reg_read2,reg_write1,reg_write2,alu_data_sel}<=8'b0100_0000;
                {alu_ena,hlt,io,flag_set,wr_m,rd_m}<=7'b000_0000;
                {sp_pop,sp_push,mar_sel,mar_ena,mdr_ena,mdr_sel}<=8'b0000_0000;
            end
        else if(op==addi||op==movil||op==movih)
            begin
                {pc_inc,pc_ena,ir_ena,reg_read1,
                   reg_read2,reg_write1,reg_write2,alu_data_sel}<=8'b0100_0001;
                {alu_ena,hlt,io,flag_set,wr_m,rd_m}<=7'b000_0000;
                {sp_pop,sp_push,mar_sel,mar_ena,mdr_ena,mdr_sel}<=8'b0000_0000;
            end
        else if(op==jr||op==jrc||op==jrnc||op==jrz||op==jrnz)
            begin

if(op==jr||((op==jrc)&&flag_in[3])||((op==jrnc)&&(!flag_in[3]))||((op==jrz)&&flag_in[2])||((op==j
rnz)&&(!flag_in[2])))
                begin                    //跳转成功
                    {pc_inc,pc_ena,ir_ena,reg_read1,
                       reg_read2,reg_write1,reg_write2,alu_data_sel}<=8'b1100_0000;
                    {alu_ena,hlt,io,flag_set,wr_m,rd_m}<=7'b000_0000;
                    {sp_pop,sp_push,mar_sel,mar_ena,mdr_ena,mdr_sel}<=8'b0000_0000;
                end
                //跳转失败
            else
if(((op==jrc)&&(!flag_in[3]))||((op==jrnc)&&flag_in[3])||((op==jrz)&&(!flag_in[2]))||((op==jrnz)&
&flag_in[2]))
                begin
                    {pc_inc,pc_ena,ir_ena,reg_read1,
                       reg_read2,reg_write1,reg_write2,alu_data_sel}<=8'b0100_0000;
                    {alu_ena,hlt,io,flag_set,wr_m,rd_m}<=7'b000_0000;
                    {sp_pop,sp_push,mar_sel,mar_ena,mdr_ena,mdr_sel}<=8'b0000_0000;
                end
            end
        else if(op==load||op==in)
            begin
```

```verilog
        {pc_inc,pc_ena,ir_ena,reg_read1,
          reg_read2,reg_write1,reg_write2,alu_data_sel}<=8'b0100_0000;
        {alu_ena,hlt,io,flag_set,wr_m,rd_m}<=7'b000_0000;
        {sp_pop,sp_push,mar_sel,mar_ena,mdr_ena,mdr_sel}<=8'b0010_1000;
      end
   else if(op==store||op==out)
      begin
        {pc_inc,pc_ena,ir_ena,reg_read1,
          reg_read2,reg_write1,reg_write2,alu_data_sel}<=8'b0100_0000;
        {alu_ena,hlt,io,flag_set,wr_m,rd_m}<=7'b000_0000;
        {sp_pop,sp_push,mar_sel,mar_ena,mdr_ena,mdr_sel}<=8'b0001_1110;
      end
   else if(op==push)
      begin
        {pc_inc,pc_ena,ir_ena,reg_read1,
          reg_read2,reg_write1,reg_write2,alu_data_sel}<=8'b0100_0000;
        {alu_ena,hlt,io,flag_set,wr_m,rd_m}<=7'b000_0000;
        {sp_pop,sp_push,mar_sel,mar_ena,mdr_ena,mdr_sel}<=8'b0100_0000;
     end
   else if(op==pop)
      begin
        {pc_inc,pc_ena,ir_ena,reg_read1,
          reg_read2,reg_write1,reg_write2,alu_data_sel}<=8'b0100_0000;
        {alu_ena,hlt,io,flag_set,wr_m,rd_m}<=7'b000_0000;
        {sp_pop,sp_push,mar_sel,mar_ena,mdr_ena,mdr_sel}<=8'b0011_1000;
      end
   else if(op==clc||op==stc||op==nop)
      begin
        {pc_inc,pc_ena,ir_ena,reg_read1,
          reg_read2,reg_write1,reg_write2,alu_data_sel}<=8'b0100_0000;
        {alu_ena,hlt,io,flag_set,wr_m,rd_m}<=7'b000_0000;
        {sp_pop,sp_push,mar_sel,mar_ena,mdr_ena,mdr_sel}<=8'b0000_0000;
      end
   else if(op==halt)
      begin
        {pc_inc,pc_ena,ir_ena,reg_read1,
          reg_read2,reg_write1,reg_write2,alu_data_sel}<=8'b0000_0000;
        {alu_ena,hlt,io,flag_set,wr_m,rd_m}<=7'b010_0000;
        {sp_pop,sp_push,mar_sel,mar_ena,mdr_ena,mdr_sel}<=8'b0000_0000;
```

```
                    end
                state<=4'b0110;
            end
        4'b0110:
            begin

    if(op==adc||op==sbb||op==mul||op==div||op==addi||op==orr||op==andd||op==xorr||op==test||op==
cmp||op==nott||op==shl||op==shr||op==sar||op==mov||op==movil||op==movih||op==clc||op==stc)
                begin
                    {pc_inc,pc_ena,ir_ena,reg_read1,
                    reg_read2,reg_write1,reg_write2,alu_data_sel}<=8'b0000_0000;
                    {alu_ena,hlt,io,flag_set,wr_m,rd_m}<=7'b100_0000;
                    {sp_pop,sp_push,mar_sel,mar_ena,mdr_ena,mdr_sel}<=8'b0000_0000;
                end
            else if(op==jr||op==jrc||op==jrnc||op==jrz||op==jrnz)
                begin
                    {pc_inc,pc_ena,ir_ena,reg_read1,
                    reg_read2,reg_write1,reg_write2,alu_data_sel}<=8'b0000_0000;
                    {alu_ena,hlt,io,flag_set,wr_m,rd_m}<=7'b000_0000;
                    {sp_pop,sp_push,mar_sel,mar_ena,mdr_ena,mdr_sel}<=8'b0000_0000;
                end
            else if(op==load)
                begin
                    {pc_inc,pc_ena,ir_ena,reg_read1,
                    reg_read2,reg_write1,reg_write2,alu_data_sel}<=8'b0000_0000;
                    {alu_ena,hlt,io,flag_set,wr_m,rd_m}<=7'b000_0001;
                    {sp_pop,sp_push,mar_sel,mar_ena,mdr_ena,mdr_sel}<=8'b0000_0000;
                end
            else if(op==pop)
                begin
                    {pc_inc,pc_ena,ir_ena,reg_read1,
                    reg_read2,reg_write1,reg_write2,alu_data_sel}<=8'b0000_0000;
                    {alu_ena,hlt,io,flag_set,wr_m,rd_m}<=7'b000_0001;
                    {sp_pop,sp_push,mar_sel,mar_ena,mdr_ena,mdr_sel}<=8'b1000_0000;
                end
            else if(op==store)
                begin
                    {pc_inc,pc_ena,ir_ena,reg_read1,
                    reg_read2,reg_write1,reg_write2,alu_data_sel}<=8'b0000_0000;
```

```
                {alu_ena,hlt,io,flag_set,wr_m,rd_m}<=7'b000_0010;
                {sp_pop,sp_push,mar_sel,mar_ena,mdr_ena,mdr_sel}<=8'b0000_0000;
            end
        else if(op==push)
          begin
            {pc_inc,pc_ena,ir_ena,reg_read1,
              reg_read2,reg_write1,reg_write2,alu_data_sel}<=8'b0000_0000;
            {alu_ena,hlt,io,flag_set,wr_m,rd_m}<=7'b000_0000;//
            //{sp_pop,sp_push,mar_sel,mar_ena,mdr_ena,mdr_sel}<=8'b0100_0000;
            {sp_pop,sp_push,mar_sel,mar_ena,mdr_ena,mdr_sel}<=8'b0011_1101;
          end
        else if(op==nop||op==halt)                     //无操作
          begin
            {pc_inc,pc_ena,ir_ena,reg_read1,
              reg_read2,reg_write1,reg_write2,alu_data_sel}<=8'b0000_0000;
            {alu_ena,hlt,io,flag_set,wr_m,rd_m}<=7'b000_0000;
              {sp_pop,sp_push,mar_sel,mar_ena,mdr_ena,mdr_sel}<=8'b0000_0000;
          end
        else if(op==in)
          begin
            {pc_inc,pc_ena,ir_ena,reg_read1,
              reg_read2,reg_write1,reg_write2,alu_data_sel}<=8'b0000_0000;
            {alu_ena,hlt,io,flag_set,wr_m,rd_m}<=7'b001_0000;//io:10 means in
              {sp_pop,sp_push,mar_sel,mar_ena,mdr_ena,mdr_sel}<=8'b0000_0000;
          end
        else if(op==out)
          begin
            {pc_inc,pc_ena,ir_ena,reg_read1,
              reg_read2,reg_write1,reg_write2,alu_data_sel}<=8'b0000_0000;
            {alu_ena,hlt,io,flag_set,wr_m,rd_m}<=7'b001_1000;// io=11   means out
              {sp_pop,sp_push,mar_sel,mar_ena,mdr_ena,mdr_sel}<=8'b0000_0000;
          end
    state<=4'b0111;
  end
4'b0111:   //write back to Reg_array   and set FLAG
  begin
    if(op==adc||op==sbb||op==div||op==addi||op==shl||op==shr||op==sar)  //wb reg and setflag
      begin
        {pc_inc,pc_ena,ir_ena,reg_read1,
```

```
            reg_read2,reg_write1,reg_write2,alu_data_sel}<=8'b0000_0100;
        {alu_ena,hlt,io,flag_set,wr_m,rd_m}<=7'b000_0100;
        {sp_pop,sp_push,mar_sel,mar_ena,mdr_ena,mdr_sel}<=8'b0000_0000;
      end
    else if(op==mul)
      begin
        {pc_inc,pc_ena,ir_ena,reg_read1,
         reg_read2,reg_write1,reg_write2,alu_data_sel}<=8'b0000_0110;
        {alu_ena,hlt,io,flag_set,wr_m,rd_m}<=7'b000_0100;
        {sp_pop,sp_push,mar_sel,mar_ena,mdr_ena,mdr_sel}<=8'b0000_0000;
      end

    else if(op==andd||op==orr||op==nott||op==xorr||op==movl||op==movil||op==movih)
                                          //only wb reg
      begin
        {pc_inc,pc_ena,ir_ena,reg_read1,
         reg_read2,reg_write1,reg_write2,alu_data_sel}<=8'b0000_0100;
        {alu_ena,hlt,io,flag_set,wr_m,rd_m}<=7'b000_0000;
        {sp_pop,sp_push,mar_sel,mar_ena,mdr_ena,mdr_sel}<=8'b0000_0000;
      end
    else if(op==cmp||op==test||op==clc||op==stc)   //only setflag
      begin
        {pc_inc,pc_ena,ir_ena,reg_read1,
         reg_read2,reg_write1,reg_write2,alu_data_sel}<=8'b0000_0000;
        {alu_ena,hlt,io,flag_set,wr_m,rd_m}<=7'b000_0100;
        {sp_pop,sp_push,mar_sel,mar_ena,mdr_ena,mdr_sel}<=8'b0000_0000;
      end
    else
if(op==nop||op==halt||op==jr||op==jrc||op==jrnc||op==jrz||op==jrnz||op==store||op==out)//do nothing
      begin
        {pc_inc,pc_ena,ir_ena,reg_read1,
         reg_read2,reg_write1,reg_write2,alu_data_sel}<=8'b0000_0000;
        {alu_ena,hlt,io,flag_set,wr_m,rd_m}<=7'b000_0000;
        {sp_pop,sp_push,mar_sel,mar_ena,mdr_ena,mdr_sel}<=8'b0000_0000;
      end
    else if(op==push)
      begin
        {pc_inc,pc_ena,ir_ena,reg_read1,
         reg_read2,reg_write1,reg_write2,alu_data_sel}<=8'b0000_0000;
```

```
            {alu_ena,hlt,io,flag_set,wr_m,rd_m}<=7'b000_0010;
            {sp_pop,sp_push,mar_sel,mar_ena,mdr_ena,mdr_sel}<=8'b0000_0000;
          end
        else if(op==in)    //MEM->MDR
          begin
            {pc_inc,pc_ena,ir_ena,reg_read1,
              reg_read2,reg_write1,reg_write2,alu_data_sel}<=8'b0000_0000;
            {alu_ena,hlt,io,flag_set,wr_m,rd_m}<=7'b000_0000;
            {sp_pop,sp_push,mar_sel,mar_ena,mdr_ena,mdr_sel}<=8'b0000_0111;
          end
        else if(op==load||op==pop)    //MEM->MDR
          begin
            {pc_inc,pc_ena,ir_ena,reg_read1,
              reg_read2,reg_write1,reg_write2,alu_data_sel}<=8'b0000_0000;
            {alu_ena,hlt,io,flag_set,wr_m,rd_m}<=7'b000_0001;    //rd_m =1
            {sp_pop,sp_push,mar_sel,mar_ena,mdr_ena,mdr_sel}<=8'b0000_0111;
          end
      state<=4'b1000;
    end
4'b1000:
  begin
      if(op==load||op==pop||op==in)
        begin
          {pc_inc,pc_ena,ir_ena,reg_read1,
              reg_read2,reg_write1,reg_write2,alu_data_sel}<=8'b0000_0010;
          {alu_ena,hlt,io,flag_set,wr_m,rd_m}<=7'b000_0000;
          {sp_pop,sp_push,mar_sel,mar_ena,mdr_ena,mdr_sel}<=8'b0000_0000;
        end
      else
        begin
          {pc_inc,pc_ena,ir_ena,reg_read1,
              reg_read2,reg_write1,reg_write2,alu_data_sel}<=8'b0000_0000;
          {alu_ena,hlt,io,flag_set,wr_m,rd_m}<=7'b000_0000;
          {sp_pop,sp_push,mar_sel,mar_ena,mdr_ena,mdr_sel}<=8'b0000_0000;
        end
      state<=4'b0000;
  end
default:
  begin
```

```
            {pc_inc,pc_ena,ir_ena,reg_read1,
              reg_read2,reg_write1,reg_write2,alu_data_sel}<=8'b0000_0000;
            {alu_ena,hlt,io,flag_set,wr_m,rd_m}<=7'b000_0000;
            {sp_pop,sp_push,mar_sel,mar_ena,mdr_ena,mdr_sel}<=8'b0000_0000;
            state<=4'b0000;
          end
        endcase
      end
    endtask
  endmodule
```

控制器的模块符号如图 11.27 所示。

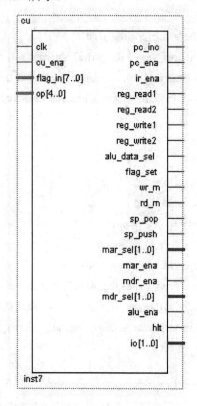

图 11.27　控制器的模块符号

cu 模块执行 ADC 和 HLT 指令的功能仿真结果如图 11.28 和图 11.29 所示。图 11.28 中，op=00000 表示该指令为 ADC 指令，在 cu_ena 上升沿后第一个 clk 的下降沿，mar_ena=1，mdr_sel=0，此时地址寄存器 MAR 被置为程序计数器 PC 的值；在随后的第二个 clk 的下降沿，rd_m=1，当前执行读存储器的操作，从存储器读出所需的指令，放入数据寄存器 MDR；在第三个 clk 的下降沿，mdr_ena=1，mdr_sel=11，执行将从内存取出的数据送入 MDR 的操作；第四个 clk 的下降沿，ir_ena=1，此时将 MDR 中暂存的指令送往 MIR，至此取指令操作结束；在第五个 clk 的下降沿，reg_read1=1，reg_read2=1，这两个信号控制寄存器组读取指令中的源寄存器和目的寄存器数送往运算器的数据输入端；在第六个 clk 的下降沿，pc_ena=1，pc_inc=1，执行将 PC 加 1 的操作形成下一条指令地址；在第七个 clk 的下降沿，alu_ena=1，此时运算器执行 adc 运算，即将源操作数和目的操作数相加的操作；在第八个 clk 的下降沿，reg_write1=1，flag_set=1，执行将运算器的运算结果存入目的寄存器的操作，同时根据当前的运算结果更新标志寄存器的内容。

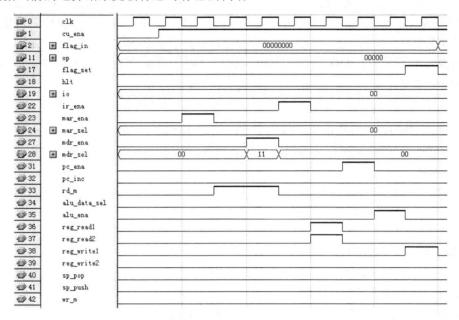

图 11.28　控制器的功能仿真结果(加法指令 ADC)

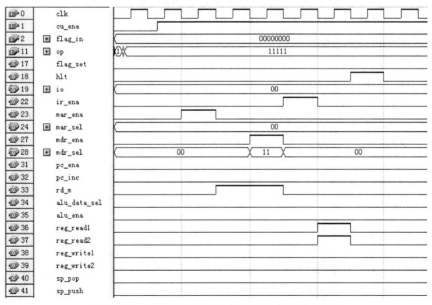

图 11.29　控制器的功能仿真结果(停机指令 HLT)

比较图 11.29 与图 11.28 可以发现，在图 11.29 中，op=11111，表明该指令为停机指令 HLT，停机指令前 4 个 clk 时钟信号执行取指令阶段的操作，因此产生的控制信号与 adc 是完全一样的，只是 HLT 指令在第六个时钟信号产生 hlt=1 的停机信号。

11.6.9 算术逻辑运算单元

算术逻辑运算单元(ALU)可以执行两种运算：算术运算和逻辑运算。这里设计的算术逻辑运算器是一个 16 位的定点运算器，此运算器可执行的算术运算有带进位加法(ADC)、带进位减法(SBB)、无符号除法(DIV)、无符号乘法(MUL)和立即数加(ADDI)；可执行的逻辑运算有逻辑与(AND)、逻辑或(OR)、异或(XOR)、逻辑非(NOT)、逻辑左移(SHL)、逻辑右移(SHR)、算术右移(SAR)、比较(CMP)和测试(TEST)等总共 14 种运算。算术逻辑运算单元模块的实现见代码 11.10，其各端口信号的说明如下：

输入信号：

data_a、data_b——运算器的两路 16 位的输入数据；

alu_ena——算术、逻辑运算器工作使能信号；

alu_opr——5 位运算控制输入；

clk——输入时钟信号；

flag_in——8 位来自标志寄存器的状态数据。

输出信号：

flag_out——运算器的标志位输出信号；

alu_out——运算器的低 16 位运算结果输出；

hi——运算器的高 16 位输出。

【代码 11.10】 算术逻辑运算单元的 Verilog HDL 实现。

```verilog
module alu(data_a,data_b,alu_ena,alu_opr,clk,flag_in,alu_out,flag_out,hi);
    input[15:0] data_a,data_b;
    input[4:0] alu_opr;
    input alu_ena,clk;
    input[7:0] flag_in;//xxxxc,z,o,s
    output [7:0] flag_out;
    output[15:0] alu_out,hi;
    reg[15:0] alu_out,hi;
    reg [7:0] flag_out;
    reg cf;
    //运算控制参数
    parameter adc=5'b00000,
              sbb=5'b00001,
              mul=5'b00010,
              div=5'b00011,
              addi=5'b00100,
              cmp=5'b00101,
              andd=5'b00110,
```

```
                  orr=5'b00111,
                  nott=5'b01000,
                  xorr=5'b01001,
                  test=5'b01010,
                  shl=5'b01011,
                  shr=5'b01100,
                  sar=5'b01101,
                  mov=5'b01110,
                  movil=5'b01111,
                  movih=5'b10000,
                  clc=5'b11100,
                  stc=5'b11101;

always @(posedge clk)
begin
     if(alu_ena)
          begin
               casex(alu_opr) //xxxx,cf,zf,of,sf
                    adc:
                       begin
                       if(data_a==0&&data_b==0&&flag_in[3]==0)
                            begin
                                 alu_out=16'b0000_0000_0000_0000;
                                 flag_out=8'b0000_0100;
                            end
                       else
                            begin
                                 {cf,alu_out[15:0]}=data_a+data_b+flag_in[3];
                                 flag_out={4'b0000,cf,1'b0,cf,1'b0};
                            end
                       end
                    sbb:
                         begin
                              alu_out=data_a-data_b-flag_in[3];
                              if(alu_out==16'b0000_0000_0000_0000)
                              flag_out=8'b0000_0100;
                                 else
                                 flag_out=8'b0000_0000;
                         end
```

```
        mul:
           begin
             if(data_a==0||data_b==0)
                begin
                  {hi[15:0],alu_out[15:0]}=0;
                   flag_out=8'b0000_0100;
                end
            else
                begin
                    {hi[15:0],alu_out[15:0]}=data_a*data_b;
                    flag_out=8'b0000_0000;
                end
           end
        div:
           begin
             if(data_a==0)
                begin
                  alu_out=16'b0000_0000_0000_0000;
                  flag_out=8'b0000_0100;
                end
              else
                  begin
                    alu_out=data_a/data_b;
                    flag_out=8'b0000_0000;
                  end
            end
        addi:
           begin
             if(data_a==0&&data_b==0)
                begin
                    alu_out=16'b0000_0000_0000_0000;
                    flag_out=8'b0000_0100;
                end
            else
                begin
                  {cf,alu_out[15:0]}=data_a+data_b;
                  flag_out={4'b0000,cf,1'b0,cf,1'b0};
                end
           end
        cmp:
```

```
        begin
            if((data_a-data_b)>0)
                flag_out=8'b0000_0000;              //a>b:zf=0 sf=0
            else if((data_a-data_b)==0)
                flag_out={5'b00000,1'b1,2'b00}; //a=b:zf=1 sf=0
            else if((data_b-data_a)>0)
                flag_out={5'b00000,1'b1,2'b01}; //a<b:zf=1 sf=1
        end
    andd:alu_out=data_a&data_b;
    orr:alu_out=data_a|data_b;
    nott:alu_out=~data_a;
    xorr:alu_out=^data_a;
    test:
        begin
            if((data_a&data_b)==0)
                flag_out={5'b00000,1'b1,2'b00};//a&b=0:zf=1
            else
                flag_out={5'b00000,1'b1,2'b00};
        end
    shl:
        begin
            flag_out={4'b0000,data_a[15],flag_in[2:0]};
            alu_out=data_a<<1;
        end
    shr:
        begin
            flag_out={4'b0000,data_a[0],flag_in[2:0]};
            alu_out=data_a>>1;
        end
    sar:
        begin
            alu_out=data_a>>1;
            flag_out=flag_in;
        end
    mov: alu_out=data_b;
    movil:
        begin
            alu_out={data_a[15:8],data_b[7:0]};
        end
    movih:
```

```
        begin
            alu_out={data_b[7:0],data_a[7:0]};
        end
    clc:flag_out={flag_in[7:4],1'b0,flag_in[2:0]};
    stc:flag_out={flag_in[7:4],1'b1,flag_in[2:0]};
    default:
        begin
            alu_out=16'bxxxx_xxxx_xxxx_xxxx;
            hi=16'bxxxx_xxxx_xxxx_xxxx;
            flag_out=8'bxxxx_xxxx;
        end
    endcase
    end
end
endmodule
```

算术逻辑运算单元的模块符号如图 11.30 所示。

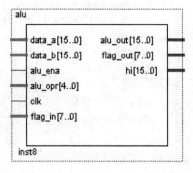

图 11.30　算术逻辑运算单元的模块符号

算术逻辑运算单元的部分功能仿真结果如图 11.31 所示。为了编译观察，图中输入数据 data_a、data_b、运算的结果 alu_out、hi 为十进制数，其他信号均为二进制数。请读者根据 alu_opr 的状态分析输入数据 data_a 和 data_b 与输出 alu_out 之间的关系。

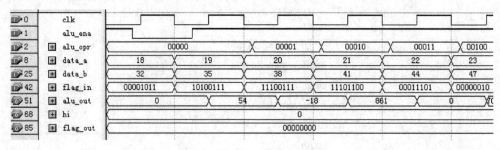

图 11.31　算术逻辑运算单元的功能仿真结果

为了控制 ALU 输入数据的来源，在此又设计了一个 alu_in_contrl 模块，可以使 ALU 的数据来源多样化。其实现代码如下：

```
module alu_in_contrl(clk,in_a,in_b,data_a,data_b,alu_sel,imm);
    input [15:0] in_a,in_b;
    input [7:0] imm;
    input alu_sel,clk;
    output [15:0] data_a,data_b;
    reg [15:0] data_a,data_b;

    always @(posedge clk)
        begin
            if(alu_sel)
                begin
                    data_a<=in_a;
                    data_b<=imm;
                end
            else
                begin
                    data_a<=in_a;
                    data_b<=in_b;
                end
        end
    endmodule
```

请读者自行分析 alu_in_control 模块中输入和输出的关系。

11.6.10 标志寄存器

标志寄存器(FLAGS)是一个 8 位的寄存器，用于寄存程序执行产生的标志位，其高 4 位没有使用，低 4 位从低到高依次表示符号标志位 SF、溢出标志位 OF、零标志位 ZF 和进位标志位 CF。标志寄存器(FLAGS)的实现见代码 11.11，其各标志位含义说明如下：

(1) 符号标志位 SF(Sign Flag)。该位用于标识运算结果的符号。SF 为 1 表示正数，为 0 表示负数。

(2) 溢出标志位 OF(Overflow Flag)。该位用于标识运算结果是否溢出。当运算结果溢出时，OF 置 1；否则置 0。

(3) 零标志位 ZF(Zero Flag)。若指令运算结果为 0，则置 ZF 为 1，否则置 0。

(4) 进位标志位 CF(Carry Flag)。算术指令执行后，若运算结果最高位产生进位或错位，则 CF 置 1；否则置 0。

标志寄存器各端口信号的说明如下。

输入端口：

clk——输入时钟信号；

rst——复位信号；

flag_set——标志寄存器更新信号；

flag_in——8 位的输入数据。

输出端口：

flag_value——标志位数据输出。

【代码 11.11】 标志寄存器模块的实现。

```verilog
module flag(clk,rst,flag_set,flag_in,flag_value);
    input clk,rst,flag_set;
    input[7:0] flag_in;
    output[7:0] flag_value;
    reg[7:0] flag_value;
    always @(posedge clk or negedge rst)
        begin
            if(!rst)
                flag_value<=8'b0000_0000;
            else if(flag_set)
                flag_value<=flag_in;
        end
endmodule
```

标志寄存器的模块符号如图 11.32 所示，其功能仿真结果见图 11.33。图 11.33 中，在 clk 的上升沿时刻，若 flag_set=1，则 falg_value 锁存此时的 flag_in 数据。

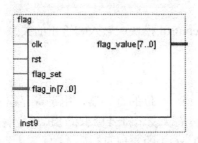

图 11.32 标志寄存器的模块符号

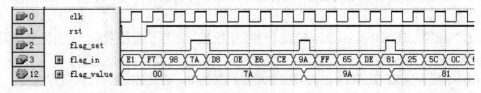

图 11.33 标志寄存器的功能仿真结果

11.7 RISC CPU 设计

将前面设计实现的各功能模块的端口进行连接就构成一个 RISC CPU，并且可以对其进行功能测试。在综合测试中为了能够跟踪指令在整个 CPU 中的执行情况，特意将有些功能模块之间传递的信号留有对外的接口,在测试成功通过后再将这些接口信号从 CPU 上删除,这样最后就可得到代码 11.12 所示的完整的 RISC CPU。

【代码 11.12】 RISC CPU 顶层模块的实现。

```
module risc_cpu(clkin,reset,addr,indata,outdata,wr_m,rd_m,hlt,io,cu_ena,sw,pc,ir);
    input clkin,reset;

    input[15:0] indata;
    output[15:0] outdata;
    input[1:0] sw;                        //程序选择输入信号

    output[15:0] addr;
    output wr_m,rd_m,hlt;
    output [1:0] io;
    output cu_ena;
    output   [15:0] pc;                   //测试端口
    output   [15:0] ir;                   //测试端口

    wire clkin,clk,clk1,reset,fetch;      //clock

    wire pc_inc,pc_ena,ir_ena,reg_read1,reg_read2,reg_write1,reg_write2,alu_data_sel;
    wire flag_set,wr_m,rd_m,sp_pop,sp_push;
    wire [1:0] mar_sel,mdr_sel,io;
    wire mar_ena,mdr_ena,alu_ena,hlt;

    wire [15:0] pc_addr;
    wire [15:0] sp_addr;
    wire [15:0] reg_out1,reg_out2;
    wire [15:0] mem_in,mem_out,reg_out;
    wire [15:0] ir_out;

    wire [15:0] hi,alu_out;

    wire[15:0] a,b,data_a,data_b;
    wire[7:0] flag_in,flag_out;
    wire [15:0] indata,outdata;

    assign pc=pc_addr;
    assign ir=ir_out;

    clk_gen m_clk_gen(.clk(clkin),.rst(reset),.clk_out(clk));
```

```
clock   m_clock (.clk(clk),.clk1(clk1),.reset(reset),.fetch(fetch));
cu_contrl   m_cu_contrl(.clk(clk1),.cu_ena(cu_ena),.fetch(fetch),.rst(reset));

cu   m_cu (.clk(clk1),.cu_ena(cu_ena),.flag_in(flag_in),.op(ir_out[15:11]),
        .pc_inc(pc_inc),.pc_ena(pc_ena),
        .ir_ena(ir_ena),.reg_read1(reg_read1),.reg_read2(reg_read2),
        .reg_write1(reg_write1),.reg_write2(reg_write2),
        .alu_data_sel(alu_data_sel),.flag_set(flag_set),
        .wr_m(wr_m),.rd_m(rd_m),.sp_pop(sp_pop),.sp_push(sp_push),
        .mar_sel(mar_sel),.mar_ena(mar_ena),.mdr_ena(mdr_ena),
        .mdr_sel(mdr_sel),.alu_ena(alu_ena),.hlt(hlt),.io(io));// 27 bit output signal

instuction_register m_ir(.ir_out(ir_out),.data(mem_out),
                    .ir_ena(ir_ena),.clk(clk1),.rst(reset));

pc m_pc(.pc_value(pc_addr),.offset(ir_out[10:0]),.pc_inc(pc_inc),.clk(clk1),
        .rst(reset),.pc_ena(pc_ena),.sw(sw));

sp m_sp(.clk(clk1),.rst(reset),.sp_pop(sp_pop),.sp_push(sp_push),.sp_value(sp_addr));

flag m_flag(.clk(clk1),.rst(reset),.flag_set(flag_set),.flag_in(flag_out),.flag_value(flag_in));

alu m_alu(.data_a(data_a),.data_b(data_b),.alu_ena(alu_ena),.alu_opr(ir_out[15:11]),
        .clk(clk1),.flag_in(flag_in),.alu_out(alu_out),.flag_out(flag_out),.hi(hi));

alu_in_contrl m_alu_in_contrl(.clk(clk1),.in_a(a),.in_b(b),.data_a(data_a),    .data_b(data_b),
                        .alu_sel(alu_data_sel),.imm(ir_out[7:0]));

register_array m_reg_array(.clk(clk1),.rst(reset),
                        .reg_read1(reg_read1),.reg_read2(reg_read2),
                        .addr1(ir_out[10:8]),.addr2(ir_out[7:5]),
                        .reg_write1(reg_write1),.reg_write2(reg_write2),
                        .data_in1(alu_out),.data_in2(hi),.data_in3(mem_out),
                        .reg_out1(a),.reg_out2(b));

mar m_mar(.clk(clk1),.rst(reset),.mar_ena(mar_ena),.mar_sel(mar_sel),
                        .ir_addr1(a),.ir_addr2(b),.pc_addr(pc_addr),
                        .sp_addr(sp_addr),.mar_addr(addr));

mdr m_mdr(.clk(clk1),.rst(reset),.mdr_ena(mdr_ena),
```

.mdr_sel(mdr_sel),.reg_in1(a),.reg_in2(b),.reg_out(outdata),

.mem_in(indata),.mem_out(mem_out));

endmodule

RISC CPU 的模块符号如图 11.34 所示。

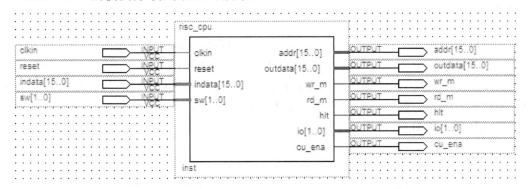

图 11.34　RISC CPU 的模块符号

11.8　模型机的组成

构建模型机的目的是在整机环境下对 RISC CPU 的功能进行测试。图 11.35 所示的模型机是在 RISC CPU 模块的基础上增加了只读存储器 ROM、随机存储器 RAM 和总线控制部件 ADDR_DECODE 而构成的模型机系统。

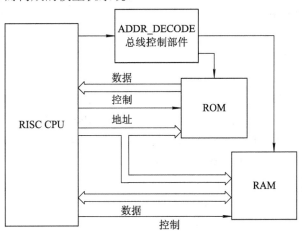

图 11.35　模型机结构框图

其中，ROM 用于存储测试程序，根据所设计 CPU 的特点，此 ROM 存储字长设计成 16 位，存储容量为 256 字，其地址空间为 0x0000 至 0x00FF。RAM 用于装载数据，其存储字长设计成 16 位，存储容量为 512 字，地址空间为 0x0100 至 0x02FF。RAM 区被分为两部分，0x0100 至 0x01FF 地址空间用作一般数据存储区，0x0200 至 0x02FF 地址空间用作堆栈区。地址译码器用来产生选通信号，根据地址总线上的输出地址来选通 ROM 或者 RAM。地址译码器的另一作用对地址总线和数据总线进行控制，这样能保证数据在总线上准确流通。图 11.35 中还给出了地址总线、数据总线和控制总线，这些总线是 RISC CPU 与存储器以及其他外部设备交互的数据通路。需要说明的是，实际的存储器可以根据可编程器件或实际存储器的大小决定。

11.8.1 总线控制

总线控制器用来产生存储器的选通信号，根据地址总线上的输出地址的大小来选通 ROM 或者 RAM，是通过一个地址译码器实现的。地址译码器的另一作用是对地址总线和数据总线进行控制以保证数据能在总线上准确流通。其工作逻辑是，根据 RISC CPU 对外输出的地址进行译码，地址译码器根据地址的范围来控制总线的使用权限，其实现见代码 11.13，模块符号如图 11.36 所示。

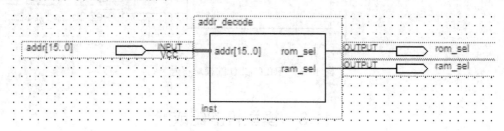

图 11.36　地址译码器的模块符号

【代码 11.13】　地址译码器的实现。

```verilog
module addr_decode(addr,rom_sel,ram_sel);
    output rom_sel,ram_sel;
    input [15:0] addr;
    reg rom_sel,ram_sel;
    always @(addr)
      begin
        casex(addr)
          16'b0000_0000_xxxx_xxxx: {rom_sel,ram_sel}<=2'b10;    //ROM 区
          16'b0000_0001_xxxx_xxxx: {rom_sel,ram_sel}<=2'b01;    //RAM 数据区
          16'b0000_0010_xxxx_xxxx: {rom_sel,ram_sel}<=2'b01;    //RAM 堆栈区
          default: {rom_sel,ram_sel}<=2'b00;
        endcase
      end
endmodule
```

11.8.2 ROM

ROM 用于存储程序，根据 CPU 中运算器和寄存器的长度，ROM 存储字长设计成 16 位，存储容量为 256 字，地址空间为 0x0000～0x00FF。ROM 的实现见代码 11.14，其模块符号如图 11.37 所示。

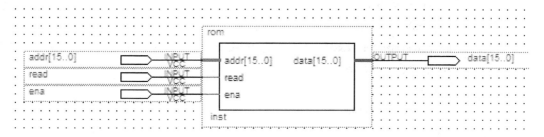

图 11.37　ROM 的模块符号

【代码 11.14】　ROM 的实现。

```
module rom(data,addr,read,ena);
        output [15:0] data;
        input [15:0] addr;
        input ena,read;
        reg[15:0] rom [255:0];
        wire [15:0] data;
        assign data=(read&&ena)? rom[addr]: 16'hzzzz;
endmodule
```

11.8.3　RAM

RAM 用于装载数据,其存储字长设计成 16 位,存储容量为 512 字,地址空间为 0x0100~0x02FF。RAM 区被分为两部分,其中 0x0100~0x01FF 地址空间用作一般数据存储区,0x0200~0x02FF 地址空间用作堆栈区。RAM 的实现见代码 11.15,其模块符号如图 11.38所示。

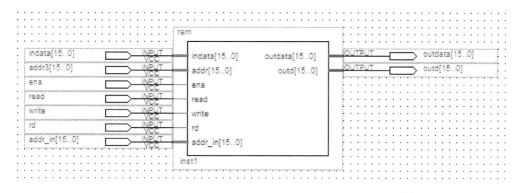

图 11.38　RAM 的模块符号

【代码 11.15】　RAM 的实现。

```
module ram(indata,outdata,addr,ena,read,write);
        input [15:0]  indata;
        input [15:0] addr;
        input ena,read,write;
```

```
        output[15:0]   outdata;
        reg[15:0] ram [767:256];
        assign outdata=(read&&ena)? ram[addr]: 16'hzzzz;
        always @(posedge write)
          begin
           ram[addr]<=indata;
          end
    endmodule
```

11.8.4 模型机的构成

用前面已经实现的模块 RISC_CPU、ROM、RAM 和 ADDR_DECODE 就可以构成模型机系统，其实现见代码 11.16。

【代码 11.16】 模型机的实现。

```
    module cpu_top(clkin,reset,hlt,io,cu_ena,outdata,
        sw,addr_in,rd_in,send_addr,a,b,c,d,dota,dotb,dotc,dotd);
        input clkin,reset;
        input [15:0] addr_in;
        input rd_in,send_addr;
        output [6:0] a,b,c,d;
        output dota,dotb,dotc,dotd;

        output hlt;
        output [1:0] io;
        output cu_ena;
        wire cu_ena;
        output [15:0] outdata;
        input [1:0] sw;
        wire [1:0] sw;

        wire rdd;
        wire [15:0] outd;
        wire [15:0] addr_ii;
        wire rd_in,send_addr;
        wire [15:0] addr_in;
        wire   dota,dotb,dotc,dotd;
        wire [6:0] a,b,c,d;

        wire [1:0] io;
```

```
        wire clkin,reset;
        wire [15:0] indata,outdata,addr;
        wire rd,wr;
        wire ram_sel,rom_sel;
        wire hlt;

        risc_cpu m_risc_cpu(.clkin(clkin),.reset(reset),.addr(addr),.indata(indata),.outdata(outdata),.
        wr_m(wr),.rd_m(rd),.hlt(hlt),.io(io),.cu_ena(cu_ena),.sw(sw));

        addr_decode m_addr_decode(.addr(addr),.rom_sel(rom_sel),.ram_sel(ram_sel));

        rom m_rom(.data(indata),.addr(addr),.read(rd),.ena(rom_sel));

        ram m_ram(.indata(outdata),.outdata(indata),.addr(addr),.ena(ram_sel),.read(rd),.write(wr),.
        rd(rdd),.outd(outd),.addr_in(addr_ii));

        read_contrl    m_read_contrl(.addr_in(addr_in),.rd_in(rd_in),.addr(addr_ii),.rd(rdd),.
        send_addr(send_addr));

        decode4_7    m_decodea(.data_out(a),.indec(outd[3:0]),.dot(dota));
        decode4_7    m_decodeb(.data_out(b),.indec(outd[7:4]),.dot(dotb));
        decode4_7    m_decodec(.data_out(c),.indec(outd[11:8]),.dot(dotc));
        decode4_7    m_decoded(.data_out(d),.indec(outd[15:12]),.dot(dotd));
    endmodule
```

为了将程序运行后存在 RAM 中的结果在七段数码管上显示出来，cpu_top 中出现了实例化的 read_contrl 模块和 decode4_7 模块。加入 read_contrl 模块的目的是采用交互的方式选择输出存储单元的数据，decode4_7 模块的功能是实现共阳极七段数码管输出的模块。这两个模块的实现见代码 11.17 和代码 11.18。

【代码 11.17】 交互式数据输出控制模块。

```
    module read_contrl(addr_in,rd_in,addr,rd,send_addr);
        input [15:0]    addr_in;
        input rd_in,send_addr;

        output [15:0] addr;
        output rd;
            reg [15:0] addr;
            assign rd=~rd_in;
            always @(negedge send_addr)
              begin
```

```
                    if(!send_addr)
                        addr<=addr_in;
                end
            endmodule
```

【代码 11.18】 共阳极七段数码管译码器模块。

```
module decode4_7(data_out,indec,dot);
output[6:0] data_out;
output dot;
input[3:0] indec;
reg[6:0] data_out;
assign dot=1'b1;
always @(indec)
    begin
        case(indec)                          //用 case 语句进行译码
            4'b0000: data_out = 7'b1000000; // 0
            4'b0001: data_out = 7'b1111001; // 1
            4'b0010: data_out = 7'b0100100; // 2
            4'b0011: data_out = 7'b0110000; // 3
            4'b0100: data_out = 7'b0011001; // 4
            4'b0101: data_out = 7'b0010010; // 5
            4'b0110: data_out = 7'b0000010; // 6
            4'b0111: data_out = 7'b1111000; // 7
            4'b1000: data_out = 7'b0000000; // 8
            4'b1001: data_out = 7'b0010000; // 9
            4'b1010: data_out = 7'b0001000; //a
            4'b1011: data_out = 7'b0000011; //b
            4'b1100: data_out = 7'b1000110; //c
            4'b1101: data_out = 7'b0100001; //d
            4'b1110: data_out = 7'b0000110; //e
            4'b1111: data_out = 7'b0001110; //f
            default: data_out=7'bx;
        endcase
    end
endmodule
```

11.8.5 模型机的样例程序

为了验证模型机的功能，这里设计了几个用于测试指令功能的小程序，这些程序均在 Altera 公司的开发板 DE2-70 上验证通过。每一个测试程序存放在不同的 ROM 区域，为了可以选择执行不同的程序，在 cpu_top 模块中引入了输入端口 sw[1:0]。通过设置不同的 sw，可以在复位信号有效后执行不同的样例程序。为此需要对程序计数器模块中复位信号执行的操作进行相应的修改，修改后的代码见代码 11.19。

【代码 11.19】 选择执行程序的 PC 模块。

```
module pc(pc_value,offset,pc_inc,clk,rst,pc_ena,sw);
    output[15:0] pc_value;
    input[10:0]  offset;
    input pc_inc,clk,rst,pc_ena;
    input[1:0] sw;
    reg[15:0] pc_value;
    always @(posedge clk or negedge rst)
        begin
          if(!rst)
              pc_value<=(sw*32)+10;           //根据不同的 sw 产生不同的 PC 地址
          else
            if(pc_ena&&pc_inc&&offset[10])
                pc_value<=pc_value-offset[9:0];
          else
              if(pc_ena&&pc_inc&&(!offset[10]))
                  pc_value<=pc_value+offset[9:0];
          else if(pc_ena)
                  pc_value<=pc_value+1'b1;
        end
    endmodule
```

1. 测试样例一

该样例的功能是实现控制 16 个 LED 灯产生流水灯效果，具体代码设计如下：

```
//sw= 01   流水灯
rom[42]=16'b01111_001_000_00001;      //movil r1,00000001;
rom[43]=16'b10000_001_000_00000;      //movih r1,0
rom[44]=16'b01110_000_001_00000;      //mov r0,r1
rom[45]=16'b10100_100_000_00000;      //store r4,r0
rom[46]=16'b01011_000_000_00000;      //shl r0//shl,r0
rom[47]=16'b11001_100_000_00010;      //jnrc   2
rom[48]=16'b10111_100_000_00100;      //jr   4
```

图 11.39 是 cpu_top 模块执行样例一程序过程中 PC 和 IR 的变化情况，PC 和 IR 的数据显示均为十六进制。图中可以看出，sw=2'b01，在复位信号有效后，PC=16'h002a，开始执行指令，从 ROM 的[002a]单元中取出指令 16'h901，随后 PC 的值依次为 16'h002、16'h002c、16'h002d、16'h002e、16'h002f，由于[002f]单元中是一个有条件跳转指令，当条件满足时 PC 跳转至 16'h002d 执行，而后又继续执行指令 16'h002e…。指令在执行过程中对应的流水灯

数据可从 outdata(十六进制显示)输出。

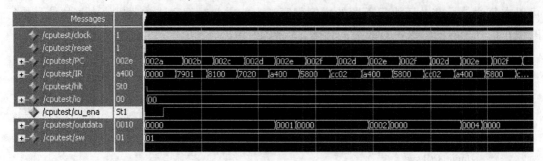

图 11.39 流水灯程序执行过程中的 PC 和 IR 变化过程

2. 测试样例二

该样例的功能是实现 1 到 100 的累加求和，并将其存在 R0 寄存器指示的存储单元中。其具体码设计如下：

```
//sw=10    accum 1+2+...+100->r0
rom[74]=16'b01111_010_0110_0101;//movil r2,0110_0101//mov r2,101
rom[75]=16'b10000_010_0000_0000;//movih r2,0000_0000
rom[77]=16'b01111_000_0000_0001;//movil r0,0000_0001//mov r0,1
rom[78]=16'b10000_000_0000_0000;//movih r0,0000_0000
rom[79]=16'b01111_001_000_00010; //movil r1,00000010;//mov r1,2
rom[80]=16'b10000_001_000_00000; //movih r1,0
rom[81]=16'b00000_000_001_00000;//adc r0,r1
rom[82]=16'b00100_001_000_00001;//addi r1,1
rom[83]=16'b00101_010_001_00000;//cmp r2,r1
rom[84]=16'b11011_100_000_00011;//jrnz 1,3
rom[85]=16'b01111_100_1000_0011;//movil r4,1000_0011//mov r4,
rom[86]=16'b10000_100_0000_0001;//movih r4,0000_0001
rom[87]=16'b10100_100_000_00000;//store r4,r0
rom[88]=16'b11111_000_000_00000;//hlt
```

3. 测试样例三

该样例的功能是对若干个数进行排序，并按升序将排序结果通过七段显示器显示出来。

输入数据：7,129,13,6,1,257,34833,5

输出排序结果：1,5,6,7,13,129,257,34883

具体代码设计如下：

```
//sw=11    sorting
//送入数据
rom[106]=16'b01111_000_0100_0000;//mov r0,01_0100_0000
rom[107]=16'b10000_000_0000_0001;
rom[108]=16'b01111_001_0000_0111;//mov r1,7
rom[109]=16'b10000_001_0000_0000;
```

rom[110]=16'b10100_000_001_00000;//store r0,r1
rom[111]=16'b00100_000_000_00001;//addi r0,1
rom[112]=16'b01111_001_1000_0001;//mov r1,129
rom[113]=16'b10000_001_0000_0000;
rom[114]=16'b10100_000_001_00000;//store r0,r1
rom[115]=16'b00100_000_000_00001;//addi r0,1
rom[116]=16'b01111_001_0000_1101;//mov r1,13
rom[117]=16'b10000_001_0000_0000;
rom[118]=16'b10100_000_001_00000;//store r0,r1
rom[119]=16'b00100_000_000_00001;//addi r0,1
rom[120]=16'b01111_001_0000_0110;//mov r1,6
rom[121]=16'b10000_001_0000_0000;
rom[122]=16'b10100_000_001_00000;//store r0,r1
rom[123]=16'b00100_000_000_00001;//addi r0,1
rom[124]=16'b01111_001_0000_0001;//mov r1,1
rom[125]=16'b10000_001_0000_0000;
rom[126]=16'b10100_000_001_00000;//store r0,r1
rom[127]=16'b00100_000_000_00001;//addi r0,1
rom[128]=16'b01111_001_0000_0001;//mov r1,257
rom[129]=16'b10000_001_0000_0001;
rom[130]=16'b10100_000_001_00000;//store r0,r1
rom[131]=16'b00100_000_000_00001;//addi r0,1
rom[132]=16'b01111_001_0001_0001;//mov r1,34833
rom[133]=16'b10000_001_1000_1000;
rom[134]=16'b10100_000_001_00000;//store r0,r1
rom[135]=16'b00100_000_000_00001;//addi r0,1
rom[136]=16'b01111_001_0000_0101;//mov r1,5
rom[137]=16'b10000_001_0000_0000;
rom[138]=16'b10100_000_001_00000;//store r0,r1
rom[139]=16'b01111_011_0000_0001;//mov r3,1
rom[140]=16'b10000_011_0000_0000;//
rom[141]=16'b01111_100_0100_0001;//mov r4,01_0100_0001
rom[142]=16'b10000_100_0000_0001;//
rom[143]=16'b01111_000_0100_0000;//mov r0,01_0100_0000//addr0
rom[144]=16'b10000_000_0000_0001;
rom[145]=16'b01111_101_0100_1001;//mov r5,addr3
rom[146]=16'b10000_101_0000_0001;
rom[147]=16'b01110_001_000_00000;//mov r1,r0   //addr1
rom[148]=16'b01111_010_0100_0001;//mov r2, 01_0100_0001 //addr2

```
rom[149]=16'b10000_010_0000_0001;//处理数据，排序
rom[150]=16'b00001_101_011_00000;//sbb,r5,r3//r5-1 ->r5
rom[151]=16'b10011_110_001_00000;//load r6,r1
rom[152]=16'b10011_111_010_00000;//load r7,r2

rom[153]=16'b00101_110_111_00000;//cmp r6,r7
rom[154]=16'b11011_000_0000_1000; //jrnz
rom[155]=16'b00100_001_000_00001;//addi r1,1
rom[156]=16'b00100_010_000_00001;//addi r2,1
rom[157]=16'b00101_101_010_00000;//cmp r5,r2
rom[158]=16'b11011_100_000_00111;//jrnz 1,7
rom[159]=16'b00101_101_100_00000; //cmp r5,r4
rom[160]=16'b11011_100_0000_1101; //jrnz 1,13
rom[161]=16'b11111_000_000_00000;//hlt
rom[162]=16'b10100_010_110_00000;//store r2,r6
rom[163]=16'b10100_001_111_00000;//store r1,r7
rom[164]=16'b10111_100_0000_1001; //jr 1,9
//###03 end
```

第四部分

Quartus II 和 Verilog 仿真

第 12 章 Quartus Ⅱ 功能及应用

Quartus Ⅱ 软件是 Altera 公司的可编程逻辑器件开发软件，它是可编程逻辑器件开发工具中的主流软件，适合大规模 FPGA/CPLD 的开发。Quartus Ⅱ 在完成 PLD 的设计输入、逻辑综合、布局与布线、仿真、时序分析、器件编程的全过程后，还提供了更优化的综合和适配功能，改善了对第三方仿真和时域分析工具的支持。Quartus Ⅱ 软件可以直接调用 Synplify、ModelSim 等第三方 EDA 工具来完成设计任务的综合和仿真，此外还可以与 Matlab、DSP Builder 开发工具结合进行基于 FPGA/CPLD 的 DSP 开发。Quartus Ⅱ 支持系统级的开发，如 Nios Ⅱ、IP 核和用户定义逻辑等，提供 SOPC(可编程片上系统)设计开发。

12.1 Quartus Ⅱ 软件简介及特点

Quartus Ⅱ 软件是 Altera 提供的完整的多平台设计环境，能够满足设计者特定的设计需要，可以完成 FPGA/CPLD 的开发与设计。Quartus Ⅱ 提供了方便的设计输入方式、快速的编译和直接易懂的器件编程，能够支持百万门以上逻辑器件的开发，并且为第三方工具提供了无缝接口。Quartus Ⅱ 软件的编程器是系统的核心，提供功能强大的设计处理，设计者可以添加特定的约束条件来提高芯片的利用率。在设计流程的每一步，Quartus Ⅱ 软件均能够引导设计者将注意力放在设计上，而不是软件的使用上。同时能够自动完成错误定位、错误和警告信息提示，使设计过程变得更加简单和快捷。

Quartus Ⅱ 软件主要具有以下特点：
(1) 支持多种输入方式，如原理图、模块图、HDL 等。
(2) 易于引脚分配和时序约束。
(3) 内嵌 SignalTap Ⅱ (逻辑分析仪)、功率估计器等高级工具。
(4) 支持市场主流的众多器件。
(5) 支持 Windows、Solaris、Linux 等操作系统。
(6) 支持第三方工具，如综合、仿真等工具的链接。

12.2 Quartus Ⅱ 软件开发流程

Quartus Ⅱ 软件开发的完整流程如图 12.1 所示。在实际的设计过程中，其中的一些步骤可以简化，简化后的 Quartus Ⅱ 设计流程如图 12.2 所示。本节将详细讲述 Quartus Ⅱ 软件开发流程的具体步骤。

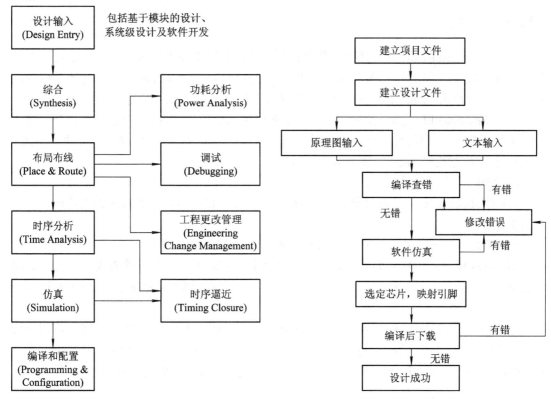

图 12.1　Quartus Ⅱ 设计流程　　　　图 12.2　简化的 Quartus Ⅱ 设计流程

12.2.1　设计输入

如图 12.1 所示，设计输入是 Quartus Ⅱ 软件开发的第一步，是设计者将所开发系统的需求进行描述和表达。Quartus Ⅱ 软件的设计输入有多种形式，包括原理图方式、HDL 文本方式、状态机方式、IP 核方式等。目前最常用的是原理图输入方式和 HDL 文本输入方式两种，而其中的 HDL 文本输入方式是常用的设计方法。

1．原理图输入

原理图(Schematic)是使用"电路图"来描述设计的图形化表达形式。其特点是适合描述各部件的连接关系和接口关系。原理图输入的设计方法直观、易用，支撑它的是一个功能强大、分门别类的器件库，然而由于器件库中元件的通用性差，导致其可重用性、可移植性较差。如需更换设计实现的芯片型号，整个原理图需要进行很大的修改甚至是全部重新设计。所以原理图设计常作为辅助的设计方式，它更多地应用于混合设计和个别模块设计。

2．HDL 文本输入

HDL 文本输入方式是利用 HDL 语言来对系统进行描述，然后通过 EDA 工具进行综合和仿真，最后变为目标文件后在 ASIC 或 FPGA/CPLD 上具体实现。这种设计方法是目前普遍采用的主流设计方法。

12.2.2　综合

综合(Synthesis)是将 HDL 语言、原理图等设计输入转换成由基本门电路(与、或、非门等)及器件库提供的基本单元所组成的网表，并根据目标与要求(约束条件)优化所生成的逻辑连接，最后形成 elf 或 vqm 等标准格式的网表文件，供布局布线器进行实现。

随着 FPGA/CPLD 复杂度的提高、硬件系统性能的要求越来越高，高级综合在设计流程中成为了重要部分，综合结果的优劣直接影响了布局布线的结果。好的综合工具能够使设计占用芯片的物理面积最小、工作效率最高。

综合有以下几种表示形式：

(1) 算法表示、行为级描述转换到寄存器传输级(RTL)，即从行为描述到结构描述，称为行为结构。

(2) RTL 级描述转换到逻辑门级(可包括触发器)，成为逻辑综合。

(3) 将逻辑门表示转换到版图表示，或转换到 PLD 器件的配置网表表示，称为版图综合或结构综合。根据版图信息进行 ASIC 生产，有了配置网表可在 PLD 器件上实现系统功能。

除了可以通过 Quartus II 软件的"Analysis & Synthesis"命令进行综合外，也可以使用第三方综合工具。目前用较多的第三方综合工具为 Synopsys 公司的 FPGA Compiler II、Exemplar Logic 公司的 Leonardo Spectrum、Synplicity 公司的 Synplify/Synplify Pro 等软件。

12.2.3　布局布线

Quartus II 软件中的布局布线(Fitter)是由"fitter"(适配)执行，其功能是使用 Analysis & Synthesis 生成的网表文件，将工程的逻辑和时序的要求与器件的可用资源相匹配。它将每个逻辑功能分配给最合适的逻辑单元进行布线，并选择相应的互连路径和引脚分配。如果在设计中执行了资源分配，则布局布线器将试图使这些资源与器件上的资源相匹配，努力满足用户设置的其他约束条件并优化设计中的其余逻辑。如果没有对设计设置任何约束条件，布局布线器将自动对设计进行优化。Quartus II 软件中布局布线包含分析布局布线结果、优化布局布线、增量布局布线和通过反向标注分配等。

12.2.4　仿真

仿真(Simulation)的目的是在软件环境下，验证电路的设计结果是否和设想中的功能一致。在如图 12.1 所示的设计流程中，设计者在完成了设计输入、综合、布局布线后，需要验证设计的功能是否能够实现以及各部分的时序配合是否准确。如果存在问题则可以对设计进行修改，从而避免逻辑错误。高级的仿真软件还可以对整个系统设计的性能进行估计。规模越大的设计，越需要进行仿真。常用的第三方仿真工具包括 Mentor Graphics 公司的 ModelSim、Synopsys 公司的 VCS、Cadence 公司的 NC-SIM 等软件。目前比较流行的仿真工具是 ModelSim，本书将在第 13 章详细讲解 ModelSim 的使用。

FPGA/CPLD 设计中的仿真分为功能仿真和时序仿真。功能仿真是不考虑信号延时等因素的仿真，又称为行为仿真或前仿真。时序仿真又叫后仿真，它是将设计映射到特定的工艺环境(如具体器件)后，并在完成了布局布线后进行的包括信号延时的仿真。时序仿真把实现后的网表和逻辑、布局布线的延时信息一起仿真，验证实现后的逻辑功能是否正确，延时是否导致错误等。由于不同器件的内部时延不一样，不同的布局布线方案会对时延造成了很大的影响，因此在设计功能实现后，需要对设计进行时序仿真，分析信号间的时序关系、估计设计性能是非常必要的。

12.2.5　编译和配置

将成功编译、仿真后的编程文件下载到可编程器件的过程称为配置。在配置前，首先需将下载电缆、硬件开发板和电源准备好，然后设置配置选项，对可编程器件进行配置。

其中 Quartus II 软件的编译工具(Compiler Tool)中的汇编器(Assembler)用于生成配置所需的编程文件，在使用 Quartus II 软件成功编译所完成的设计后，会自动产生 .sof 文件和 .pof 文件。.sof 文件用于通过连接在计算机上的下载电缆对硬件开发板 FPGA 芯片进行配置，.pof 文件用于配置专用配置芯片。Assembler 模块可以单独执行，也可以在 Quartus II 中启动完全编译后自动执行。

Altera 器件编程的下载电缆主要包括 ByteBlaster II 并口下载电缆、ByteBlasterMV 并口下载电缆、MasterBlaster 串行/USB 通信电缆、USB-Blaster 下载电缆、EthernetBlaster 通信电缆等种类。Programmer 中有四种编程模式：JTAG 模式、In-Socket Programming(套接字内编程)模式、Passive Serial(被动串行)模式、Active Serial Programming(主动串行编程)模式。其中 JTAG 模式和主动串行编程模式是 Quartus II 软件的 Programmer 编程器最常用的模式。

Quartus II 软件的 Programmer 编程器需要与所选择的下载电缆配合使用，利用汇编器(Assembler)生成的 .sof 文件和 .pof 文件就可以对 Altera 的 FPGA/CPLD 器件进行配置。

CPLD 的配置相对于 FPGA 较简单，其配置普遍采用 JTAG 接口进行。FPGA 的配置方式相对复杂，种类较多。FPGA 器件是基于 SRAM 结构的，由于 SRAM 的易失性，因此断电后要重烧。JTAG 模式是直接烧到 FPGA 里面，下载速度快，下载文件类型为 .sof，而主动串行编程模式用于板级调试无误后将用户程序固化在配置芯片 EPCS 中，这种模式下载速度慢，下载文件类型为 .pof。主动串行编程模式是指 FPGA 每次上电时，作为控制器的从配置芯片 EPCS 主动发出读取数据信号，从而把 EPCS 的数据读入 FPGA 中，实现对 FPGA 的编程。

12.2.6　调试

编译、仿真、器件配置与编程结束后，设计者需要对所做的设计进行整体或局部模块的调试。Quartus II 软件中主要的调试工具是 SingnalTap II Logic Analyzer(嵌入式逻辑分析仪)和 SignalProbe(信号探针)。

SingnalTap II Logic Analyzer 是第二代系统调试工具，可以捕获和显示实时信号，帮助设计者观察系统设计中硬件和软件之间的相互作用。SingnalTap II Logic Analyzer 依据用户定义的触发条件，将信号通过 JTAG 端口送往 SingnalTap II Logic Analyzer、外部逻辑分析仪或示波器进行调试。

SignalProbe 可以在未使用的器件资源上，用增量方式将选定信号送往外部逻辑分析仪或示波器进行调试，即允许用户在不改变自身设计中现有布局布线的条件下，将用户关心的信号送至输出引脚，且用户不需要重新进行完整编译就可以直接对信号调试。

12.2.7 系统级设计

系统级设计是指 Quartus II 软件支持 SOPC Builder 和 DSP Builder 系统级设计流程。Quartus II 与 SOPC Builder 一起为建立的 SOPC 提供标准化的设计环境，其中 SOPC 由 CPU、存储器接口、标准外围设备和用户自定义的外围设备等组成。SOPC Builder 允许用户选择系统组件和自定义组件，它可以将这些组件组合并生成对这些组件进行实例化的系统模块，同时自动生成必要的总线逻辑。DSP Builder 是帮助用户在易于算法应用的开发环境中建立 DSP 设计的硬件表，从而缩短 DSP 的设计周期。

12.3 Quartus II 软件的使用

本书中使用的 Quartus II 软件的版本为 Quartus II 8.1(32 bit)。下面以 1 bit 半加器的实现为例，通过其实现流程详细介绍 Quartus II 软件的主要功能和使用方法。

加法器是构成算术运算器的基本单元，1 bit 半加器是指不考虑来自低位的进位，而将两个 1 位的二进制数直接相加。本实例设计 1 bit 半加器模块 adder，其真值表如表 12.1 所示。adder 模块的外部接口如图 12.3 所示，输入分别为 a、b，进位输出和结果分别定义为 cout、sum，声明为 wire 数据类型。

表 12.1 1 bit 半加器真值表

a	b	sum	cout
0	0	0	0
0	1	1	0
1	0	1	0
1	1	0	1

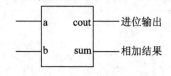

图 12.3 1 bit 半加器 adder

12.3.1 创建 Quartus II 工程

创建 Quartus II 工程的具体操作步骤如下：

(1) 打开 Quartus II 软件，显示主界面，如图 12.4 所示。

(2) 选择菜单栏 File→New Project Wizard 命令，如图 12.5 所示，启动工程建立向导。

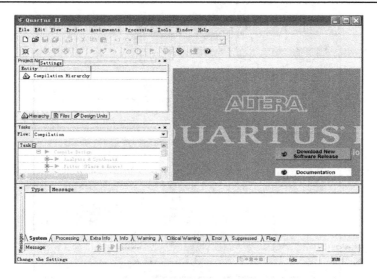

图 12.4　Quartu II 主界面

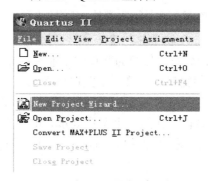

图 12.5　建立工程

(3) 利用 Quartus II 提供的新建工程向导可以方便地建立一个工程。在弹出的如图 12.6 所示的新建工程向导窗口中直接点击 Next 按钮，弹出图 12.7 所示的对话框。

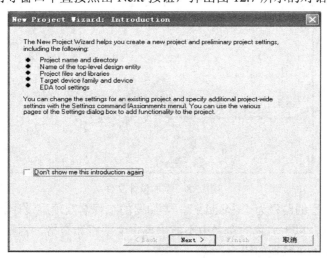

图 12.6　新建工程向导

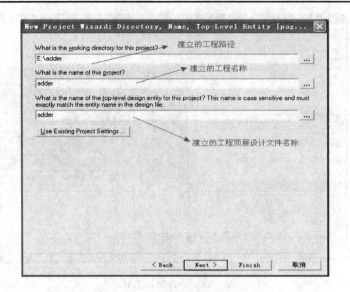

图 12.7　选择工程路径、工程名及顶层模块名

① 先创建一个文件夹。在硬盘中创建一个用于保存下一步工作中要产生的工程项目的文件夹。注意：文件夹的命名及其保存的路径中不能有中文字符和空格。

② 在如图 12.7 所示的窗口中，第一个空白处需填入建立的工程路径，为便于管理，Quartus II 软件要求每一个工程项目及其相关文件都统一存储在单独的文件夹中；在第二个空白处需填入建立的工程名称；在第三个空白处填入的是工程的顶层设计文件名称，建议顶层设计文件名称和建立的工程名称保持一致。完成上面的设置后按 Next 按钮，自动弹出如图 12.8 所示的对话框。

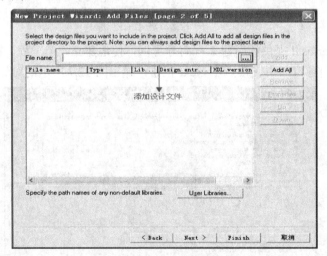

图 12.8　添加设计文件

本实例中，工程的路径为"E:\adder"，半加器的工程名及顶层设计名称都为"adder"。

需要注意的是，以上名称的命名中不能出现中文字符和空格，否则会因为系统不能识别而导致软件产生不可预期的错误。

(4) 在图 12.8 中将已有的设计文件添加到工程中，可以选择其他已存在的设计文件加入到这个工程中，也可以使用 User Library 按钮把用户自定义的库函数加入到工程中使用。完成后按 Next 按钮，弹出图 12.9 所示的窗口。

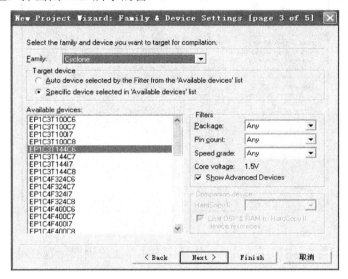

图 12.9 选择器件、封装及速度级别

(5) 在图 12.9 所示窗口中进行器件选择，可以选择器件的系列、封装形式、引脚数目以及速度级别来约束可选器件的范围。本例中，在 Family 一栏选择"Cyclone"，在 Target device 一栏选择"Specific device selected in 'Available devices' list"，在 Available devices 一栏选择"EP1C3T144C6"。操作完成后按 Next 按钮，弹出如图 12.10 所示界面。

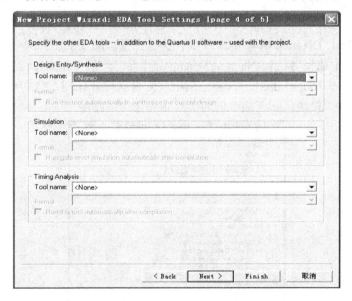

图 12.10 选择 EDA 综合、仿真、时序分析工具

(6) 在图 12.10 所示界面中可以为新建立的工程指定第三方的综合工具、仿真工具、时序分析工具。在本设计中使用默认设置。完成后按 Next 按钮进入下一步。

(7) 单击 Finish 按钮，在如图 12.11 所示的工程设置信息窗口中显示了工程的全部设置。

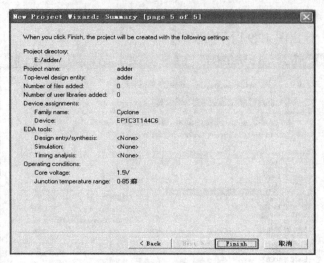

图 12.11　工程设置信息

至此，新工程建立完毕，在 Quartus II 设计软件界面的顶部标题栏将显示工程名称和存储路径。

12.3.2　设计输入

Quartus II 软件开发中设计输入最常用的方式是原理图方式和 HDL 文本方式两种，下面将分别讲解这两种方式的具体设计步骤。

1. 基于原理图的设计输入

与以半加器为例，介绍基于原理图输入方式的 Quartus II 软件开发的具体流程。

(1) 建立 Block Diagram/Schematic File。执行主窗口的 File→New 菜单命令，在如图 12.12 所示的窗口中选择 Block Diagram/Schematic File，然后单击 OK 按钮。此时工作区中打开空白的图纸——Block1.dbf 文件，并在图纸左侧自动打开如图 12.13 所示的绘图工具栏。开始设计"半加器"模块，其所需要做的是绘制一张"电路图"。

图 12.12　建立原理图输入文件

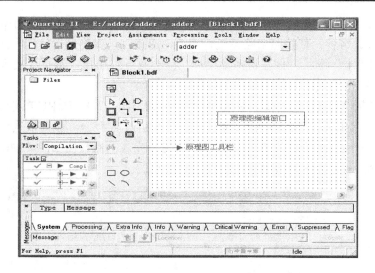

图 12.13　原理图编辑窗口

(2) 放置元器件。双击图 12.13 中原理图编辑窗口的任意空白处，弹出图 12.14 所示的对话框，在 Name 处填写设计原理图所需的元器件名称，这里填入 and2，则右侧同时给出该器件的预览，点击 OK 按钮确认后返回原理图编辑窗口，在合适的位置点击鼠标左键即可放置 and2。当选择的元器件处于选中状态时边框呈蓝色，此时可对该元器件进行命名、复制、删除等操作。用同样的方法，可添加其他需要的元器件或 I/O 接口，如电源(VCC)、地(GND)、输入引脚(INPUT)和输出引脚(OUTPUT)等。

输入元器件的另一种方法是拖动图 12.14 所示的 Libraries 窗口右边的滑动条，按层次展开器件库，从中选择所需的元器件。此库中提供了各种逻辑功能符号，包括图元(primitives)、宏功能(megafunctions)、others 等。图元库中主要包括基本逻辑单元库，如各种门电路、缓冲器、触发器、引脚、电源和地。

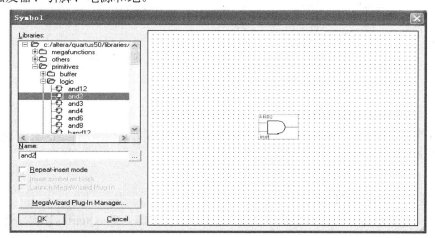

图 12.14　输入元器件

本例中的半加器是由一个异或门和一个与门组成的，因此在图 12.14 所示的窗口中选择放置一个 xor、一个 and2 元件。

(3) 连线。添加所需元件后，还需要为电路的输入、输出信号分别添加 INPUT 和 OUTPUT 引脚。将各元件按照电路图进行连接，连接时只要将鼠标放到元件的引脚上，鼠标会自动变成"十"形状。按左键拖动鼠标，就会有导线引出。根据要实现的逻辑，连好每个元件的引脚。

(4) 命名输入、输出引脚。在半加器的原理图中双击 INPUT 端口的默认引脚"pin_name"，弹出如图 12.15 所示对话框，修改引脚名为 a，然后依次将 pin_name2、pin_name3、pin_name4 命名为 b、sum、cout。最终完成的原理图如图 12.16 所示，其中引脚 a、b 为输入，sum 为相加结果，cout 为进位输出。

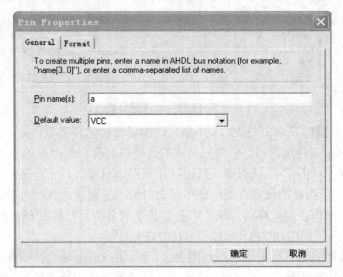

图 12.15 引脚属性对话框

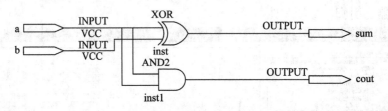

图 12.16 半加器的原理图

执行主窗口的 File→Save As 菜单命令，将已设计好的原理图文件取名并存盘在已为此项目建立的文件夹内。

至此，基于原理图的设计输入完成。

2. 基于 Verilog HDL 语言的文本输入

下面仍以半加器为例，讲解基于 Verilog HDL 文本输入的 QuartusⅡ软件开发的具体流程。

(1) 建立 Verilog HDL File。执行主窗口的 File→New 菜单命令，在 Design Files 下选择 Verilog HDL File 选项，点击 OK 按钮。

(2) 输入源代码。在文本的编辑窗口中输入半加器的源代码，具体见代码 12.1。

【代码 12.1】

```
module adder(cout,sum,a,b);          //模块名，端口列表
    output cout, sum;                //输出端口声明
    input a,b;                       //输入端口声明
    wire cout,sum;                   // wire 变量声明
    assign{cout,sum}=a+b;            //数据流语句  a+b
endmodule                            //模块结束
```

文件编辑完毕后，保存上述 Verilog HDL 文件。

（3）创建模块。执行主窗口的 File→Create/Update→Create Symbol Files for Current File 菜单命令，便可创建当前设计文件的模块，可供下一次的设计直接调用。本例中创建的模块如图 12.17 所示。

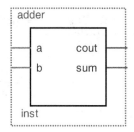

图 12.17　由 Verilog HDL File 创建的半加器模块

至此，基于 Verilog HDL 语言的文本设计输入完成。可以看到，利用 Verilog HDL 语言设计输入的方法更简洁，移植性及通用性均较好，便于修改设计，是目前普遍采用的设计方法。

12.3.3　工程配置及时序约束

在完成设计输入后，还要进行工程配置及时序约束，其中包括器件的选择、引脚分配和时序约束等。

器件的选择是指为所完成的设计文件选择具体的芯片。

引脚分配是将设计文件的输入、输出信号指定到器件的某个引脚，设置此引脚的电平标准和电流强度等。

时序约束尤其重要，它是为了使高速数字电路的设计满足运行效率方面的要求，在综合、布局布线阶段附加约束。此外，要分析工程是否满足用户的速率要求，也需要对工程的设计输入文件添加时序约束。时序分析工具以用户的时序约束来判断时序是否满足设计要求的标准，因此要求设计者正确输入时序，以便得到正确的时序分析报告。

工程配置及时序约束的具体操作步骤如下。

1. 器件的选择

执行 Assignments→Device 菜单命令，如图 12.18 所示，打开如图 12.19 所示的器件选择设置对话框，从中可选用工程所需要的、Quartus II 软件所支持的元器件种类。除了选择器件的型号，还需选择 "Device and Pin Options" 选项，打开如图 12.20 所示的器件配置对话框。在 Configuration 选项卡中选择配置器件，如 EPCS4；在 Unused Pins 选项卡中可以设置未使用引脚的工作状态，如设置成输入三态，如图 12.21 所示。

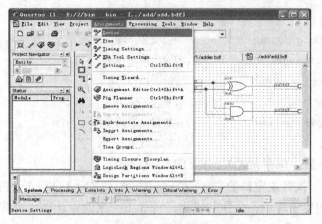

图 12.18 选择器件

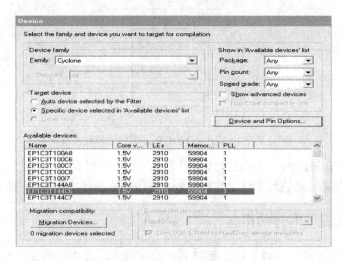

图 12.19 器件选择设置

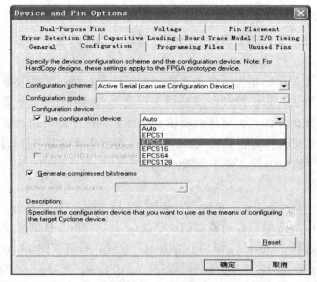

图 12.20 器件配置

图 12.21　未使用的引脚设置

2．引脚分配

在选择器件后，为了能对"半加器"进行硬件测试，应将其输入、输出信号锁定在芯片确定的引脚上，以便编译后下载。执行 Assignment→Pins 菜单命令，启动 Pin Planner 工具，如图 12.22 所示。Pin Planner 是分配引脚的工具，它包括了器件的封装视图，以不同的颜色和符号表示不同类型的引脚，并以其他符号表示 I/O 块。引脚规划器使用的符号与器件数据手册中的符号非常相似，它还包括已分配和未分配引脚的列表。图中所示的 Pin Planner 窗口，默认状态下显示 All Pins 列表、Groups 引脚分配组、器件封装视图和工具栏。

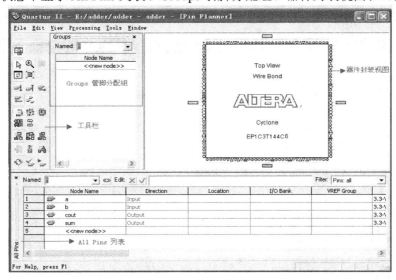

图 12.22　Pin Planner 界面

图 12.22 中，在 Pin Planner 界面单击右键，可以选择在器件封装视图中显示指定特性的引脚、显示器件的总资源、查找引脚等功能。将鼠标放于某个引脚的上方，会自动弹出该

引脚属性的标签，双击该引脚打开引脚的属性窗口可以对其进行分配，选择后需在 Reserved
组合列表框中设置引脚的工作状态，如图 12.23 所示。

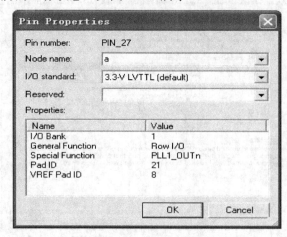

图 12.23　引脚属性

图 12.22 的 All Pins 列表的 Node Name 栏中列出了所有的输入、输出引脚。在器件封装
视图中双击可以使用的芯片引脚，在如图 12.23 所示的引脚属性窗口的 Node name 下拉菜单
中选择将 PIN_27 引脚分配给工程文件中的输入引脚 a，分配后的引脚 a 在 All Pins 列表的
Node name 中显示为淡绿色。如果芯片某些引脚不能分配，例如 GND 或 VCC，则图 12.23
所示的 Node name 栏为不可选。

引脚分配的另外一种方法是在主窗口中执行 Assignments→Assignment Editor 菜单命
令，在 Category 中选择 Pin，如图 12.24 所示。双击 To 栏选择输入需要分配的引脚 a，再双
击 Location 打开下拉菜单，选择芯片的引脚。如图 12.25 所示，将芯片的 I/O Bank 1 Row I/O
类型的引脚 PIN_27 分配给半加器的引脚 a。以同样的方法给 b、cout、sum 进行引脚分配。

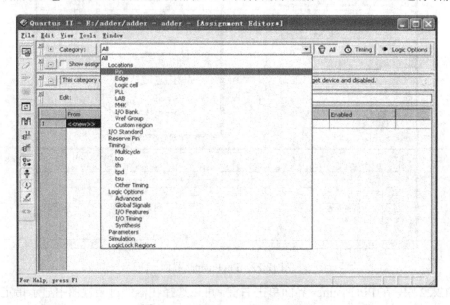

图 12.24　Assignment Editors 界面

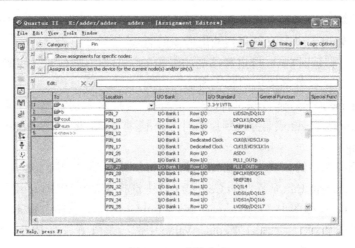

图 12.25　引脚分配

3. 时序约束

分配引脚后，在执行编译前，可以利用菜单栏中 Assignments→Settings→Timing Analysis Settings 和 Assignment Editor 两种方法对系统信号的时序特性进行设置。

Timing Analysis Settings 为传统时序分析模式，一般从全局设置 Timing 属性，如图 12.26 所示，可设置选项包括时钟约束、延时要求、最小延时要求等。

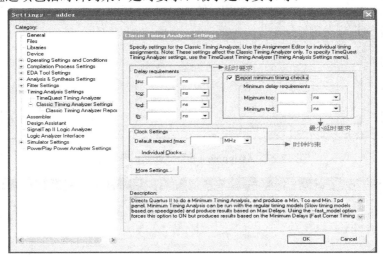

图 12.26　时序约束界面

一般的时序约束包括设置建立保存时间、fmax、tsu、th、tco、tpd 等属性。下面是几种常见约束的定义：

fmax(最大频率)——在不违反内部建立时间(tsu)和保持时间(th)要求下可以达到的最大时钟频率。

tsu(时钟建立时间)——在触发寄存器的时钟信号于时钟引脚确立之前，经由数据输入或使能端输入而进入寄存器的数据必须在输入引脚处出现的时间长度。

th(时钟保持时间)——在触发寄存器时钟信号于时钟引脚确立之后，经由数据输入或使能端输入而进入寄存器的数据必须在输入引脚处保持的时间长度。

tco(时钟至输出延时)——时钟信号在触发寄存器的输入引脚上发生转换之后,再由寄存器馈送至信号的输出引脚上取得有效输出所需的时间。

　　tpd(引脚至引脚延时)——指定可接受的最少的引脚至引脚延时,引脚处信号通过组合逻辑进行传输并出现在外部输出引脚上所需的时间。

　　利用 Assignment Editor 方法进行时序约束时,可以对个别实体、节点和引脚进行个别时序分配。Assignment Editor 支持点到点的时序分配,即在 Assignment Editor 界面的 Category 栏中选择 Timing。

　　例如,本例中时序约束要求从输入信号引脚 a 到输出信号引脚 tpd 为 10 ns,具体步骤为:首先在 Assignment Editor 界面的 Category 栏中选择 Timing 中的 tpd,再在 From 栏中双击打开 Node Finder,如图 12.27 所示。在 Node Finder 界面中选择引脚 a,如图 12.28 所示。以同样的方法双击 To 栏,选择引脚 cout,Value 中的约束值填写为 10 ns,如图 12.29 所示。此选择表示引脚 a 到引脚 cout 可接受的最少延时为 10 ns。

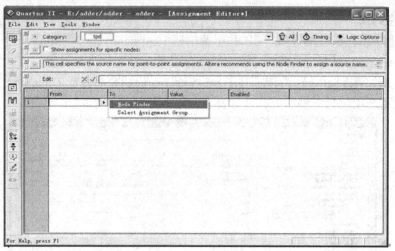

图 12.27　Assignment Editor 新建时序约束窗口

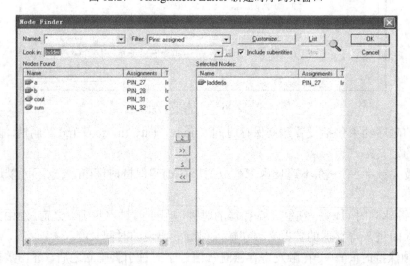

图 12.28　打开 Node Finder 选择引脚 a

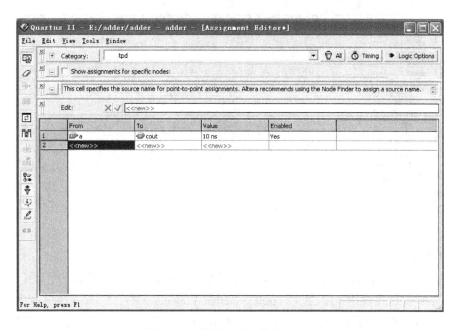

图 12.29　设置点到点的时序约束

12.3.4　编译

1. 编译

编译分为完整编译和不完整编译。不完整编译包括编译设计文件和综合产生门级代码，编译器只运行到综合这步就停止，只产生估算的延时数值。完整编译包括 Analysis & Synthesis、Fitter、Assembler 和 Timing Analyzer 四个主要过程的连续执行。

编译可在主界面的工具栏中点击 ▶ 进行编译，或者执行 Processing→Compiler Tool 菜单命令启动编译窗口，然后点击 Start 按钮进行编译。本实例"半加器"的编译过程如图 12.30 所示。若顺利通过编译，主界面下方的 Messages 框中系统提示"QuartusⅡFull Compilation was successful"，并给出如图 12.31 所示的编译报告。

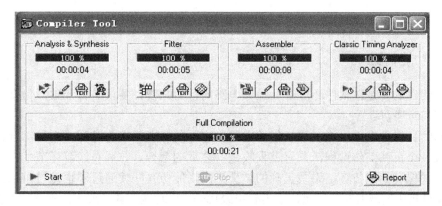

图 12.30　Compiler Tool 界面

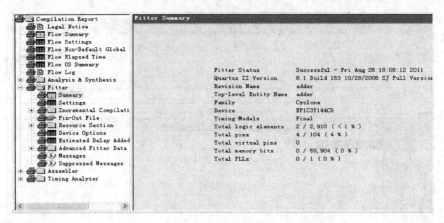

图 12.31 编译报告

2. RTL 视图分析

RTL 视图分析是指在综合或全编译以后，设计者可以打开综合后的原理图以分析综合结果是否与所设想的设计一致。执行 Tools→Netlist Viewers→RTL Viewer 菜单命令打开 RTL 视图，本实例的 RTL 级综合结果如图 12.32 所示。图中左侧列表项表示 adder 模块的元件、输入输出和连线情况。

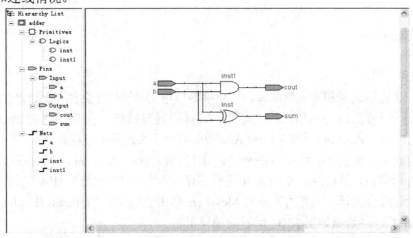

图 12.32 RTL 视图

12.3.5 功能仿真

仿真的目的就是在软件环境下，验证电路的行为与设计要求是否一致。仿真主要分为功能仿真和时序仿真。

仿真的目的是设计出能正常工作的电路，它不是一个孤立的过程，它与综合、时序分析等形成一个反馈工作过程，只有过程收敛，之后的综合、布局布线等环节才有意义。所以，首先要保证功能仿真结果是正确的。孤立的功能仿真即使通过了也是没有意义的，如果在时序分析中发现时序不满足，就需要更改代码，而功能仿真必须重新进行才能保证设计正确。

Quartus II 软件支持功能仿真和时序仿真，功能仿真只检验所设计项目的逻辑功能，而时序仿真则将具体器件实现时的延时信息也考虑在内。Quartus II 软件允许对整个设计进行仿真测试，也可以只对该项目中的某个子模块进行仿真。仿真时的矢量激励源可以是矢量波形文件 .vwf(Vector Wave File)、文本矢量文件 .vec(Vector File)、.cvwf 文件(Compressed Vector Waveform File)，矢量输出表文件 .tbf 和 .vcd 文件(Value Change Dump File)等。其中，矢量波形文件.vwf 是 Quartus II 软件最主要的激励源。本节着重介绍以矢量波形文件.vwf 作为激励源进行仿真的操作。

　　1．建立矢量波形文件

　　在进行仿真之前，必须为仿真器提供测试激励，这个测试激励被保存在矢量波形文件中。

　　(1) 打开波形编辑器。在主菜单中执行 File→New 命令，在弹出的 New 对话框中选择"Vector Waveform File"。波形编辑器如图 12.33 所示，该窗口分为左右两部分。左边是信号窗口，显示用于仿真的输入和输出信号的名称及信号在标定时刻的状态取值；右边是波形窗口，是对应信号的波形图。最左侧为波形编辑工具栏。

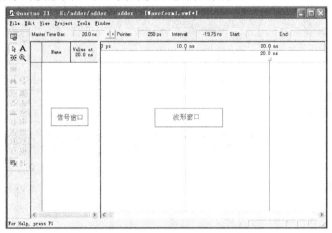

图 12.33　波形编辑窗口

　　(2) 输入信号节点。在如图 12.33 所示的信号窗口的空白处双击鼠标左键，弹出如图 12.34 所示的 Insert Node or Bus 窗口。或者在主窗口的菜单栏中执行 Edit→Insert→Insert Node or Bus 命令，同样也可以打开 Insert Node or Bus 窗口。在此窗口中单击 Node Finder 按钮。

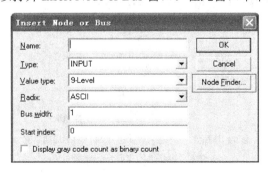

图 12.34　Insert Node or Bus 窗口

在如图 12.35 所示的 Node Finder 窗口中，在信号类型栏中选择"Pins：all"，再点击 List 按钮。其中左侧为待选信号窗口，列出了设计项目所有输入、输出引脚，本例中的输入、输出引脚为 a、b、cout、sum；右侧为已选信号窗口，可在左侧的待选信号窗口选择功能测试所需的输入和输出信号，然后点击中间的 ≥ 按钮将所需仿真的信号加至右侧列表。若需要将所有输入、输出信号加至右侧列表，则直接点击中间的 >> 按钮。选择完成后，点击 OK 按钮，返回图 12.34 所示的 Insert Node or Bus 窗口，再次点击 OK 按钮，则返回到波形编辑窗口。如图 12.36 所示是添加仿真信号后的波形编辑窗口。

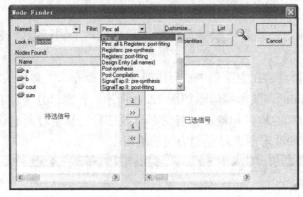

图 12.35　Node Finder 窗口

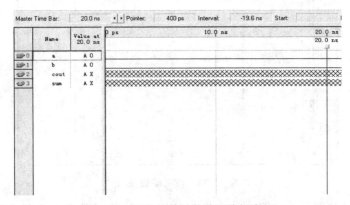

图 12.36　添加了信号的波形编辑窗口

(3) 设置激励信号。常用的信号包括时钟信号 clk、清零信号 clr、输入波形信号等。图 12.37 所示工具条可以方便地输入信号波形进行设置。

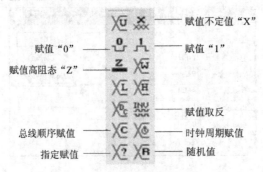

图 12.37　波形赋值的工具条

点击时钟信号生成按钮 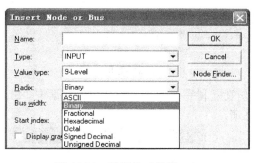，弹出如图 12.38 所示的 Clock 信号设置窗口，在此窗口中可以设置时钟信号的时间长度、周期、相位、占空比。

如果设定清零信号 clr 高电平有效，则在 clr 的波形图上先用鼠标左键点击选中一小段，再点击低电平按钮，然后选中 clr 波形其他段，点击高电平按钮，或者点击波形翻转按钮。

利用图 12.37 所示的各种波形赋值的快捷键可以编辑输入信号的波形。信号数据显示时的格式可以在图 12.39 中进行选择。

图 12.38　Clock 信号设置窗口　　　　图 12.39　数据格式设置

其中，Radix 栏的各项含义如下：

ASCII——ASCII 码；

Binary——二进制数；

Fractional——小数；

Hexadecimal——十六进制数；

Octal——八进制数；

Signed Decimal——有符号十进制数；

Unsigned Decimal——无符号十进制数。

(4) 保存矢量波形文件。激励波形设置完成后，单击主窗口的保存按钮，并对输入波形文件命名后，就将其保存在工程文件夹中。

2. 仿真

在主窗口中，执行 Assignments→Settings 菜单命令，在弹出的窗口的 Category 类别中选择 Simulator Settings，弹出如图 12.40 所示窗口。在其中的 Simulation mode 下拉菜单中选择 Functional，表示"功能仿真"。或者在菜单栏执行 Processing→Simulator Tool 命令，打开图 12.41 所示的 Simulator Tool 窗口，同样可以设置仿真模式。选择 Functional 功能仿真后，在仿真输入中添加激励文件。本例中添加 "add.vwf" 波形文件，点击 "Generate Functional Simulation Netlist" 命令，生成功能仿真的网表文件。注意选择"Overwrite simulation input file with simulation results"项，这样就会在 "add.vwf" 波形文件中写入仿真后的输出波形。仿真参数设置完毕,可点击 Start 按钮执行仿真,同时在仿真过程中显示仿真进度和处理时间。在仿真过程中,可点击 Stop 按钮随时中止仿真过程。仿真结束后,可点击 Open 或 Report 按钮观察仿真输出波形。

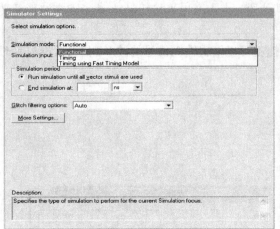

图 12.40　仿真器参数的设置

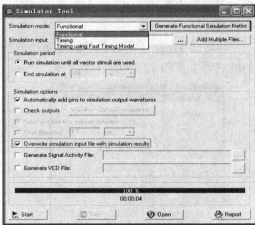

图 12.41　Simulator Tool 窗口

仿真顺利完成后,系统会弹出对话框"Simulator was successful"。功能仿真的结果如图 12.42 所示。

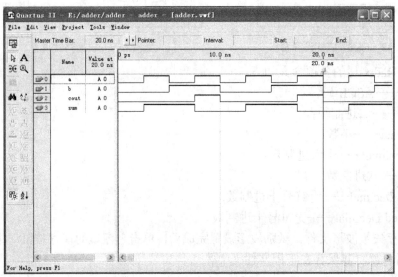

图 12.42　功能仿真结果

12.3.6　时序仿真

功能仿真正确后,可以加入延时模型进行时序仿真。在菜单栏执行 Processing→Simulator Tool 命令,打开图 12.41 所示的 Simulator Tool 窗口,设置仿真模式。选择"Timing"时序仿真后,在仿真输入中添加激励文件。仿真参数设置完毕,可点击 Start 按钮执行仿真。时序仿真的结果如图 12.43 所示,与图 12.42 比较,可以明显地看到输出波形的延时及毛刺。

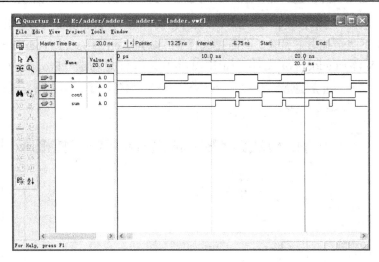

图 12.43　时序仿真结果

12.3.7　器件编程和配置

工程编译通过后，若仿真结果正确，则需要对配置的芯片进行编程，完成最终的开发。从 12.2.5 节可知，Quartus II 软件成功编译所完成的设计后，会自动产生 .sof 文件和 .pof 文件。配置文件下载即将编译产生的 sof 格式或者 pof 格式的文件下载至 FPGA 或配置芯片中，具体步骤如下。

1. 配置文件

首先将实验开发板和 PC 通过通信线连接好，打开电源。本实验使用的是 ByteBlaster II 并口下载电缆。

其次，执行主窗口的 Tools→Programmer 菜单命令，启动如图 12.44 所示的下载窗口。图中的 Mode 栏有 4 种编程模式可以选择，即 JTAG、In-Socket Programming、Passive Serial、Active Serial Programming，此处选择默认的 JTAG 模式，注意核对下载的文件名。若需要下载的文件没有出现，则需要在左侧单击 Add File 按钮，手动选择 12.3.1 节的半加器，编译成功后会产生 adder.sof 文件。选择好文件后，注意勾选 "Program/Configure" 项。

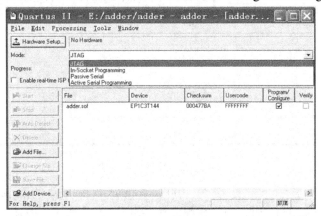

图 12.44　JATG 编程窗口

JTAG 模式和主动串行编程模式是 QuartusⅡ软件的 Programmer 编程器最常用的模式。如果是将设计下载至配置芯片上，则需要选择 Mode 为 Active Serial Programming，单击 Add File 按钮，手动添加 adder.pof 文件，如图 12.45 所示，注意勾选 "Program/Configure" 项。

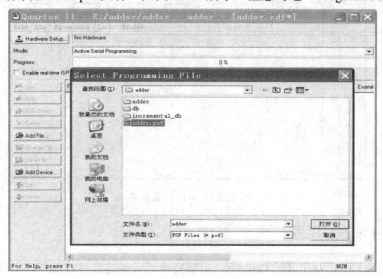

图 12.45　Active Serial Programming 编程窗口

2. 设置编程器

　　在图 12.44 中，点击 "Hardware Setup" 选择实验所使用的下载电缆类型，如图 12.46 所示。在 "Available hardware items" 项中选中 "ByteBlasterⅡ[LPT1]"，然后点击 Close 按钮，回到图 12.44 所示的界面，点击 Start 按钮，即可对实验开发板的 FPGA 器件进行下载。

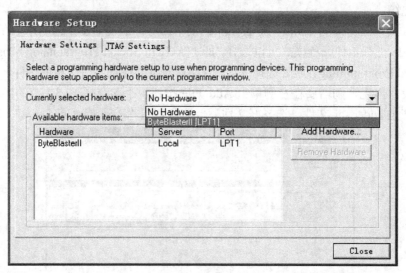

图 12.46　编程硬件设置

　　当 "Progress" 显示下载进度为 100%，QuartusⅡ软件的底部信息显示栏显示 "Configuration Succeeded" 时，表示编程成功，如图 12.47 所示。成功下载后，可以通过实验开发板观察半加器的工作情况。

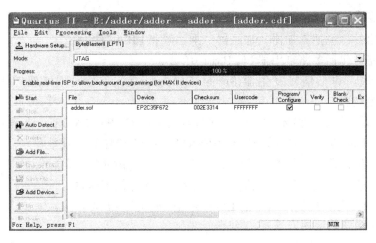

图 12.47 编程下载成功

12.4 LPM 宏功能模块与 IP 核的应用

IP(Intellectual Property)即常说的知识产权，是指一些封装好的、经过验证的、成熟高效的设计代码。美国 Dataquest 咨询公司将半导体产业的 IP 定义为用于 ASIC、ASSP、PLD 等芯片当中的预先设计好的电路功能模块。对于一个面向市场和实际工程应用的系统设计来说，开发效率和开发周期是非常重要的。但随着数字系统设计的越来越复杂，如果将系统中的每个模块都从头开始设计则工作量是十分繁重的。因此设计者在自己的系统设计中，可以使用经过严格测试和优化过的 IP，从而简化设计流程，提高设计质量，降低开发成本，加速开发效率。

根据实现的不同，IP 可以分为软核、固核和硬核。软核是指用硬件描述语言的形式描述功能块的行为，但不涉及具体的硬件电路和元器件。固核是完成了综合的功能块，有较大的设计深度，以网表的形式提交给客户使用。硬核是采用专用的预定义好的硬逻辑块来实现的内核。硬核无须作太多修改即可立即投入生产，硬核的运行速度更快，但是其移植性差。

Altera 公司以及第三方 IP 合作伙伴给用户提供的所有功能模块基本可以分为两类：需要授权使用的 IP 知识产权模块(简称 IP 核)和免费的 LPM 宏功能模块。IP 核是指某一领域内实现某一算法或功能的参数化模块。LPM 宏功能模块是参数化模块库(Library of Parameterize Modules)的简称。 LPM 宏功能模块的功能都是通用的，比如 Counter、FIFO、ARM 等。

12.4.1 宏功能模块概述

Altera 公司的 LPM 宏功能模块属于 IP 的一种，其中包括可参数化的 LPM 宏功能模块和 LPM 函数。所有 LPM 宏功能模块经严格的测试和优化，可以在 Altera 专用器件结构中发挥出最佳性能。使用 LPM 宏功能模块，能够减少设计和测试时间。

1．宏功能模块所包含的内容

(1) 算术组件：包括累加器、加法器、乘法器和 LPM 算术函数。

(2) 门电路：包括多路复用器和 LPM 门函数。

(3) DSP 块：包括信号发生器(Signal Generation)、音频视频处理(Video and Image Processing)等模块。

(4) I/O 组件：包括锁相环(PLL)、千兆位收发器块(GXB)、LVDS 接收器和发送器、PLL 重新配置(PLL_RECONFIG)和远程更新(REMOTE_UPDATE)等宏功能模块。

(5) 存储器编译器：包括 FIFO Partitional、RAM 和 ROM 宏功能模块。

(6) 存储组件：包括存储器、移位寄存器和 LPM 存储器函数。

以上为 Altera 公司提供的常用的 LPM 宏功能模块与 LPM 函数。

2．宏功能模块的使用方法

(1) 通过 Quartus II 软件的 IP 工具 MegaWizard Plug-In Manager 建立或修改包含自定义宏功能模块变量的设计文件，封装后在用户的设计代码中调用该封装文件。

(2) 在 Quartus II 软件中对宏功能模块进行实例化。

对宏功能模块进行实例化的途径包括在原理图编辑窗口中直接实例化、在 HDL 代码中通过端口和参数定义方法实例化等途径。

Altera 推荐使用 MegaWizard Plug-In Manager 工具建立自定义和参数化宏功能模块的方法，因此本书中也使用该方法。

12.4.2　宏功能模块的应用

使用基本宏功能模块设计项目的步骤如下：

(1) 建立工程；

(2) 使用 MegaWizard Plug-In Manager 工具定制宏功能模块；

(3) 在设计中实例化定制的宏功能模块；

(4) 继续完成设计的其他部分；

(5) 编译及布局布线；

(6) 仿真；

(7) 时序分析。

以上是使用基本宏功能模块进行项目设计的一般步骤。乘法器是数字系统设计中较常用的电路，本节将通过乘法器讲解宏功能模块的实例化及对使用宏功能模块的设计项目进行功能仿真的过程。

1．建立工程

(1) 执行菜单栏的 File→New Project Wizard 命令新建立一个 project，本例中建立的工程路径为"E:/mult"，工程名称为"mult"。建立工程的其他操作见 12.3.1 节的内容。

(2) 工程建立后，执行 File→New 命令，选择 Block Diagram/Schematic File 建立名为 Block1.bdf 的顶层设计文件。

2．使用 MegaWizard Plug-In Manager 工具

(1) 在生成的 Block1.bdf 的顶层设计文件的原理图编辑窗口的任意空白处双击鼠标左

键，打开如图 12.48 所示的输入元器件窗口，点击 MegaWizard　Plug-In　Manager 按钮打开
MegaWizard Plug-In Manager 窗口，如图 12.49 所示。

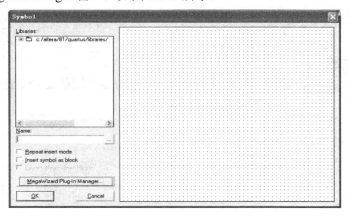

图 12.48　输入元器件窗口

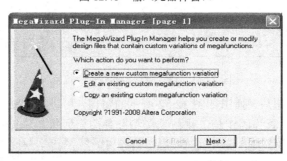

图 12.49　创建新的宏功能模块

(2) 在图 12.49 中选择创建新的宏功能模块，然后单击 Next 按钮，弹出如图 12.50 所示
的窗口，在左侧栏中选择 "Arithmetic" 项下的 "LPM_MULT"，再选择器件和输出文件的
HDL 语言。本例中选择 Cyclone 器件和 Verilog HDL。本例中乘法器的名称为 mymult，存
放的路径为 "E:\mult\"。

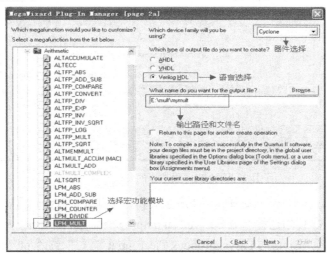

图 12.50　选择乘法器宏功能模块

（3）点击 Next 按钮，弹出如图 12.51 所示的窗口，可设置数据线位宽。本例中乘法器的两输入端 dataa 和 datab 的位宽都为 8 位，其他使用默认设置。

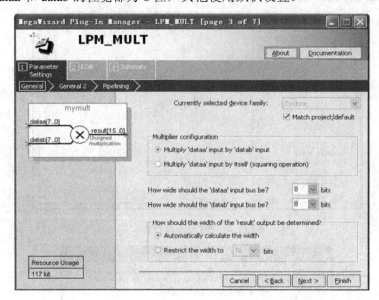

图 12.51　设置乘法器的数据线位宽

（4）点击 Next 按钮后，弹出如图 12.52 所示的窗口，可进行乘法器的其他选项设置，包括 datab 输入端是否设置为固定值、乘法器类型和使用资源等，本例中都选用默认设置。

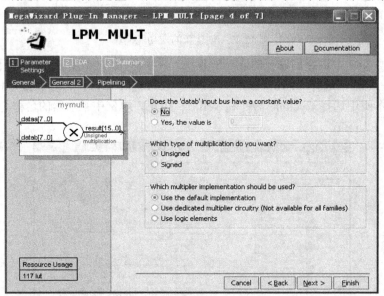

图 12.52　乘法器的参数设置

（5）点击 Next 按钮，弹出如图 12.53 所示的窗口，可进行时钟信号、使能信号的设置及优化方式的选择。本例中选择"Yes, I want an output latency of 1 clock cycles"添加时钟控制信号 clock，并选择"Create an asynchronous Clear input"添加异步清零信号 aclr，其他使用默认设置。

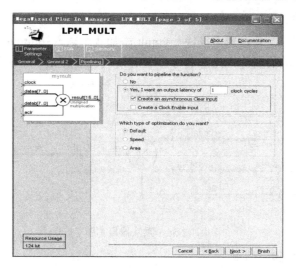

图 12.53　乘法器的时钟信号、使能信号设置

(6) 在按照以上提示顺序完成设置后，进入图 12.54 所示界面，这里显示为定制的乘法器宏功能模块生成的各种文件类型。

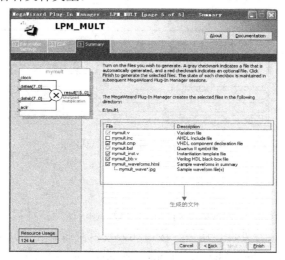

图 12.54　宏功能模块生成的文件

至此，使用 MegaWizard Plug-In Manager 工具建立了用户自定义参数的乘法器。

设置完成后的乘法器模块符号如图 12.55 所示。其中，dataa[7..0]为被乘数，datab[7..0]为乘数，clock 为时钟信号，aclr 为异步清零信号，result[15..0]为相乘后的结果。

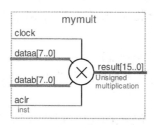

图 12.55　创建完成的乘法器宏模块 mymult

3．完成设计的其他部分

在原理图编辑窗口为乘法器宏模块 mymult 添加 4 个输入端 input，1 个输出端 output。完成连线，并更改引脚的名称，注意名称命名的格式。最终完成的原理图如图 12.56 所示。

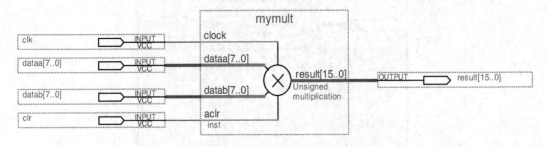

图 12.56　乘法器原理图

4．编译、布局布线及仿真

编译、布局布线及仿真的具体步骤与前面讲过的相同。本例中乘法器功能仿真的结果如图 12.57 所示。由图可知，随着时钟信号 clk 上升沿的到来，result 的输出为 dataa 与 datab 的乘积。清零信号 clr 高电平时，result 的输出为 0。

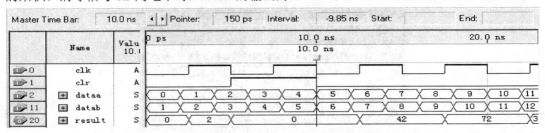

图 12.57　乘法器的功能仿真结果

12.4.3　IP 核的应用

Altera 公司 IP 核(或称 MegaCore)可以在 Quartus II 开发环境中使用。Altera 公司的 MegaCore 主要有数字信号处理、通信、接口和外设以及微处理器四类。此外，Altera 公司的一些合作伙伴 AMPP (Altera Megafunctions PartnersProgram)也提供基于 Altera 器件优化的 IP 核。Altera 公司所有 IP 核的安装文件都可以在网站 www.altera.com 免费下载，包括 DSP、嵌入式处理器、接口协议、存储器与控制器、光传送网、外设等。

MegaCore 的使用与宏功能模块的使用方法相似，不同的是宏功能模块附加在 Quartus II 开发环境中，但是 IP 核不附带在 Quartus II 中。使用 MegaCore 前，需要先从 Altera 公司的网站中下载 MegaCore 核并进行安装。需要注意的是，MegaCore 的使用需要注册文件 Lisence 的支持。

IP 核安装完成后，打开 MegaWizard Plug-In Manager 工具，如图 12.55 所示，左侧栏中会出现所安装的 IP 核。IP 核会提供多种可配置的参数，只要设计者根据项目需要对所需参数进行简单配置即可。

这里以 FFT 函数为例，介绍 IP 核的使用方法。FFT IP 核是高速执行的、多参数化的 FFT 处理器，可以实现复数形式的 FFT 变换及 FFT 反变换(IFFT)。

（1）在使用 IP 核时，同样需要先建立工程及相关的 Block Diagram/Schematic File。之后在原理图编辑窗口双击，打开 MegaWizard Plug-In Manager 工具，在"DSP"的"Transforms"中选择安装好的 FFT v8.1 版本。在如图 12.58 所示的界面中，选择器件、语言、文件路径及文件名。本例中生成的 FFT IP 核的名称为 myfft，存放的路径为"E:\fft\"。

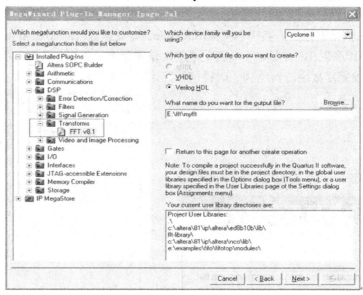

图 12.58　选择 IP 核——FFT v8.1

（2）点击 Next 按钮，出现"Loading IP Toolbench"的状态条，随即弹出如图 12.59 所示的 IP Toolbench 窗口，单击"About this Core"按钮，即显示 FFT IP 核的基本信息，其中包括该 IP 核的版本号、发布时间、支持的器件等，如图 12.60 所示。若单击"Documentation"按钮，则显示 FFT IP 核的文档列表界面，如图 12.61 所示，由此可以打开 FFT IP 核的名为"FFT User Guide"的帮助文件。

图 12.59　IP Toolbench 窗口

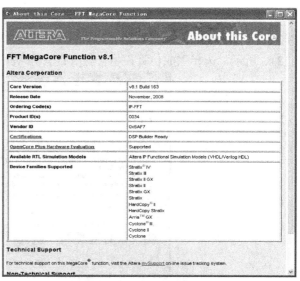

图 12.60　FFT IP 核的基本信息

(3) 生成 FFT IP 核要经过三个步骤，即图 12.59 所示的 Step1~Step3。单击 Step1 按钮，进入 FFT IP 核的参数设置窗口，它包括 Parameters、Architecture、Implementation Options 三个选项卡，如图 12.62 所示。在 Parameters 界面中，选择目标器件为"CycloneⅡ"，Transform Length(转换的长度)设置为 1024，Data Precision(输入、输出数据位宽精度)设置为 8 bits，Twiddle Precision(旋转因子的位宽精度)设置为 8 bits。在 Architecture 界面中设置 FFT IP 核函数支持的 I/O 数据流结构，其中包括流(Streaming)、变量流(Variable Streaming)、缓冲突发(Buffered Burt)、突发(Burst)四种。本例采用默认设置流(Streaming)结构。在 Implementation Options 界面中设置复数乘法器结构、时钟信号等信息，本例使用默认设置。

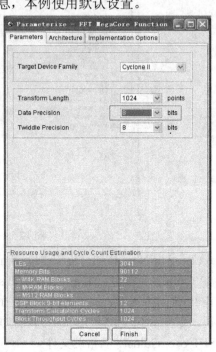

图 12.61　FFT IP 核的文档列表　　　　　　图 12.62　FFT IP 核参数设置界面

完成后，点击 Finish 按钮返回 IP Toolbench 窗口，单击 Step2 按钮，进入建立仿真窗口，如图 12.63 所示，选择生成仿真模型，仿真语言为 Verilog HDL，并选择产生网表文件。

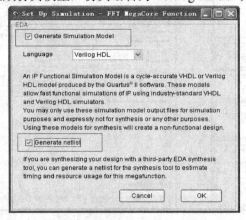

图 12.63　FFT IP 核建立仿真界面

点击 OK 按钮后返回 IP Toolbench 窗口，单击 Step3 按钮，生成所需的 IP 核。给生成 FFT IP 核的模块 myfft 添加输入、输出引脚，并修改引脚名，最终完成的电路图如图 12.64 所示。

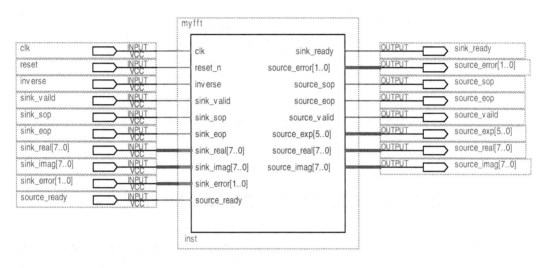

图 12.64　FFT 的电路图

编译、布局布线及仿真的具体步骤见 12.3 节，此处不再赘述。

需要强调的是，在对工程项目编译综合后，在工程存放路径 "E:\fft" 中含有基于 FFT IP 核生成的 Matlab 文件，这样就可以利用 Matlab 软件对设计的 FFT 进行测试。启动 Matlab 程序，并将 Matlab 文件路径更改为 "E:\fft"。新建 .m 文件，输入代码 12.2。

【代码 12.2】

```
close all
t=linspace(0,0.02,2048);
N=2048;                    %FFT IP 核进行转换的点数
INVERSE = 0;               %转换的方向：0 表示 FFT；1 表示 FFT 的反变换 IFFT
x=10000*sin(2*pi*512*t);   %FFT 的输入数据
[y,e] =myfft_model(x,N,INVERSE);
%FFT 变换后的输出，myfft_model 为调用的 FFT IP 核生成的 matlab 文件名
f=1:2048;
figure (1);
subplot (211);
plot(t(1:100),x(1:100));
title('原始信号') ;
subplot (212);
plot(f,abs(y));
title('IP 核  FFT 频谱 ') ;
```

保存运行后，正弦信号经过 FFT IP 核的仿真结果如图 12.65 所示。

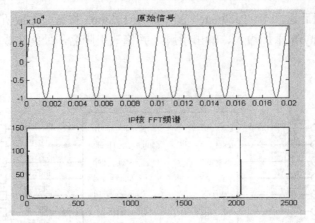

图 12.65 基于正弦信号的 FFT IP 核的仿真结果

12.5 SignalTap II 嵌入式逻辑分析仪的使用

随着设计任务复杂性的不断提高，FPGA/CPLD 设计调试工作的难度也越来越大，在设计验证中投入的时间和花费也会不断增加。SignalTap II 嵌入式逻辑分析仪可以对 FPGA/CPLD 的内部信号状态进行评估，帮助设计者快速发现设计中存在的问题，是一个功能强大且容易使用的调试工具。

Quartus II 的 SignalTap II 逻辑分析仪是第二代系统级调试工具，可以捕获和显示实时信号行为，允许观察系统设计中硬件和软件的相互作用。设计者可以在 FPGA/CPLD 器件工作的同时监视内部信号，器件工作时就可以读取器件内部节点或 I/O 引脚的状态。

SignalTap II 逻辑分析仪支持的器件系列有 Stratix II、Stratix、Stratix GX、Cyclone II、Cyclone、APEX II、APEX 20KE、APEX 20KC、APEX 20K、Excalibur 和 Mercury。

调试期间所获得的数据将存储在器件的存储器中，然后通过 USB-BlasterMV、ByteBlaster II 或 MasterBlaster 通信电缆输出至 Quartus II 软件进行波形显示。逻辑分析模块对待测节点的数据进行捕获，数据通过 JTAG 接口从 FPGA/CPLD 传送到 Quartus II 软件中显示。使用 SignalTap II 不需要另外的逻辑分析设备，只需将一根 JTAG 接口的下载电缆连接到要调试的器件。

使用 SignalTap II 嵌入式逻辑分析仪有两种方法：第一种方法是建立一个 SignalTap II 文件(.stp)，然后定义 STP 文件的详细内容；第二种方法是用 MegaWizard Plug-In Manager 工具建立并配置 STP 文件，然后用 MegaWizard 实例化一个 HDL 输出模块。这里主要介绍第一种方法。

本节将以正弦信号发生器为例，介绍 SignalTap II 嵌入式逻辑分析仪的使用方法，并简单介绍正弦信号发生器的设计。

12.5.1 正弦信号发生器的设计

正弦信号发生器采用 6 位计数器作为地址发生器，采用 ROM 存储正弦信号一个周期的数据，输出的数据通过 8 位 D/A 转换成模拟信号，即正弦波形。

正弦信号发生器的系统框图如图 12.66 所示。

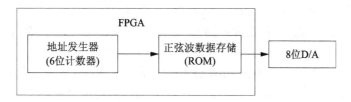

图 12.66　正弦信号发生器的系统框图

1．6 位计数器设计

本设计采用原理图输入的方式完成，6 位计数器采用宏模块设计。启动 MegaWizard Plug-In Manager 建立新的宏模块，在 Arithmetic 库中选择 LPM_COUNTER，添加名为 counter 的计数器。计数器的输出位数为 6 位，如图 12.67 所示，其余参数使用默认设置。

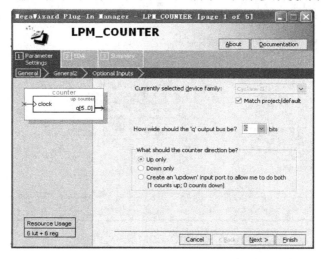

图 12.67　6 位计数器参数设置

2．ROM 宏模块设计

(1) 建立 .mif 文件。定制 ROM 宏模块需要初始化 ROM 的数据文件，初始化数据文件的格式有两种：Memory Initialization File 文件(.mif)和 Hexadecimal File 文件(.hex)。本例中采用 .mif 文件。在主窗口的菜单栏执行 File→New 命令，在 Memory Files 中选择 Memory Initialization File 建立 .mif 文件，弹出如图 12.68 所示的参数设置窗口，本例中 ROM 的数据数为 64，数据位宽为 8 位。在打开的 .mif 文件中，输入如图 12.69 所示的正弦波的幅度数据。完成后保存此数据文件在工作目录下，文件名为 sine.mif。

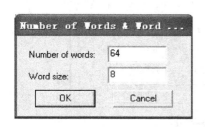

图 12.68　Memory Initialization File 的参数设置

Addr	+0	+1	+2	+3	+4	+5	+6	+7
0	255	254	252	249	245	239	233	225
8	217	207	197	186	174	162	150	137
16	124	112	99	87	75	64	53	43
24	34	26	19	13	8	4	1	0
32	0	1	4	8	13	19	26	34
40	43	53	64	75	87	99	112	124
48	137	150	162	174	186	197	207	217
56	225	233	239	245	249	252	254	255

图 12.69　输入正弦波的幅度数据

（2）定制 ROM 宏模块。启动 MegaWizard Plug-In Manager 建立新的宏模块，在 Memory Compiler 库中选择"ROM：1-PORT"，即建立一个单端口的 ROM，如图 12.70 所示。在如图 12.71 所示的 ROM 参数设置界面中，同样设计 ROM 的单元数为 64，数据位宽为 8 位。在如图 12.72 所示的界面中，需要指定 ROM 初始化的数据文件，并勾选"Allow In-System Memory…"选项。单击 Browse 按钮选择调入 ROM 的初始化数据文件，本例中为 sine.mif，保存路径为"E:\sine\sine.mif"。其余的设置均采用默认设置，从而完成 ROM 宏模块的定制。

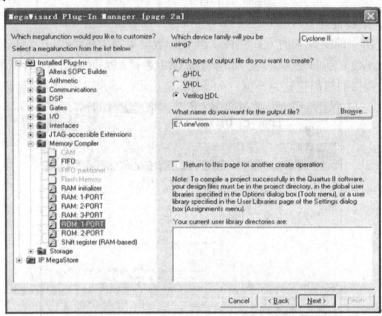

图 12.70　建立 ROM 宏功能模块

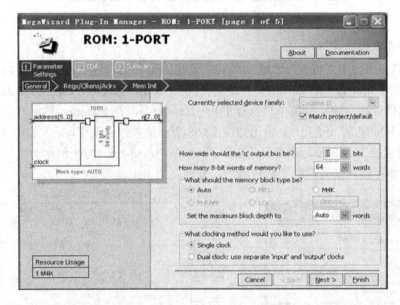

图 12.71　单端口 ROM 参数设置

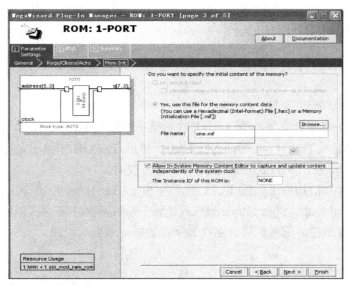

图 12.72　调入初始化数据文件

3．正弦信号发生器的设计

最终完成的正弦信号发生器的电路图如图 12.73 所示。

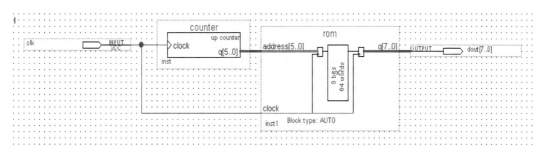

图 12.73　正弦信号发生器的电路图

4．编译及仿真

全编译整个工程，指定引脚。本例中只需要对 clk 引脚进行分配。功能仿真的结果如图 12.74 所示。

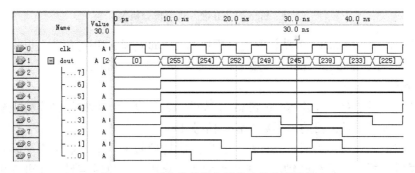

图 12.74　正弦信号发生器的功能仿真结果

图中，随着 clk 上升沿的到来，输出端口 dout 依次将 ROM 中存储的正弦数据输出，从而验证了正弦信号发生器的功能。

12.5.2 SignalTapⅡ的使用实例

本节以调试 12.5.1 节设计的正弦信号发生器为例，介绍 SignalTapⅡ嵌入式逻辑分析仪的使用方法。

1. 建立 SignalTapⅡ文件

建立 SignalTapⅡ文件有两种方法：一是在主菜单中执行 File→New 命令，在弹出的 New 对话框中选择"SignalTapⅡ Logic Analyer File"，然后点击 OK 按钮建立文件；二是在主菜单中执行 Tools→SignalTapⅡ Logic Analyer 命令建立文件。

使用上述两种方法均可弹出如图 12.75 所示的 SignalTapⅡ嵌入式逻辑分析仪界面，默认建立的文件名是 stp1.stp。SignalTapⅡ嵌入式逻辑分析仪界面主要由实例管理器、JTAG 状态及设置、信号显示栏、信号设置、层次显示和数据记录窗口组成。

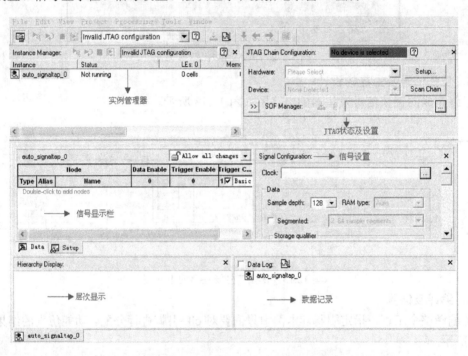

图 12.75 SignalTapⅡ嵌入式逻辑分析仪界面

实例管理器中，Instance 下默认的测试模块名为"auto_signaltap_0"，可以点击右键在弹出的菜单选择"Rename Instance"改变名称，本例中改为"xinhao"。

2. 调入观察信号

在信号显示栏中双击打开 Node Finder，如图 12.76 所示，从中选择需要观察的信号，本例中选择调入正弦发生器的波形数据输出信号 dout。

注意：在调入观察信号时，不能将工程的主时钟信号调入信号显示栏，因为主时钟信号要作为逻辑分析仪的采样时钟。对于总线信号，只需调入总线信号名即可，相对的慢速信号可不调入。调入信号的数量应根据实际需要确定，不可随意调入过多的、没有实际意义的信号，否则将导致 SignalTapⅡ无谓地占用芯片内过多的资源。

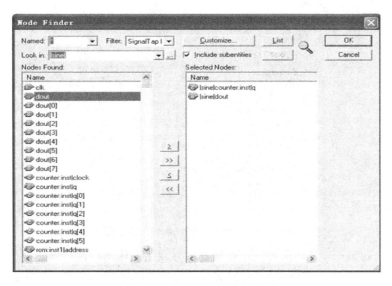

图 12.76　添加需要观察的信号

3．Signal Tap II 信号设置

1）时钟信号设置

在如图 12.77 所示的信号设置窗口中首先输入逻辑分析仪的工作时钟信号，本例中选择工程的主时钟信号 clk，信号的采样深度为 1 K。采样深度一旦确定，则所有的观察信号都为同样的采样深度。在 RAM type 中定义使用何种 RAM 存储数据，默认设置是 Auto。

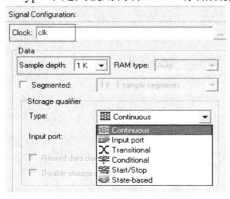

图 12.77　信号设置窗口

2）Storage qualifier 设置

Storage qualifier 是 Quartus II 软件 8.1 版本 SignalTap II 添加的新特性。SignalTap II 为 FPGA/CPLD 调试带来了方便，但是相应地消耗了器件内置的 Memory。Storage qualifier 可以让设计者有选择地存储某些或者某段信号的内容，从而有效地利用器件内置的 Memory。Storage qualifier 可供设计者选择的类型有六种：

（1）Continuous——默认设置，即所有选取信号被采样存储。

（2）Input port——选择任何信号作为使能信号，可以是内部信号也可以是外部引脚。当使能信号为高时，采样信号才被存储。如图 12.78 所示，当计数器的 q[0]为逻辑 1 时采样信号才被存储。

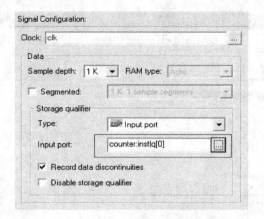

图 12.78　Strorage qualifier 的设置窗口

(3) Transitional——采样信号只在被选择信号发生变化的时候存储。

(4) Conditional——采样信号只在被选择信号定义的逻辑为真的时候才被存储。

(5) Start/Stop——设置两个条件，即一个开始条件和一个停止条件，满足开始条件就开始存储，满足停止条件就是结束存储。

(6) State-based——基于状态机的触发流程的存储方式，选择这种类型时 Trigger flow control 必须选择 State-based 触发方式。这种类型的存储方式可以使用户更自由、更全面地选择采样信号存储的方式。选择 State-based 方式后，会弹出如图 12.79 所示的 State-based 的设置窗口。

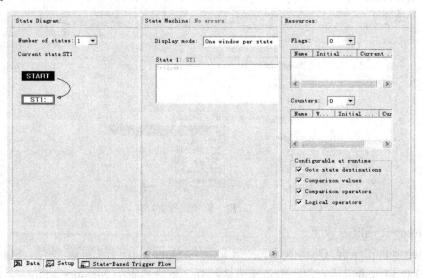

图 12.79　State-based 的设置窗口

3) Trigger position 设置

如图 12.80 所示，Trigger position 是起始触发位置的设置，有 Pre trigger position(前点触发)、Center trigger position(中点触发)、Post trigger position(后点触发)三种。

(1) Pre trigger position——保存触发信号发生之前的信号状态信息。(88%为触发前数据，12%为触发后数据)。

(2) Center trigger position——保存触发信号发生前后的信号状态信息。(触发前后数据各占 50%)。

(3) Post trigger position——保存触发信号发生之后的信号状态信息。(12%为触发前数据，88%为触发后数据)。

本例中选择 Center trigger position。

4) Trigger conditions 设置

如图 12.80 所示，Trigger conditions 是触发条件的设置，每个 SignalTap instance 可设定多达 10 级触发条件。Trigger in 是触发输入的设置，包括设置触发输入的信号和信号触发的条件。任何信号都可以作为触发信号。本例中选择计数器的最高位 addr[5]作为触发信号，触发条件为上升沿。Trigger out 是输出触发的设置，表示输出一个信号用以触发外部器件，包括用于触发另一个 SignalTap 实例或者同步外部设备。触发事件发生时，设置信号或者 I/O引脚为高电平或者低电平。本例中产生一个 auto_stp_trigger_out_0 引脚为高电平。

图 12.80　触发方式的窗口

4．保存 SignalTap Ⅱ 文件

执行 File→Save As 菜单命令，保存 SignalTap Ⅱ 文件名为 xinhao，保存后所提示的信息选择"是"，表示同意将此 SignalTap Ⅱ 文件与工程捆绑编译，以便一同被下载进 FPGA 器件。然后在主窗口中执行 Assignments→Settings 菜单命令，在弹出的窗口的 Category 类别的Timing Analysis Settings 中选择 SignalTap Ⅱ Logic Analyer 选项，在图 12.81 所示的窗口中选定 SignalTap Ⅱ 使能，并指定调入共同编译的 SignalTap Ⅱ 文件。

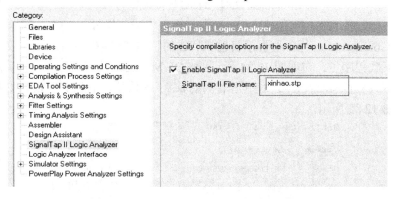

图 12.81　SignalTap Ⅱ Logic Analyzer 窗口

5. 编译下载

启动全程编译,将 SignalTap Ⅱ 文件包含进工程中。编译结束后,在 Tools 中打开 Signal Tap Ⅱ Logic Analyzer。之后先将实验开发板和 PC 通过 ByteBlaster Ⅱ 并口下载电缆连接好,打开电源。接通硬件电路后,在如图 12.82 所示的 JTAG 状态及设置的窗口点击 Setup 按钮,在弹出的如图 12.83 所示的窗口中单击 "Add Hardware" 按钮,选择实验所使用的下载电缆类型 "ByteBlaster Ⅱ"。然后单击图 12.84 所示的 "Scan Chain" 按钮,对硬件进行扫描。

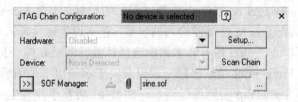

图 12.82 JTAG 状态及设置窗口

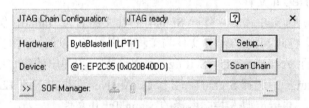

图 12.83 编程硬件设置

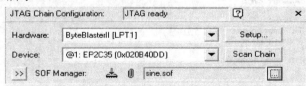

图 12.84 JTAG 连接正常

设置好后,如图 12.84 所示,Device 栏中会出现实验开发板上 FPGA 的器件型号,同时 JTAG Chain Configuration 栏中会显示目前 JTAG 的状态 "JTAG ready",表示 JTAG 已经连接好,可以下载程序了。在如图 12.84 所示的 SOF Manager 中单击 ⬚ 按钮添加下载文件,本例中选定下载文件 sine.sof。之后单击右侧的 ⬚ 下载按钮,下载文件到 FPGA。下载成功后的界面如图 12.85 所示。

图 12.85 下载程序

6．启动 SignalTapⅡ进行测试分析

在实例管理器中选中测试模块名 xinhao，然后单击工具栏中的 ↘ (Autorun　Analysis)按钮启动 SignalTapⅡ，通常会自动弹出 Data，这时就可能通过 SignalTapⅡ逻辑分析仪观察来自实验开发板上 FPGA 内部信号的实时信息，如图 12.86 所示。

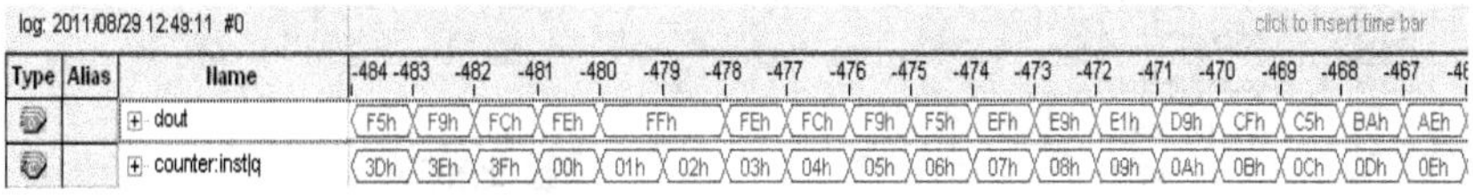

图 12.86　SignalTapⅡ数据窗口信号的数字显示

如果要观察信号的模拟波形，需右键单击信号(比如 dout 或 counter:inst|q)，在弹出的下拉菜单中选择"Bus Display Format"→"Unsigned Line Chart"选项，则可得到如图 12.87 所示的正弦发生器输出的正弦波信号和内部的计数器产生的锯齿波信号。

图 12.87　SignalTapⅡ数据窗口信号的波形显示

12.5.3　SignalTapⅡ的高级触发

SignalTapⅡ提供两种类型的触发条件的设置，分别为 Basic 和 Advanced。Basic 用于设置单个信号的触发条件，但实际设计中，设计者经常需要把观察信号的不同组合逻辑功能作为逻辑分析仪的触发条件，此时可以选择 Advanced(高级触发)。

如图 12.88 所示，信号显示栏的 Trigger Conditions 中默认选项是 Basic。本例中选择 Advanced，打开触发函数编辑窗口，如图 12.89 所示。Advanced 设置窗口包括信号节点列表(Node List)、逻辑库(Object Library)和触发条件编辑栏(Advanced Trigger Conditions Editor)。

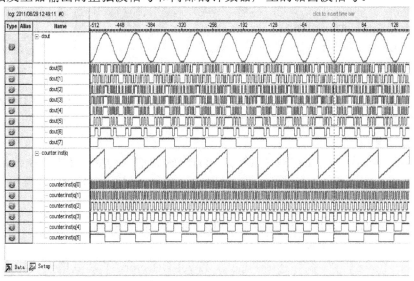

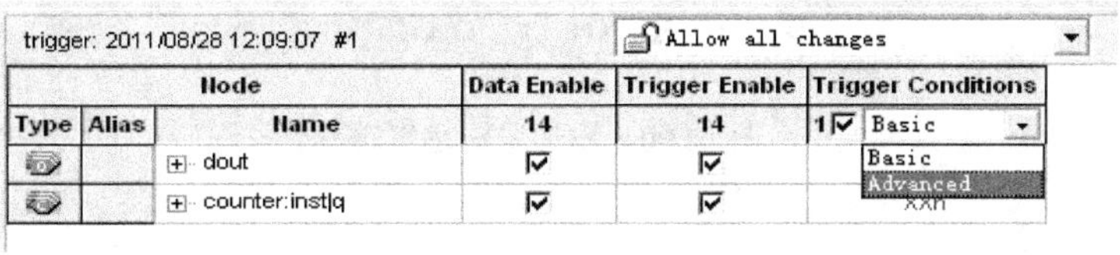

图 12.88　选择高级触发条件

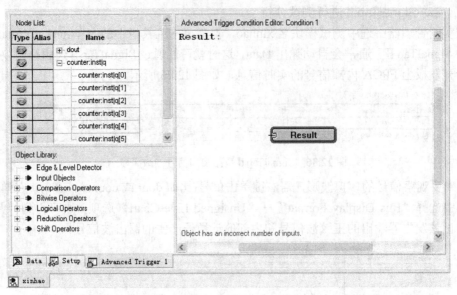

图 12.89 Advanced 设置窗口

本例中需要设置的高级触发条件为：当计数器的 q[0]、q[1]位任何一个上升沿到来时，逻辑分析仪将会更新显示所有观察信号的值。

1．选择信号

在 Node List 中一起高亮选中 q[0]、q[1]，然后把它们拖到右边 Advanced Trigger Conditions Editor 窗口的空白处，也可以单独地对每个信号节点进行拉入和拖出。

2．添加逻辑运算符

要实现设置的触发条件，需要给信号 q[0]、q[1]添加边沿检测器，使上升沿有效，再将信号 q[0]、q[1]作逻辑或运算。

在 Object Library 中，高亮选中 Edge & Level Detector，再将其拖到 Advanced Trigger Conditions Editor 窗口的空白处；在 Logical Operators 中高亮选中 Logical Or，如图 12.90 所示，同样将其拖到 Advanced Trigger Conditions Editor 窗口的空白处。

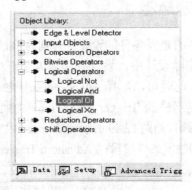

图 12.90 添加逻辑运算符

3．连线

将 Advanced Trigger Conditions Editor 窗口中的所有信号及逻辑运算符按所需的逻辑关

系连线，最终编辑好的触发函数如图 12.91 所示。

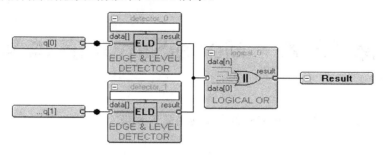

图 12.91　编辑的触发函数

4．参数设置

双击如图 12.91 所示的边沿检测器图符 ELD，弹出如图 12.92 所示的参数设置对话框，在 Setting 中填入 R，表示上升沿有效。

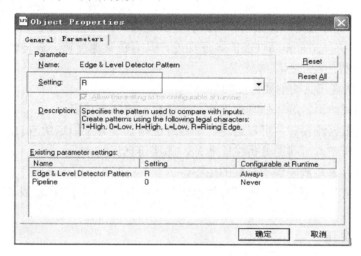

图 12.92　参数设置对话框

以上步骤设置完成后，Advanced Trigger Conditions Editor 窗口上方会显示："Result：ELD({q [0]},R)||({q [1]},R)"，给出了最终的触发函数关系。

为了测试以上设计的高级触发条件，需要重新编译工程，接下来使用 SignalTap II 的方法，见 12.5.2 节的内容。这时逻辑分析仪中当计数器的 q[0]、q[1]位任何一个上升沿到来时，将会更新显示所有观察信号的值。

第13章 ModelSim 仿真工具

本章我们将详细介绍 ModelSim 仿真工具的使用方法。

13.1 ModelSim 概述

ModelSim 仿真工具是 Mentor Graphics 的子公司 Model Technology 公司开发的硬件描述语言的仿真软件。该软件是业界最优秀的 HDL 语言仿真软件之一，是单一内核支持 VHDL 和 Verilog HDL 混合仿真的仿真器。它提供了友好的调试环境，支持 PC 和 UNIX、Linux 混合平台，并提供有完善和高性能的验证功能，具有仿真速度快、编译代码与仿真平台无关、全面支持业界广泛的标准等优点。

ModelSim 仿真工具的主要特点如下：

(1) 本地编译结构，编译仿真速度快，跨平台、跨版本仿真。

(2) 先进的数据流窗口，可以迅速追踪到产生错误或者不稳定状态的原因。

(3) 性能分析工具可帮助分析性能瓶颈，加速仿真。

(4) 代码覆盖率检测确保了测试的完备性。

(5) 先进的信号检测功能，可以方便地访问 VHDL、Verilog HDL 或者两者混合设计中的底层信号。

(6) 支持加密 IP。

(7) 可以实现与 MATLAB 的 Simulink 的联合仿真。

ModelSim 仿真工具的主要版本为 ModelSim SE、ModelSim PE、ModelSim LE、ModelSim DE 和 ModelSim OEM 等。其中 ModelSim SE 是最高级的版本，而集成在 Actel、Altera、Xilinx 等 FPGA/CPLD 厂商设计软件中的均是其 OEM 版本。ModelSim-Altera 版本是 ModelSim 专门为 Altera 提供的简装版仿真软件。与 ModelSim SE 和 ModelSim PE 版本相比，ModelSim-Altera 软件的仿真性能和速度存在一定差距，而且仅支持 Altera 的门级仿真库。本章将以 ModelSim SE 6.5e 版本为例，介绍 ModelSim 仿真工具的使用方法。

13.1.1 ModelSim 的运行模式

ModelSim 的运行模式有以下 4 种：

(1) 用户图形界面(GUI)模式：在主窗口中直接输入操作命令并执行，这是该软件的主要操作方式之一。

(2) 交互式命令(Cmd)模式：没有图形化的用户界面，仅仅通过命令控制台输入的命令完成相应工作。

(3) Tcl 和宏(Macro)模式：可执行扩展名为 do 的宏文件或 Tcl 语法文件，完成与在 GUI 主窗口逐条输入命令等同的功能。

(4) 批处理文件(Batch)模式：在 DOS、UNIX 或 Linux 操作系统下执行批处理文件，完成软件功能。

13.1.2　ModelSim 的仿真流程

ModelSim 基本应用的仿真步骤分为如下 4 步：

(1) 创建工程。包括创建 .mpf 后缀的工程文件，建立库并将逻辑库映射到物理目录。

(2) 设计输入。向工程中添加有效的设计单元，包括设计文件、ModelSim 管理文件夹、仿真环境设置等。可以将这些文件拷贝到工程目录，也可以简单地将它们映射到本地。

(3) 编译设计文件。进行语法检查并完成编译。

(4) 运行仿真。对指定的设计单元进行仿真。

图 13.1 给出了在 ModelSim 工程中仿真一个设计的基本流程，该流程是基本的仿真流程。

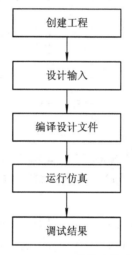

图 13.1　ModelSim 的基本仿真流程

13.2　设　计　输　入

这里通过一个简单的实例，即具有同步置数、异步复位功能的 4 位二进制计数器来学习如何使用 ModelSim 软件进行功能仿真。

计数器是数字系统设计中最基本的功能模块之一，是对时钟信号的个数进行计数的时序逻辑器件，用来实现数字测量、状态控制等功能。4 位二进制计数器的接口如图 13.2 所示。其中 data[3..0]是 4 位数据输入端，out[3..0]是 4 位数据输出端，clk 和 rst 是时钟信号和复位信号，load 是置数端。当 load 有效时，停止计数，data[3..0]的数据将被直接赋给 out[3..0]。

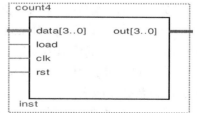

图 13.2　同步置数、异步复位的 4 位二进制计数器

13.2.1 创建工程

创建工程的操作步骤如下：

(1) 启动软件。双击桌面上的 ModelSim 图标，启动 ModelSim SE 6.5e 软件，显示如图 13.3 的 Main 主窗口界面。由图可见，Main 窗口主要由菜单栏、工具栏、工作区、命令窗口和状态栏组成。

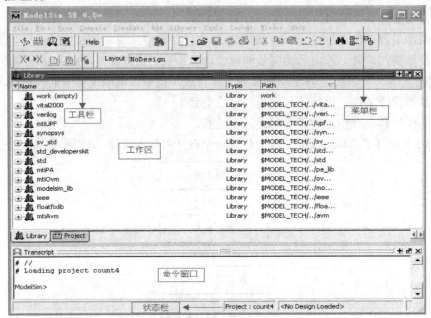

图 13.3　Main 主窗口界面

菜单栏中主要有以下菜单：

① File 菜单：包括对工程及文件的 New(新建)、Open(打开)、Close(关闭)、Import(导入)、Export(导出)、Save(保存)、Print(打印)、Quit(退出)等操作。

② Edit 菜单：包括文件的 Copy(复制)、Paste(粘贴)、Find(查找)等操作。

③ View 菜单：在软件中选择打开所需用的窗口，主要包括 Dataflow(数据流)窗口、List(列表)窗口、Process(进程)窗口、Objects(信号)窗口等。

④ Compile 菜单：用于执行编译的功能及设置编译参数，主要包括 Compile(编译)、Compile All(全编译)、Compile Select(选择文件编译)、Compile Order(编译顺序)、Compile Report(编译报告)、Compile Summary(编译摘要)等操作。

⑤ Simulate 菜单：用于执行仿真功能及设置仿真参数，主要包括 Simulate(仿真)、Design Optimization(设计最优化)、Runtime Options(运行选项设置)、Run(运行)、Break(停止)、End Simulation(结束仿真)等操作。

⑥ Add 菜单：用于向工程中添加 To Wave(波形)、To List(列表)、To Log(日志)、To Dataflow(数据流)文件。

⑦ Tools 菜单：主要有 Wave Compare(波形比较)、Coverage(覆盖率)的相关操作、Breakpoints(断点)设置、Tcl 相关操作、Edit Preferences(参数设置)等操作。

⑧ Layout 菜单：主要包括 Reset(布局复位)、Save(保存)、Configure(设置)、Delete(删除)等操作。

⑨ Window 菜单：包括 Cascade(层叠)、Tile Horizontally(水平平铺)、Tile Vertically(垂直平铺)、Icon Children(除主窗口外其他窗口缩为图标)、Icon All(将所有窗口缩为图标)、Toolbar(选择工具栏的内容)等操作。

(2) 通过 File→New→Project 菜单命令创建一个新工程，如图 13.4 所示。

(3) 自动弹出 Create Project 对话框，如图 13.5 所示。在 Project Name 文本框中填写项目名称，这里输入 count4。Project Location 是工作目录，可通过 Browse 按钮来选择或改变。ModelSim 不能为一个工程自动建立一个目录，因此最好自己定义保存路径。本例中保存的路径为"E: /count4"。Default Library Name 说明所做的设计被编译到哪一个库中，这里使用默认值 work。单击 OK 按钮，此步骤后产生的工程文件 .mpf 文件被创建并存储于所选择的目录下。在编译完设计文件后，在 Workspace 窗口的 Library 中就会出现 work 库。

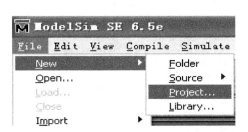

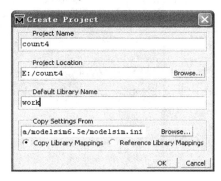

图 13.4 创建工程   图 13.5 Create Project 对话框

(4) 设置好项目名称及保存路径后，点击 OK 按钮，即完成一个新工程的创建。

13.2.2 向工程中添加文件

在创建完工程后，需要向工程中添加文件。在图 13.5 所示的界面中单击 OK 按钮，则自动弹出图 13.6 所示的窗口。在该窗口中，可以选择创建新设计的文件，添加已存在的文件，建立仿真结构或添加用于管理的文件夹。

图 13.6 向工程添加文件

1. 创建新设计的文件

选择"Create New File"，启动如图 13.7 所示的 Create Project File 界面，在 File Name 一栏中输入文件名称，在 Add file as type 中选择 Verilog 选项，点击 OK 按钮。

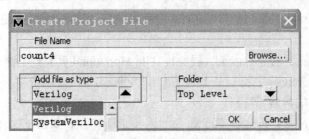

图 13.7 Create Project File 界面

工程中需要添加的文件包括模块文件和测试用的激励文件。本例中创建的 4 位二进制计数器的模块文件为 count4.v，激励文件为 count4_tp.v。

创建好文件后，在图 13.8 所示主窗口的 Project 中可以看到已建立的与工程同名的 count4.v 模块文件，文件类型为 Verilog。双击 count4.v 文件，出现图 13.8 右侧所示的编写源代码的 Source 窗口。在该 Source 窗口中可以编写、修改 Verilog HDL 源代码。

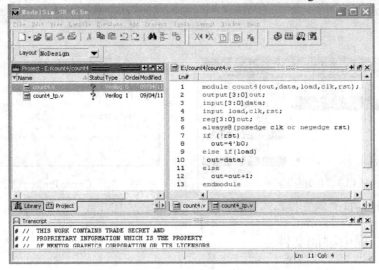

图 13.8 添加文件代码

以同样的方法建立名称为 count4_tp.v 的激励文件，输入源代码并保存文件。count4.v 和 count4_tp.v 文件的代码见 13.3.4 节。

2．添加已存在的文件

我们也可以为当前工程 count4 添加已存在的文件。在如图 13.6 所示的窗口中选择"Add Existing File"，启动如图 13.9 所示的 Add file to Project 界面，可以使用 Browse 按钮选择向工程添加需要的文件，这里的文件类型为默认，单击 OK 按钮完成文件的添加。

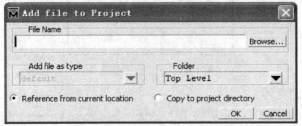

图 13.9 Add file to Project 界面

13.2.3　建立库

ModelSim 软件中库的含义是存储已编译过的设计单元的目录，Verilog 设计文件中的所有模块和信息必须被编译到一个或多个库中。ModelSim 库包含有以下信息：可重指定执行的代码、调试信息和从属信息等。在如图 13.3 所示的 Main 主窗口界面的工作区中展开库，能看到库中的文件，但未编译过的文件在库内是看不到的。

ModelSim 库可以分为工作库(Work)和资源库(Resource)两大类。

工作库包含当前被编译的设计单元，所以编译前必须建立一个工作库，默认的库名为 work，而且只能建立一个工作库。工作库中包含当前所建立的工程中所有已经编译的文件。

资源库是一个静态库，存放了工作库中已经编译过的文件所需调用的资源，其中包含被当前引用的设计单元。当前编译过的文件所需调用的资源可能很多，并且放在不同的资源库中，所以工程中允许包含多个资源库。设计者可以创建自己的资源库，也可以直接使用第三方提供的资源库。

1．建立库

建立库的方法有两种。

方法一：在用户界面模式下，选择 File→New→Library 菜单命令，出现如图 13.10 所示的界面。其中，Create 中各选项的含义如下：

图 13.10　创建新库

● a new library：表示建立一个新库。

● a map to an existing library：表示建立一个到已存在库的映射。

● a new library and a logical mapping to it：表示建立一个逻辑映射的新库。

在 Library Name 栏内输入要创建库的名称，在 Library Physical Name 处输入存放库的文件名称。

方法二：在命令模式下执行 vlib 命令，语法格式为

　　　vlib <lib_name>

其中，lib_name 为库名。

例如：输入

　　　vlib my_lib

表明创建库 my_lib，如图 13.11 所示，则在目前工程所在路径下生成 my_lib 库，在下次启动软件后可看到 my_lib 库的保存路径为"E: /count4/my_lib"，如图 13.12 所示。

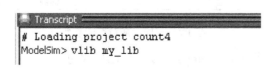

图 13.11　执行 vlib 命令

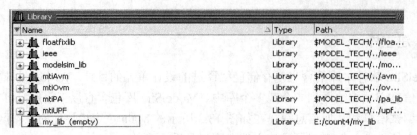

图 13.12　创建新库

如果要删除某库，只需在如图 13.12 所示的 Library 中选中该库名，点击右键，在快捷菜单中选择 delete 即可。例如，选择 delete 删除 my_lib 库后，如图 13.13 所示，my_lib 库显示为 unavailable，下次启动软件后 my_lib 库被删除。

图 13.13　删除库

需要注意的是，不要在 ModelSim 外部的系统盘内手动创建库或者添加文件到库内，也不要在 ModelSim 用到的路径名中使用汉字，因为 ModelSim 可能无法识别汉字，从而导致程序运行中出现莫名其妙的错误。

2．映射库到物理目录

一般情况下，ModelSim 软件可以在当前工程所保存的路径下查找到所需要的库。如果需要在所创建的工程中使用其他库中编译好的文件，则需要将所建立的库映射到含有该文件的设计单元所在的物理目录中。映射库到物理目录的方法有两种。

方法一：若选择如图 13.14 所示的 a map to an existing library 项，新建一个到已存在库的映射，则需单击 Browse 按钮选择已经存在的库。例如建立一个名为 my_lib 的库映射到 E:/count4/work，则在工作区的 my_lib 库中已经包含 work 库中编译过的文件 count4.v 和 count4_tp.v，如图 13.15 所示。

图 13.14　映射库到物理目录

图 13.15　库中所包含的文件

方法二：在命令模式下执行 vmap 命令，语法格式为

　　vmap <logical_name> <directory_name>

其中，logical_name 为逻辑库名，directory_name 为物理目录的全路径名。

例如，执行 vmap my_lib work 命令可以同样实现上述功能。

13.3　设计 Testbench

在完成对工程的设计后，通常要对设计的正确性进行测试。这就需要对设计文件施加激励，通过检查其输出来验证功能的正确性。完成测试功能的模块称为激励文件。通常需要将激励文件和设计文件分开设计。激励文件一般称为测试台(Testbench)，同样也可以用 Verilog 语言来描述，用以测试信号的变化过程。通过观测被测模块的输出信号是否符合要求，来调试和验证逻辑系统的设计和结构正确与否，同时发现问题并及时修改。

激励文件的设计有两种模式，一种模式是在激励中调用(实例引用)并直接驱动设计块；另一种模式是在一个虚拟的顶层模块中调用(实例引用)激励文件和设计块。激励文件和设计块之间通过接口进行交互。

激励文件需要模拟各种外部的可能情况，尤其是一些边界情况。产生激励文件的方法如下：

(1) 直接编辑测试波形；

(2) 用 Verilog HDL 测试代码的时序控制功能，产生测试激励；

(3) 利用 Verilog HDL 语言的读文件功能，从文本文件中读取数据(该数据可以通过 C/C++、Matlab 等软件语言生成)。

本节主要介绍方法(2)，设计时将激励文件和设计文件分开设计，激励文件用 Verilog HDL 来描述。

13.3.1　Testbench 的基本结构

利用 Verilog HDL 编写 Testbench 的基本结构如下：

```
module    test_bench;
        信号或变量定义声明；
        使用 initial 或 always 语句来产生激励波形；
        实例化设计模块；
        监控和比较输出响应；
    endmodule
```

激励文件经常使用的过程块是 always 块和 initial 块。所有的过程块都是在 0 时刻同时启动。它们是并行的，在模块中不分前后。其中 initial 块只执行一次，always 块只要符合触发条件就会立即执行。

监控被测模块的输出响应的方法为：在 initial 块中，用系统任务$time 和$monitor。$time 返回当前的仿真时刻，$monitor 只要在其变量列表中有某一个或某几个变量值发生化，就在仿真单位时间结束时显示其变量列表中所有变量的值。

常用的激励信号包括时钟信号和复位信号，下面将详细介绍这两类信号的产生。

13.3.2　时钟信号的产生

时钟是时序电路设计关键的参数，本节专门介绍产生仿真验证过程所需要的各类时钟信号。

1. 普通时钟信号

所谓普通时钟信号，是指占空比为 50%的时钟信号，也是最为常用的时钟信号，如图 13.16 所示。

图 13.16　占空比为 50%的时钟信号

普通时钟信号可通过 initial 语句和 always 语句产生，方法如下：

(1) 基于 initial 语句的方法(见代码 13.1)。

【代码 13.1】　用 initial 语句产生时钟信号。

```
parameter period =20;
reg clk;
initial              //产生时钟信号，每 10 个单位时间翻转一次
begin
    clk =1'b0;
    forever
        #(period/2)   clk=~clk;
end
```

(2) 基于 always 语句的方法(见代码 13.2)。

【代码 13.2】　用 always 语句产生时钟信号。

```
parameter period =20;
reg clk;
initial   clk =1'b0;
always   #(period/2)   clk=~clk;
```

需要注意的是：一定要给时钟信号 clk 赋初值，因为信号的默认值为 z，如果不赋初值，则 clk 反向后还是 z，造成 clk 信号在整个仿真阶段都为未知状态。

2. 自定义占空比的时钟信号

自定义占空比的时钟信号通过 always 模块可以快速实现。代码 13.3 是产生 25%时钟信号代码的实例。

【代码 13.3】　生成指定占空比 25%时钟信号。

```
parameter high_time=10,low_time=30;          //占空比为 high_time(high_time + low_time)
reg clk;
always
    begin
        clk =1'b1;
        # high_time;
```

```
        clk =1'b0;
        # low_time;
    end
```

上例中因为是直接对 clk 信号赋值，所以不需要 initial 语句初始化 clk 信号。

3．有限循环的时钟信号

上述语句产生的时钟信号都是无限的，可采用 repeat 语句来产生有限循环的时钟信号，其实现见代码 13.4。

【代码 13.4】　20 个脉冲的时钟信号。

```
    parameter   pulse=20,   period =10;
    reg   clk;
    initial
        begin
            clk =1'b0;
            repeat(pulse)
            #(period/2)   clk=~clk;
        end
```

代码 13.4 产生了 20 个脉冲的时钟。

4．相位偏移的时钟信号

相位偏移是两个时钟信号之间的相对概念，指两个时钟信号在时间上有延迟。产生相移时钟信号的代码见代码 13.5。

【代码 13.5】　产生相移的时钟信号。

```
    parameter high_time =15，low_time =35，shift =5;
    reg clk_1;
    wire clk_2;
    always
        begin
            clk_1=1'b1;
            # high_time;
            clk_1=1'b0;
            # low_time;
        end
    assign   # shift   clk_2= clk_1;
```

代码 13.5 中，先通过一个 always 模块产生参考时钟 clk_1，然后通过延迟赋值得到 clk_2 信号。

13.3.3　复位信号的产生

复位信号不是周期信号，通常通过 initial 语句产生的值序列来描述。下面介绍异步复位信号和同步复位信号。

1. 异步复位信号

异步复位是指无论时钟沿是否到来，只要复位信号有效，就对系统进行复位。异步复位信号的实现见代码 13.6。

【代码 13.6】 异步复位信号举例。

```
parameter        period=200;
reg rst;
initial
    begin
        rst =1'b0;
        # period    rst=1'b1;
        # 5         rst=1'b0;
    end
```

上述代码中，rst 初始化为 0，经过 200 个仿真周期，产生高位有效的复位信号，其复位时间为 5 个仿真单位。

2. 同步复位信号

同步复位是指复位信号只有在时钟沿到来时才能有效，否则无法完成对系统的复位工作。同步复位对复位信号的脉冲宽度有要求，必须大于指定的时钟周期，且同步复位依赖于时钟，如果电路中的时钟信号出现问题，则无法完成复位。其实现见代码 13.7。

【代码 13.7】 同步复位信号举例。

```
parameter    period=20;
reg rst;
initial
    begin
        rst=1'b0;
        @(negedge clk);
        rst=1'b1;
        # period;
        @(negedge clk);
        rst=1'b0;
    end
```

代码 13.7 中，先将复位信号 rst 初始化为 0，然后等待时钟信号 clk 的下降沿到来后将 rst 拉高，进入有效复位状态。之后经过 20 个仿真周期，等待下一个下降沿到来后再将 rst 拉低。上述代码只能产生一次复位有效操作。

13.3.4 Testbench 设计实例

具有同步置数、异步复位功能的 4 位二进制计数器的模块文件如代码 13.8 所示。

【代码 13.8】 同步置数、异步复位功能的 4 位二进制计数器。

```
module count4(out,data,load,clk,rst);      //定义模块文件 count4，存放于 count4_v 文件
    output[3:0]out;                        //计数器输出信号
```

```
        input[3:0]data;                          //计数器输入数据信号
        input load,clk,rst;                      //计数器的置数端、时钟信号、复位信号
        reg[3:0]out;
        always@(posedge clk or negedge rst)      //clk 上升沿或者 rst 下降沿触发
            if (!rst)
                out=4'b0;                        //异步复位
            else if(load)
                out=data;                        //同步置数
            else
                out=out+1;
        endmodule
```

count4 的 Testbench 激励文件如代码 13.9 所示。

【代码 13.9】　count4 的 Testbench 激励文件。

```
    `timescale   10ns/1ns
    module count4_tp;                //Testbench 激励模块的名字，存放于文件 count4_tp.v 文件
        reg[3:0]data;                //测试输入信号定义为 reg 寄存器类型
        reg load,clk,rst;
        wire[3:0]out;                            //测试输出信号定义为 wire 线型
        count4 mycount(out,data,load,clk,rst);   //实例化被测模块 count4
        initial clk=0;                           //初始化时钟信号
        always                                   //always 语句产生时钟周期为 10 ns 的时钟波形
            begin
                #5 clk=1'b1;
                #5 clk=1'b0;
            end
        initial                                  //初始化输入数据信号、置数端、复位信号
            begin
                data=4'b0000;
                load=0;
                rst=0;
                #20   rst=1;                      //激励波形设定
                #30   data=4'b0111;
                load=1;
                #10 load=0;
                #400 $finish;                    //400 ns 后结束仿真
            end
        endmodule
```

通过上面的实例可知，Testbench 激励文件与源代码模块文件在编写上没有实质区别，其主要特点如下：

(1) 激励文件中定义模块时只有模块名，没有输入输出的端口列表，如 module count4_tp。

(2) 编写 Testbench 激励文件向待测模块施加激励信号，激励信号必须定义为 reg 类型，以保持信号值，激励文件在激励信号的作用下产生的输出信号必须定义为 wire 类型。

(3) 实例化被测模块即调用模块文件时，应注意端口信号的功能。

(4) 一般用 initial、always 过程块来定义激励波形，其中可以使用 case、if-else、for、forever、repeat、while 等控制语句。

(5) 使用系统任务和系统函数可以完成控制仿真过程停止、结束及定义输出显示格式等功能。例如 $stop、$finish、$monitor 等指令。

13.4 设计验证与仿真

随着设计规模的不断增大，验证任务在设计工作中所占的比例越来越大，成为 Verilog HDL 设计流程中非常关键的步骤。Verilog HDL 设计流程中的各个环节都离不开验证，验证一般分为四个阶段：功能验证、综合后验证、时序验证和板级验证。前三个阶段只能在 PC 上借助 EDA 软件，通过仿真手段完成。第四个阶段则是将设计真正地运行在硬件平台 (FPGA/CPLD、ASIC 等)上，通过调试工具(示波器、逻辑分析仪)及软件调试工具(在线逻辑分析仪)直接调试硬件来完成。

13.4.1 仿真的概念

仿真就是模拟，指在软件环境下，验证电路的行为和设计意图是否一致。在逻辑设计领域，仿真是整个设计流程中最重要、最复杂与最耗时的步骤。

仿真主要分为功能仿真(前仿真)、门级仿真、时序仿真(后仿真)、综合后仿真四种。

1. 功能仿真

功能仿真也称为前仿真，其主旨在于验证电路功能是否符合设计要求。其特点是不考虑电路门延时与路径延时，考察重点为电路在理想环境下的行为和设计构想是否一致。

2. 门级仿真

使用综合软件综合后生成的门级网表或者是实现后生成的门级模型进行仿真，不加时延文件的仿真就是门级仿真。该仿真可以检验综合后或实现后的功能是否满足功能要求，其速度比代码功能仿真要慢，但是比时序仿真要快。

在门级仿真的基础上加入时延文件(.sdf 文件)的仿真就是时延仿真。时延仿真的优点是能比较真实地反映逻辑的时延与功能；缺点是速度比较慢，如果逻辑较大，则需要很长的时间。

3. 时序仿真

时序仿真也称为布局布线后仿真或后仿真，是指电路映射到特定的工艺环境后，综合考虑电路的路径延时与门延时的影响，验证电路的行为是否能够在一定时序条件下满足设计构想的功能。

时序仿真的主要目的在于验证电路是否存在时序违规，其输入是从布局布线抽象出的门级网表、Testbench 以及标准延时文件。

一般来说，时序仿真是必选步骤，通过时序仿真能检查设计时序与实际运行情况是否一致，确保设计的可靠性和稳定性。

4．综合后仿真

综合完成后如果需要检查综合结果是否与原设计一致，就要进行综合后仿真。综合后仿真的主旨在于验证综合后的电路结构是否与设计意图相符，综合结果是否存在歧义。在仿真时，把综合生成的标准延时文件反标注到综合仿真模型中，可估计门延时所带来的影响。

综合后仿真的输入是从综合得到的一般性逻辑网表抽象出的仿真模型和综合产生的延时文件，综合时的延时文件仅仅能估算门延时，而不包含布线延时信息，所以延时信息不十分准确。

使用 ModelSim 对设计的 Verilog HDL 程序进行仿真主要分为功能仿真(前仿真)和时序仿真(后仿真)两种。

13.4.2　ModelSim 功能仿真

在完成设计输入及 Testbench 激励文件的编写后，需要对所建立的工程进行功能仿真。下面同样以 13.2 节的 4 位计数器为例介绍功能仿真的详细步骤。

1．编译文件

在工程窗口的文件名上单击右键，选择 Compile→Compile All 命令来整体编译模块文件及激励文件，如图 13.17 所示。若编译成功，则 Project 中文件的 Status(状态)栏中显示标记"√"。编译也可通过点击菜单栏中的 Compile→Compile All 命令来完成。或者通过点击工具栏中的 编译命令完成单个文件的编译，点击 进行全编译。如图 13.18 所示，在主界面下方的命令窗口中显示的调试信息"Compile of count4.v was successful."及"Compile of count4_tp.v was successful."，表示模块文件及激励文件都编译成功。

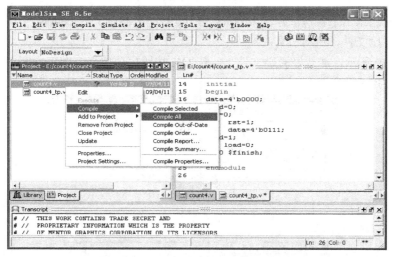

图 13.17　编译过程

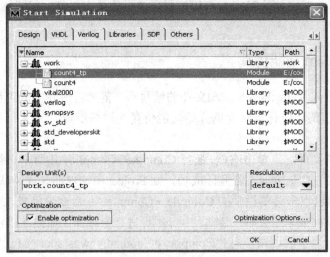

图 13.18　编译成功

2．加载激励文件

执行菜单栏中的 Simulate→Start Simulate 命令或者单击工具栏的，弹出如图 13.19 所示的仿真器参数设置界面。本例中，单击工作库"work"前的⊞，选定激励文件(顶层文件)count4_tp 进行加载。界面下面的最优化使能为默认设置，选择此项仿真后在工程所在路径生成 opt 的最优化的设计文件，如果设计代码简单则可以不选此项。

图 13.19　加载激励文件

也可以通过双击主窗口工作区 Library 中 work 库的激励文件 count4_tp.v，按照默认设置自动加载激励文件，启动仿真。

如图 13.19 所示，加载好激励文件后点击 OK 按钮启动仿真，在工作区中自动出现 sim 标签，如图 13.20 所示。

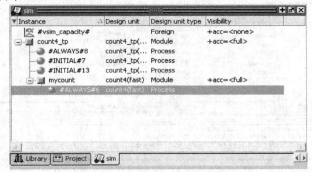

图 13.20　sim 标签

sim 标签中描述了当前工程 count4 的组成结构，包括激励模块和实例化的模块。本例的工程中包含两个模块，count4_tp 模块和 mycount 模块。其中 count4_tp 模块结构包括一个第 8 行的 ALWAYS 语句块和两个分别在第 7 行和第 13 行的 INITIAL 语句块。而 mycount 模块包括一个第 6 行的 ALWAYS 语句块(这里指的是 count4.v 中的第 6 行语句：always@(posedge clk or negedge rst))。

结束仿真时，在菜单中执行 Simulate→End Simulate 命令。

3．向 wave 窗口添加信号

如图 13.21 所示，选择要进行仿真的模块，然后单击右键选择"Add"，执行"To Wave→All item in region" 命令，向 wave 窗口添加信号。

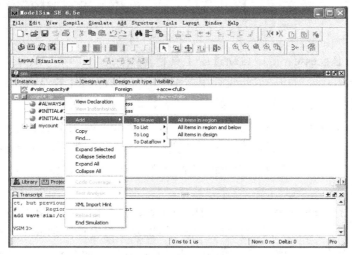

图 13.21　添加仿真波形

在自动弹出的 wave 窗口中，可以更改工具栏中的时间值为 ⎢ 100 ns ⎟，表示仿真的时间长度。单击 wave 窗口工具栏中的 run 执行，最终得到的功能仿真波形如图 13.22 所示，通过波形可以看到设计实现了同步置数、异步复位的计数功能。

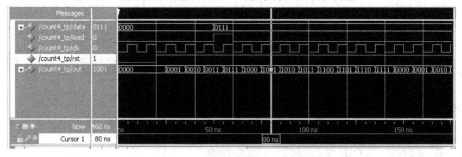

图 13.22　功能仿真波形

wave 窗口是仿真结果的波形记录窗口。通过查看仿真波形，可以对 Verilog HDL 设计中的线网、寄存器变量和已命名事件的正确性进行验证。图形左侧是工程中用到的所有信号和其仿真时刻对应的值，波形下面的横轴上显示的是仿真时间，图中的黄线可以用来查看波形上任意点的仿真时间。在 wave 窗口，执行 File →Save format 命令，保存成*.do 文件，可供以后调用。

至此，利用 ModelSim 软件就完成了设计的功能仿真，下面介绍仿真调试中常用到的几个窗口。

1) Processes 窗口

在主界面执行 View→Process 命令，打开 Processes(进程)窗口，如图 13.23 所示。

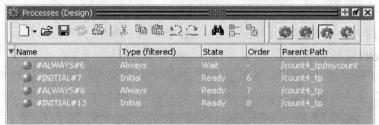

图 13.23　Processes 窗口

默认打开的 Processes 窗口自动选中工具栏 ![btn] 按钮，表示"View Processes for the Design"，即在 Processes 窗口中显示设计中用到的所有进程列表，并显示外部和内部的处理。Processes 窗口显示了所有的进程块及类型、状态、执行顺序及所在路径。

从图 13.23 可以看出该工程共包含四个进程，一个 always 类型的进程，处于 Wait 状态，表示该进程正等待 Verilog 的线网和信号的改变；一个 always 类型、两个 initial 类型的进程执行顺序分别为 7、6、8，均处于 Ready(准备就绪)状态，表示将被执行。

2) Objects 窗口

在主界面执行 View→Objects 命令，打开 Objects 信号窗口，如图 13.24 所示。仿真时，默认情况下波形窗口只显示设计的端口信号，如果要查看设计内部或底层模块的信号，只能通过将需要查看的信号由设计端口引出，需要修改代码。而 Objects 窗口不仅能够用来查看端口信号的数值、类型、模式，而且可以随意查看设计的内部信号情况，这给调试程序带来了极大的方便。同时也可以通过 Objects 窗口执行 Edit→Force 命令在仿真过程中强制某一个信号值的变化，执行 Edit→Clock 命令将任意信号强制转换成时钟信号。例如在 Objects 窗口中选择 load 信号执行 Edit→Clock 命令，并在图 13.25 所示的窗口中将其强制转换成周期为 50 ns 的时钟信号，然后执行仿真。在如图 13.26 所示的仿真波形中可以看到，前 200 ns 为功能仿真的波形，200 ns 后为将 load 信号强制成时钟信号的仿真结果。

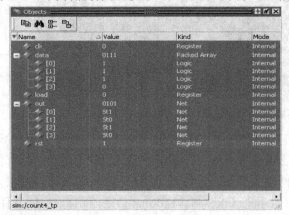

图 13.24　Objects 窗口

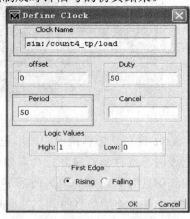

图 13.25　强制时钟信号

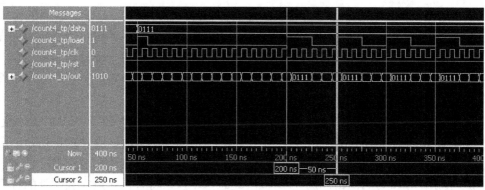

图 13.26   仿真波形

3) List 窗口

List(列表)窗口中使用表格的形式显示 Verilog HDL 中线网和寄存器变量的仿真结果。

在完成功能仿真后，在 sim 标签中选中仿真文件并单击右键选择"Add"，执行"To List →All item in regio"命令，向 List 窗口添加信号，如图 13.27 所示。List 窗口分为两个部分，左侧为仿真运行时间(单位 ns)和仿真的 delta(延时)列表，右侧为所有信号值的列表。从列表中可以看到在 50 ns 时，数据输入端 data 为 0111，置数端 load 为 1 使能，则数据输出 out 端在 clk 上升沿到来后的 55 +2 ns 时被强行置数 0111。

通过该窗口可以清楚地看到每个信号在各时刻的数值，以此来对仿真结果进行验证。

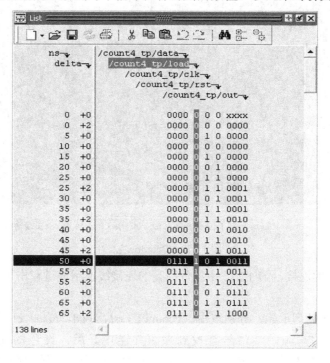

图 13.27   List 窗口

4) Dataflow 窗口

Dataflow(数据流)窗口是一般仿真软件提供的通用窗口，可以使设计者通过该窗口观测设计中的物理连接、跟踪事件的传递和确定"非期望输出"的原因。通过 Dataflow 窗口也可以跟踪寄存器、线网和进程等，极大地丰富了调试方法。数据流窗口可以显示进程、信号、线网和寄存器等，也可以显示设计中的内部连接。窗口中有一个内置的符号表，映射了所有的 Verilog HDL 基本门，例如与门、非门等符号，其他的 Verilog HDL 基本组件可以使用模块或用户定义的符号在数据流窗口显示。

在完成功能仿真后，在 sim 标签中选中仿真文件后单击右键选择"Add"，执行"To Dataflow→All item in region"命令向 Dataflow 窗口添加信号，如图 13.28 所示。图中，"/count4_tp/#INITIAL#7"是对窗口中显示符号的说明，其中"/**/"表示源文件名，第一个"#"表示产生符号的语句，第二个"#"表示产生这个符号语句所在源文件的行号。此语句的意思是在 count4_tp.v 文件中第 7 行的 INITIAL 语句产生这个符号。

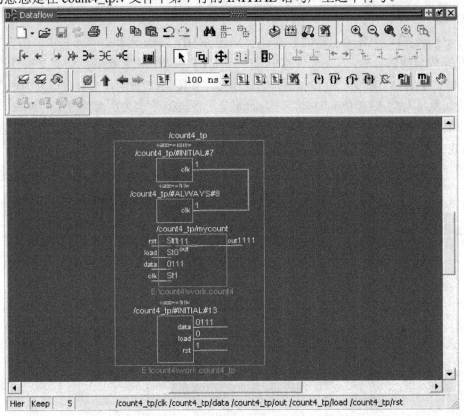

图 13.28　Dataflow 窗口

（1）观察设计的连接。图 13.28 中红色高亮的连接线表示通过双击可以进一步查看与之相连的单元。

选择 mycount 处理单元，分别双击 mycount 的 rst、load、data、clk 信号端口，则进一步查看每个信号的来源。当信号查找到来源并连接好后，红色的高亮连线变成绿色高亮连线，表示本条路径已经被检查过。最终的展开信号连线图如图 13.29 所示。或者直接通过 Dataflow 窗口的菜单栏选择"Add→View all Nets"命令展开所有信号连线检查设计。

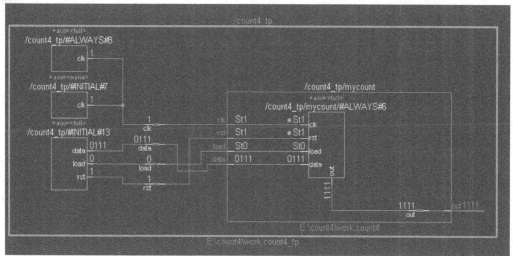

图 13.29   展开信号连线

(2) 追踪信号。Dataflow 窗口可以嵌入波形窗口，从而追踪信号的变化。在 Dataflow 窗口的菜单栏选择 "View→Show Wave" 命令，嵌入波形窗口。

例如在图 13.29 中选择处理单元 "/count4_tp/#INITIAL#13"，则该单元的所有输入、输出信号 data、load、rst 自动显示在嵌入波形窗口中，设计者可以进一步追踪和查看，如图 13.30 所示。

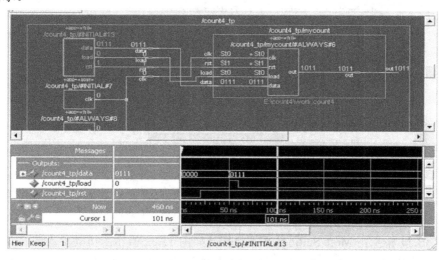

图 13.30   查看信号波形

13.4.3 ModelSim 时序仿真

下面仍然以 4 位计数器为例，介绍时序仿真的流程。

(1) 利用 ModelSim 软件建立工程，只添加激励文件。

创建工程，工程名称为 count4，保存的路径为 "E: /count4"。向当前工程中添加激励文件 count4_tp.v，具体源代码见 13.3.4 节。

(2) 利用 Quartus II 软件建立工程，只添加模块文件。指定第三方仿真软件并加载激励文件，经过综合布局布线后生成网表文件(后缀为 .vo)和具有延时信息的反标文件 SDF(后缀为 .sdo)。其具体步骤如下：

① 创建工程，工程名称为 count4，保存的路径为 "F:/count4"。工程建立时选择器件为 "Cyclone" 的 "EP1C3T144C6"。或者在菜单栏中执行 Assignments→Device 命令选择所需器件。

② 添加模块文件。向当前工程中添加模块文件 count4.v，具体源代码见 13.3.4 节。

③ 指定第三方仿真软件。在菜单栏中执行 Assignments→Settings 命令，在设置界面的左侧 Category 栏中选择 EDA Tool Settings 的 Simulation 项后显示如图 13.31 所示的对话框，在 Tool name 中选择 ModelSim，Format for output netlist 栏选择输出网表的语言类型为 Verilog，Time scale 栏采用默认设置 1 ps。Output directory 栏输出网表的路径为 "E:/count4"，此路径为 ModelSim 软件创建工程的路径。

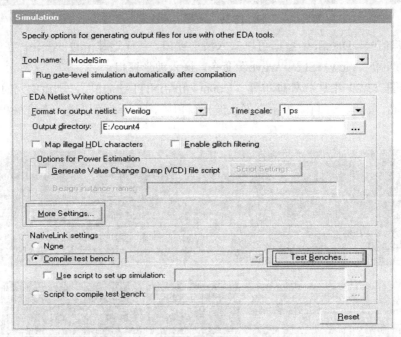

图 13.31　第三方仿真软件及参数设置界面

在图 13.31 中点击 More Settings 按钮，打开如图 13.32 所示的仿真参数设置界面，注意 "Generate netlist for functional simulation only" 的设置为 Off，否则在 Quartus II 软件中编译将不会产生时序仿真所需的网表文件和延时文件，表示只能进行功能仿真。点击 OK 按钮回到图 13.31 所示界面，在 NativeLink settings 栏中选择 "Compile test bench"，然后点击 "Test Benches" 按钮，自动弹出如图 13.33 所示的激励文件设置界面，在 File name 中浏览选择 ModelSim 软件中所建立的 count4 工程路径下保存的激励文件 count4_tp.v，点击 Add 按钮加载。其中 Test bench name(激励文件的名称)定义为 count4_tp，Top level module in test beach(激励文件的顶层模块名称)定义为 count4_tp，Design instance name in test bench(激励文件中实例化模块的名称)定义为 mycount。

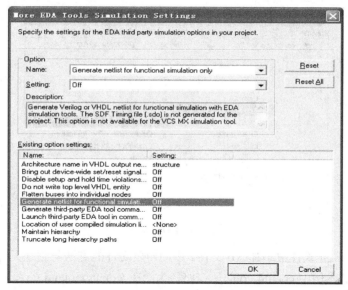

图 13.32　仿真参数设置界面

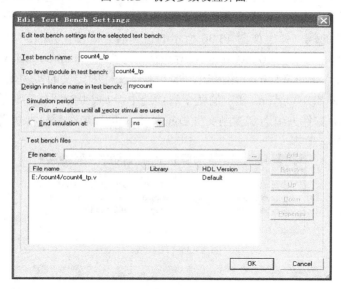

图 13.33　激励文件设置界面

④ 编译。设置完成后，在 Quartus II 软件下编译工程。编译成功后，则会在"E:/count4"路径下生成网表文件 count4.vo 和延时文件 count4_v.sdo。每次修改源代码和配置后重新编译工程，网表文件和延时文件都会更新。

(3) 在 ModelSim 软件中添加元件库。我们在用 Quartus II 软件建立工程时选择的器件为"Cyclone"的"EP1C3T144C6"，因此打开 ModelSim 软件后需加载相应的 Cyclone 元件库。

打开 ModelSim 软件主界面工作区的 Project，点击右键执行 Add to Project→Existing File 命令添加 cyclone_atoms.v 库文件，如图 13.34 所示。cyclone_atoms.v 库文件所在路径为"Quartus II 软件安装目录下\quartus\eda\sim_lib\cyclone_atoms.v"。如果选择其他类型器件，则添加元件库的方法类似，库文件为对应的以"_atoms.v"为后缀的文件。

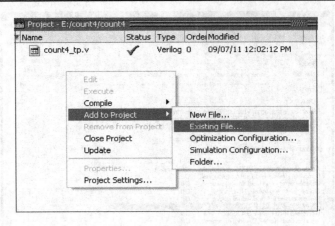

图 13.34　添加库文件

(4) 在 ModelSim 软件中添加 .vo 文件。添加网表文件的方法与添加元件库的方法相同，如图 13.34 所示。本例中 count4.vo 的所在路径为 "E: /count4/count4.vo"。

(5) 编译及仿真。将工程中的 count4_tp.v、count4.vo、cyclone_atoms.v 共同编译，编译成功后的界面如图 13.35 所示。编译后进行仿真，执行菜单栏中的 Simulate→Start Simulate 命令或者单击工具栏的 ，弹出如图 13.36 所示的仿真器参数设置界面。在 SDF 选项卡中，单击 Add 按钮添加延时文件 count4.sdo，其所在路径为 "E:/count4/count4_v.sdo"。在 "Apply to Region" 栏中输入延时文件的作用区域，即 "/激励文件中定义的实例化模块名"，本例中为 mycount。可以将 SDF Options 栏中的两个选项选中，以减少时序仿真时的错误。在 Design 选项卡中，在 work 文件夹中选定激励文件 count4_tp.v 进行加载后执行仿真。其他步骤同功能仿真，具体见 13.4.2 节。

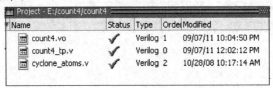

图 13.35　编译成功

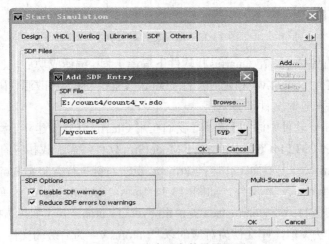

图 13.36　仿真器参数设置界面

时序仿真的波形如图 13.37 所示，与图 13.22 中功能仿真的波形相比，仿真结果中出现了明显延时及不稳定状态。可以看到，光标所示位置在 clk 上升沿到来时，计数器的输出端 out 在延时 6423 ps 时间单位后计数加 1。图中红色部分为时序仿真中出现的不确定状态。

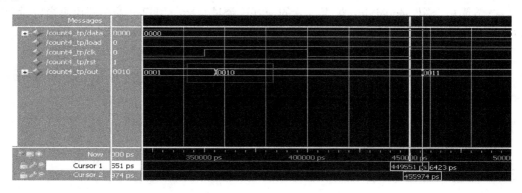

图 13.37　时序仿真的波形

至此，利用 ModelSim 软件就完成了设计的时序仿真。

13.4.4　ModelSim 仿真效率

与 C/C++等软件语言相比，Verilog HDL 仿真代码的执行时间比较长，其主要原因就是要通过串行软件代码完成并行语义的转化。随着代码量的增加，会使得仿真验证过程非常漫长，从而导致仿真效率的降低，成为整体设计的瓶颈。即便如此，不同的设计代码其仿真执行效率也是不同的，在程序编写过程中注意以下几个方面可以提高 Verilog HDL 代码的仿真执行效率。

(1) 减少层次结构。仿真代码的层次越少，执行时间就越短。这主要是由于参数在模块端口之间传递需要消耗仿真器的执行时间。

(2) 减少门级代码的使用。由于门级建模属于结构级建模，自身参数建模已经比较复杂了，还需要通过模块调用的方式来实现，因此建议仿真代码尽量使用行为级语句，建模层次越抽象，执行时间就越短。

(3) 仿真精度越高，效率越低。例如包含 `timescale 1ns/1ns 比 `timescale 1ns/1ps 定义的代码执行时间短。

(4) 进程越少，效率越高。代码中的语句块越少仿真越快，例如将相同的逻辑功能分布在两个 initial 语句块中，其仿真执行时间就比执行利用一个 initial 语句来实现的时间长。这是因为仿真器在不同进程之间进行切换也需要时间。

(5) 减少仿真器的输出显示。Verilog HDL 语言包含一些系统任务，例如$display，可以在仿真器的控制台显示窗口输出信息，对于程序调试是非常有用的，但会降低仿真的执行效率。

本质上来讲，减少代码执行时间并不一定会提高代码的验证效率，因此上述建议需要从仿真代码的可读性、可维护性等多方面考虑。

13.5 ModelSim 的调试

本节简单介绍 ModelSim 仿真工具的交互式调试功能。用户可以在源代码窗口设置断点，运行仿真并调试。断点是使仿真停止的事件。断点有四种类型：

(1) 基于时间：当仿真到一个指定时间时即停止。此为缺省值。

(2) 基于行：当仿真到到源代码一个指定的行时停止。必须指定范围、文件名和行号。这种类型只用于交互模式。

(3) 基于对象：当指定信号的值发生变化或指定跳变发生时停止。

(4) 基于条件：当指定的 Tcl 表达式值为真时停止。

13.5.1 断点设置

加载激励文件启动仿真后，在 sim 标签中双击 mycount 实例模块打开 count4.v 模块文件的源代码窗口。在源代码窗口单击目标行号，出现红色圆点图标。如图 13.38 所示，在 count4.v 文件的 7、9、10、12 行设置了断点。

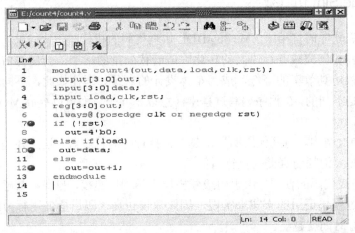

图 13.38　在源代码窗口设置断点

通过单击红色圆形图标可以使断点在"禁止/使能"两个状态间切换；选择断点，单击鼠标右键可以编辑断点，实现禁止断点、删除断点、编辑断点等操作。点击"Edit Breakpoint 10"可以设置断点的条件等信息，如图 13.39 所示。

在主窗口中单击 run 图标，或在主窗口的 VISM> 提示符下输入命令"run"，仿真将运行，直至遇到断点停止，同时在源代码窗口中用箭头指向断点处。到达断点后，可以查看信号的值。

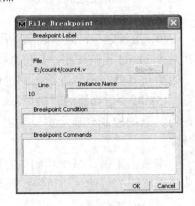

图 13.39　设置断点的条件

13.5.2　单步执行

在仿真窗口中单击🕂(单步执行)命令，或者在命令提示符中输入命令"step"，仿真将单步执行程序。

13.5.3　波形查看

对于 Verilog HDL 语言的仿真而言，设计者需要通过查看仿真后的波形来分析所设计的模块功能是否实现。因此波形的查看对于设计者调试程序是非常重要的。

1．查看波形区间的时间

图 13.40 为仿真的波形窗口，在调试代码查看波形时，常常需要查看波形某个区间的仿真时间，以确定是否和预期的设计结果相同。比如要查看时钟信号 clk 的脉冲宽度是否为 10 ns，单击波形窗口中的 ▶ 工具插入一个光标，将其拖至 clk 信号的上升沿，再单击"Insert cursor"插入一个光标，将其拖至 clk 信号的下降沿，这样就可以直接从波形窗口读出两个光标直接的时间，如图 13.40 所示。

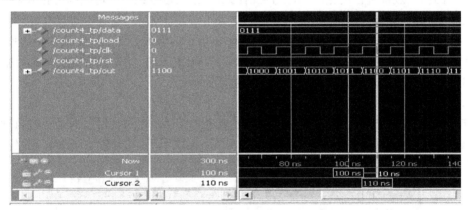

图 13.40　查看波形区间的时间

2．波形的存储及加载

如果关闭了波形窗口，则在该窗口所做的所有设置(信号的添加、游标的设置等)都会随之丢失。为了保存仿真结果，可以使用菜单栏中的"File→Save Format"命令捕获当前波形窗口的显示信号和参量等，将波形窗口信息存储到一个 .do 后缀文件，如图 13.41 所示。

图 13.41　存储波形

当需要查看之前的仿真波形时，在 ModelSim 主窗口菜单栏中选择"View→Wave"命令打开波形窗口。在新打开的波形窗口中选择"File→Load"加载保存的 wave.do 文件，ModelSim 将恢复该窗口的信号和光标的保存状态。同样也可以在 ModelSim 主窗口命令行内执行"do wave.do"命令打开 wave.do 文件。

13.6 相关文件介绍

ModelSim 仿真工具有一些常用文件，如 WLF 文件、DO 文件等，了解这些文件有助于认识和使用 ModelSim 仿真工具。

13.6.1 WLF 文件

ModelSim 仿真工具运行仿真过程中会自动产生一个后缀为.wlf 的波形日志文件，WLF(Wave Log Format)文件记录了信号、变量等仿真数据。在仿真结束后可以通过 WLF 文件对以前的仿真过程进行浏览，也可与当前的仿真结果进行比较。可以同时打开多个 WLF文件进行仿真的浏览。

如果在仿真过程中给 Dataflow、List、Wave 等窗口添加了项目或记录项目，那么在当前的工作目录下会产生一个名称为"vism.wlf"的 WLF 文件。如果在相同的目录进行了新的仿真，这个文件会被新产生的仿真数据覆盖。

1. 保存 WLF 文件

如果不希望 WLF 文件被覆盖，可以通过重命名保存。在仿真窗口的菜单栏执行"File→Datasets"命令打开 Dataset Browser 窗口，如图 13.42 所示。选择"Save As"按钮可以重命名并保存新产生的 WLF 文件。

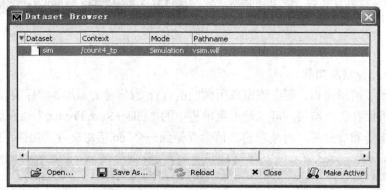

图 13.42　保存 WLF 文件

2. 打开 WLF 文件

在图 13.42 所示的窗口中点击 Open 按钮，在弹出的如图 13.43 所示的窗口中可打开一个已保存的 WLF 文件，例如选择打开"E:/count4/xin.wlf"。每一个打开的 WLF 文件都将在窗口的工作区创建一个结构标签，如图 13.44 所示，其中"sim"是当前仿真的结构标签，而"xin"是打开一个 WLF 文件产生的结构标签。

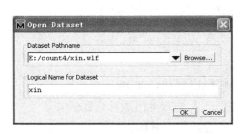

图 13.43　打开已保存的 WLF 文件

图 13.44　xin.wlf 创建的结构标签

13.6.2　DO 文件

前面介绍的 ModelSim 仿真工具在使用过程中都是通过 GUI 菜单或主窗口命令行，逐条地执行单条的指令。但对于大型工程而言，仿真过程耗时耗力，要重复操作许多任务，因此可以通过 DO 文件批处理方式执行仿真。

DO 文件是一个脚本文件，可以一次执行多条命令。可以将仿真流程中带相应参数的命令依次编写到后缀名为"do"的宏文件中，然后直接执行 DO 文件完成整个仿真流程。DO 文件除了可以通过 ModelSim 仿真工具创建以外，也可由任何一个文本编辑器创建。

13.6.3　modelsim.ini 文件

EDA 工具在生成 ModelSim 测试文件时会根据 FPGA/CPLD 的设计环境生成一个 modelsim.ini 文件，ModelSim 在启动时会调用初始化文件 modelsim.ini，缺省的 modelsim.ini 文件存放在 ModelSim 安装目录里。这个文件决定了本次 ModelSim 软件启动后所具备的库的数量和映射关系。

modelsim.ini 是一个 ASCII 文件，由用户控制，有经验的用户可以手动更改 modelsim.ini，将一些常用的仿真库映射到系统中，但如果更改不当，容易造成 ModelSim 非法退出。图 13.45 所示的 Library 栏中的默认库，就是 ModelSim 安装目录下的初始化文件 modelsim.ini 文件所设置的。

Name	Type	Path
work	Library	work
vital2000	Library	$MODEL_TECH/.../vita...
verilog	Library	$MODEL_TECH/.../veri...
synopsys	Library	$MODEL_TECH/.../syn...
sv_std	Library	$MODEL_TECH/.../sv_...
std_developerskit	Library	$MODEL_TECH/.../std...
std	Library	$MODEL_TECH/.../std
mylib	Library	mylib
mtiUPF	Library	$MODEL_TECH/.../upf...
mtiPA	Library	$MODEL_TECH/.../pa_lib
mtiOvm	Library	$MODEL_TECH/.../ov...
mtiAvm	Library	$MODEL_TECH/.../avm
modelsim_lib	Library	$MODEL_TECH/.../mo...

图 13.45　modelsim.ini 文件所设置的默认库 Library

参 考 文 献

[1]　王金明. Verilog HDL 程序设计教程. 北京：人民邮电出版社，2004.

[2]　吴戈. Verilog HDL 与数字系统设计简明教程. 北京：人民邮电出版社，2009.

[3]　杜建国. Verilog HDL 硬件描述语言. 北京：国防工业出版，2004.

[4]　王诚，吴继华，等. Altera FPGA/CPLD 设计(基础篇). 北京：人民邮电出版社，2005.

[5]　王毓银. 数字电路逻辑设计(脉冲与数字电路). 3 版. 北京：高等教育出版社，1999.

[6]　夏宇闻. Verilog 数字系统设计教程. 北京：航空航天大学出版社，2003.

[7]　Stephen Brown, Zvonko Vranesic. 数字逻辑基础与 Verilog 设计. 夏宇闻，等译. 北京：
　　机械工业出版社，2008.

[8]　www.altera.com

[9]　杜慧敏，等. 基于 Verilog 的 FPGA 设计基础. 西安：西安电子科技大学出版社，2006.

[10]　杜勇. FPGA/VHDL 设计入门与进阶. 北京：机械工业出版社，2011.

[11]　杨晓慧，等. FPGA 系统设计与实例. 北京：人民邮电出版社，2010.

[12]　周润景，等. 基于 Quartus II 的数字系统 Verilog HDL 设计实例详解. 北京：电子工业
　　出版社，2010.

[13]　王金明. 数字系统设计与 Verilog HDL 设计实例. 北京：电子工业出版社，2009.

[14]　郭利文，等. CPLD/FPGA 设计与应用高级教程. 北京：航空航天大学出版社，2011.

[15]　姚远，等. FPGA 应用开发入门与典型实例. 北京：人民邮电出版社，2010.

[16]　陈赜，等. CPLD/FPGA ASIC 设计实践教程. 北京：科学出版社，2010.

[17]　王诚，等. Altera FPGA/CPLD 设计(基础篇). 北京：人民邮电出版社，2011.

[18]　王静霞，等. FPGA/CPLD 应用设计. 北京：电子工业出版社，2011.

[19]　Samir Palnitkar. Verilog HDL 数字设计与综合. 夏宇闻，等译. 北京：电子工业出版社，
　　2007.